移动开发人才培养系列丛书

Android 移动开发案例教程
基于 Android Studio 开发环境

Building
Android App
Using Android Studio

张光河 主编

人民邮电出版社
北京

图书在版编目（CIP）数据

Android移动开发案例教程：基于Android Studio开发环境 / 张光河主编. -- 北京：人民邮电出版社，2017.5（2022.7重印）
（移动开发人才培养系列丛书）
ISBN 978-7-115-44778-4

Ⅰ．①A… Ⅱ．①张… Ⅲ．①移动终端－应用程序－程序设计－教材 Ⅳ．①TN929.53

中国版本图书馆CIP数据核字（2017）第032283号

内 容 提 要

本书根据普通高等院校计算机专业本科生的教学要求，在总结近几年"Android 移动开发"课程教学经验的基础上，结合本课程及专业的发展趋势、Android 移动开发最新发展的情况编写而成。

本书共分为 7 章：第 1 章对 Android 平台的历史和现状、架构和特点、开发环境搭建做了简要介绍；第 2 章介绍 Android 开发所需的基本知识；第 3 章介绍 Android 开发中的多媒体编程知识；第 4 章介绍 Android 开发中的数据库编程基础知识；第 5 章在第 4 章的基础上进一步深入介绍 Android 数据库开发知识；第 6 章主要介绍 Android 开发中的图像与动画编程知识；第 7 章重点讲解 Android 开发中的网络编程基础知识。

本书内容重点突出，语言精练易懂，可作为普通高等院校计算机及相关专业"Android 移动开发"类课程入门级教材，也可供计算机及相关专业的教学人员、科研人员或 Android 开发爱好者使用。高职高专类学校也可以选用本教材，使用时可以根据学校和学生的实际情况略去某些章节。

◆ 主　　编　张光河
  责任编辑　刘　博
  责任印制　杨林杰

◆ 人民邮电出版社出版发行　北京市丰台区成寿寺路11号
  邮编　100164　电子邮件　315@ptpress.com.cn
  网址　https://www.ptpress.com.cn
  涿州市京南印刷厂印刷

◆ 开本：787×1092　1/16
  印张：17.75　　　　　　2017年5月第1版
  字数：457千字　　　　　2022年7月河北第3次印刷

定价 49.80 元

读者服务热线：(010)81055256　印装质量热线：(010)81055316
反盗版热线：(010)81055315
广告经营许可证：京东市监广登字 20170147 号

前　言

移动时代的大潮滚滚向前,这个产业正在从新生阶段走向成熟阶段。在这样的时代背景下,各种不同的系统平台和技术路线可谓层出不穷。"工欲善其事,必先利其器",对于每一个投身于移动行业的软件开发者而言,充分地了解和掌握各个平台的发展状态,理清各种开发技术与方向的优劣,是关系到产品与自身发展的头等大事。

目前 Android 平台在移动终端上的市场份额已经高居榜首,将其他平台远远地抛在后面,尽管"Android 移动开发"还没有成为普通高等院校计算机及相关专业本科生的必修课程,但由于 Android 系统在终端设备上被广泛使用,市场上越来越需要这方面的专业人才。因此,很多学校都将"Android 移动开发"列为专业选修课程。图书市场上已经有很多关于 Android 开发的图书,但由于 Android 开发需要"Java 语言"作为前导课程,导致很多没有学习过 Java 语言的读者就算购买了这些Android 开发图书,也很难在短时间内学会并进行 Android 开发。因此时间一长,很多人就失去了学习兴趣,这是绝大部分在校学生学习 Android 开发时所遇到的问题,也是部分想从事 Android 开发但没有 Java 语言基础的人员感到困扰的事情。

本书正是为这些仍在困惑的读者设计的,因为本书的作者坚信学习编程是一个循序渐近的过程,想要学习 Android 开发,不必从精通 Java 编程开始,只要懂得一些基本的 Java 知识,就可以学习 Android 开发。作者在设计和挑选教材内容时,主要考虑以下 4 个方面。

(1)从 Google 2013 年 I/O 大会上,Android Studio 这款开发工具被首次公布,到 Android Studio 1.1 Beta3 的发布,再到 Android 官网全力推荐开发人员使用这一款基于 intellij IDE,由 Gradle 构建的开发工具,Google 的态度非常明朗。因此,本书所有实例均在 Android Studio 中调试通过,这是本书的一大特色。

(2)本书第 1 章使用图文并茂的方式极为详尽地介绍了在 Android Studio 开发环境下创建和运行第一个 Android 实例的全过程,采用大量的篇幅让使用本书的读者对创建和运行 Android 实例有一个全面的认识和理解。

(3)由于部分学生没有 Java 语言基础,但又对 Android 开发有极大的兴趣,因此本书在介绍 Android 开发入门知识时,融合了 Android 开发所需的 Java 基础知识,避免学生在使用本书时再购买一本 Java 编程教材,从而减轻了学生的学习负担,教师在授课过程中可以根据学生的实际情况做相应知识的补充。

(4)Android 移动开发所涉及的领域非常多,本书仅介绍了 Android 移动开发所涉及的几个典型领域,包括多媒体应用、数据库应用、图像处理与动画应用,以及网络编程知识。Android 平台还在进一步发展中,本书涉及的几个 Android 开发常用的专题,只属于入门级,关于这些专题的中高级应用,限于篇幅,本书没有介绍,教师在教学过程中可根据学生的学习能力补充相应的知识,引导学生更加深入全面地学习 Android 编程知识。尽管 Android 平台已经被广泛应用,市场份额是其他平台无法比拟的，但接下来它还将与哪些领域或行业结合，目前是我们无法预料的。教师使用本书时可引导学生尝试将自己感兴趣的应用与 Android 平台编程知识结合，开发更多能使工作、学习或生活更方便的应用程序。

  本书始终坚持突出基础知识、基本概念和基本方法，以培养具有实践能力的人才为目标，力求介绍基础知识时由浅入深、由易到难，行文时力求言简意赅、清晰明了。

  本书由张光河任主编，参加本书编写的还有刘芳华老师、万隆昌老师和张玉云老师。感谢在本书编写过程中给予过支持和帮助的王领、吴启东、陈雪花、李钦华和李凤迪等同学，同时感谢在成书过程中其他一些同学所给予的支持和帮助。

  作者在编写本书的过程中，参阅了大量的相关教材和专著，也在网上查找了很多资料，在此向各位原著者致谢。

  由于作者水平有限，加上时间仓促，书中难免存在不妥或错误，恳请读者批评指正。

  作者邮箱：guanghezhang@163.com

作 者
2017 年 2 月

关于本书实例

为了用户学习方便,作者尽可能将本书每一节的学习内容制作成完整的 Android 工程,并提供源代码,代码的存储位置为"src\章\节\工程名",本书所有实例及在 Android Studio 下使用本书实例的方法如下所述。

1. 实例与章节的对应说明

为了节约存储空间,本书所有实例全部以压缩文件的形式给出,表 1 为实例与章节的对应关系表。

表 1 实例与章节的对应关系表

序号	对应章节	实例存储路径及名称	备注
1	1.4	Chapter01\PFirstAndroidStudio.rar	Android Studio for Windows 下的第一个实例
2	2.1.1	Chapter02\Section2.1\calculator2_1_1.rar	计算器界面布局
3	2.1.2	Chapter02\Section2.1\calculator2_1_2.rar	实现了一位加法的计算器
4	2.1.3	Chapter02\Section2.1\calculator2_1_3.rar	实现了一位减法的计算器
5	2.1.4	Chapter02\Section2.1\calculator2_1_4.rar	实现了一位乘法的计算器
6	2.1.5	Chapter02\Section2.1\calculator2_1_5.rar	实现了一位除法的计算器
7	2.2.1	Chapter02\Section2.2\calculator2_2_1.rar	实现了多位加法的计算器
8	2.2.2	Chapter02\Section2.2\calculator2_2_2.rar	实现了多位减法的计算器
9	2.2.3	Chapter02\Section2.2\calculator2_2_3.rar	实现了多位乘法的计算器
10	2.2.4	Chapter02\Section2.2\calculator2_2_4.rar	实现了多位除法的计算器
11	2.3.1	Chapter02\Section2.3\calculator2_3_1.rar	实现了浮点数加法的计算器
12	2.3.2	Chapter02\Section2.3\calculator2_3_2.rar	实现了浮点数减法的计算器
13	2.3.3	Chapter02\Section2.3\calculator2_3_3.rar	实现了浮点数乘法的计算器
14	2.3.4	Chapter02\Section2.3\calculator2_3_4.rar	实现了浮点数除法的计算器
15	2.4.1	Chapter02\Section2.4\calculator2_4_1.rar	实现了有理数加法的计算器
16	2.4.2	Chapter02\Section2.4\calculator2_4_2.rar	实现了有理数减法的计算器
17	2.4.3	Chapter02\Section2.4\calculator2_4_3.rar	实现了有理数乘法的计算器
18	2.4.4	Chapter02\Section2.4\calculator2_4_4.rar	实现了有理数除法的计算器
19	2.5.1	Chapter02\Section2.5\pseqstruct2_5_1.rar	顺序结构实例
20	2.5.2	Chapter02\Section2.5\pselstruct2_5_2.rar	选择结构实例
21	2.5.3	Chapter02\Section2.5\pcycstruct2_5_3.rar	循环结构实例

续表

序号	对应章节	实例存储路径及名称	备注
22	2.5.4	Chapter02\Section2.5\pmxstruct2_5_4.rar	混合结构实例
23	3.1	Chapter03\Section3.1\PSimpleMP3Player.rar	简单的 MP3 播放器
24	3.2.1	Chapter03\Section3.2\MP3Player3_2_1.rar	本工程运行后会立即自动播放存储在 SD 卡上的、事先指定名字的音乐文件
25	3.2.2	Chapter03\Section3.2\MP3Player3_2_2.rar	本工程实现了处理 LRC 文件并从该类型的文件中读取歌词显示到页面上
26	3.2.3	Chapter03\Section3.2\MP3Player3_2_3.rar	本工程实现了读取 SD 卡上的一张图片并作为工程主界面的背景
27	3.2.4	Chapter03\Section3.2\MP3Player3_2_4.rar	本工程实现了在自定义的 TextView 控件上显示与音乐同步的歌词
28	3.2.5	Chapter03\Section3.2\MP3Player3_2_5.rar	本工程实现了当用手指按下屏幕并滑动歌词时，歌词也随着手指上、下移动
29	3.2.6	Chapter03\Section3.2\MP3Player3_2_6.rar	本工程实现了 SeekBar 随着音乐的播放同步显示
30	3.2.7	Chapter03\Section3.2\MP3Player3_2_7.rar	本工程实现了滑动拖动条上的滑块来实现更新音乐播放进度
31	3.2.8	Chapter03\Section3.2\MP3Player3_2_8.rar	本工程实现了 4 种常见的播放模式
32	3.3.1	Chapter03\Section3.3\RealMp3Player3_3_1.rar	本工程实现了一个可用播放器的主界面布局
33	3.3.2	Chapter03\Section3.3\RealMp3Player3_3_2.rar	本工程实现了 Activity 跳转及传递数据
34	3.3.3	Chapter03\Section3.3\RealMp3Player3_3_3.rar	本工程实现了自定义歌曲播放列表
35	3.3.4	Chapter03\Section3.3\RealMp3Player3_3_4.rar	本工程实现了在 Service 里控制音乐的播放，并且让 Service 与 Activity 进行通信
36	3.3.5	Chapter03\Section3.3\RealMp3Player3_3_5.rar	本工程实现了音乐播放器播放音乐时对电话的监听
37	3.4.1	Chapter03\Section3.4\Camera3_4_1.rar	打开摄像头预览捕捉到的画面
38	3.4.2	Chapter03\Section3.4\Camera3_4_2.rar	实现拍照并将最终捕获到的画面显示出来
39	3.4.3	Chapter03\Section3.4\Camera3_4_3.rar	实现以当前系统的时间作为照片的文件名，将照片保存至 SD 卡上
40	3.4.4	Chapter03\Section3.4\Camera3_4_4.rar	实现拍照自定义背景
41	4.1.2	Chapter04\Section4.1\psqlitebasic.rar	演示 SQLite 的基本用法，包括如何创建、打开、删除和关闭数据库，如何创建和删除表
42	4.1.3	Chapter04\Section4.1\psqliteoper.rar	演示 SQLite 中对数据库中的数据表最为常用的数据操作语句
43	4.2	Chapter04\Section4.2\puserreg.rar	实现了用户注册的功能
44	4.3	Chapter04\Section4.3\puserlogin.rar	实现了用户登录的功能

续表

序号	对应章节	实例存储路径及名称	备注
45	4.4	Chapter04\Section4.4\pusermanage.rar	实现了用户管理的功能
46	第5章	Chapter05\PLCet.rar	第5章的英语听力测试实例
47	6.1	Chapter06\Section6.1\pcanvaspaint.rar	使用Paint和Canvas完成广度优先遍历图序列和构造最小生成树
48	6.2	Chapter06\Section6.2\panimation.rar	补间动画、逐帧动画和GIF动画实例
49	6.3	Chapter06\Section6.3\plistdemo.rar	动画演示链表的创建，结点的插入和删除的实例
50	6.4	Chapter06\Section6.4\pstackqueue.rar	进栈和出栈，入队和出队的动画演示实例
51	6.5	Chapter06\Section6.5\ptreedemo.rar	实现了创建二叉树，前序，中序和后序遍历二叉树演示
52	7.1.2	Chapter07\Section7.1\TcpServer.rar Chapter07\Section7.1\TcpClient.rar Chapter07\Section7.1\Tcp.txt	基于Socket使用Android模拟器为客户端，PC作为服务器端进行通信的程序，其中客户端程序为 tcpClient.rar，服务器端程序为 tcpServer.rar，调试时请将tcp.txt放在c盘根目录下
53	7.1.2	Chapter07\Section7.1\androidSocketServer.rar Chapter07\Section7.1\pcSocketClient.rar	基于Socket使用Android模拟器为服务器端，PC作为客户端进行通信的程序，服务器端程序为 androidSocketServer.rar，客户端程序为 pcSocketClient.rar
54	7.1.2	Chapter07\Section7.1\EmServer.rar Chapter07\Section7.1\EmServer.rar Chapter07\Section7.1\emulator.txt	基于Socket使用Android模拟器为服务器和客户端进行通信的程序，服务器端程序为 emServer.rar，客户端程序为 emClient.rar
55	7.2	Chapter07\Section7.2\PURL.rar Chapter07\Section7.2\test.rar	使用URL访问网络资源程序PURL.rar 测试网站源程序test.rar
56	7.3	Chapter07\Section7.3\PHTTP.rar Chapter07\Section7.3\test.rar	使用HTTP访问网络资源程序PHTTP.rar 测试网站源程序test.rar
57	7.4	Chapter07\Section7.4\PWebView.rar Chapter07\Section7.4\test.rar	使用WebView显示网页的程序PWebView.rar 测试网站源程序test.rar

2. 实例的使用方法

读者使用本书实例时需正确解压到指定路径，否则直接使用实例可能会出错。本书默认读者将实例解压到每一章的目录下，而不是这一章的某一小节下，若读者自行设定文件的解压路径，则在后续章节学习时可能会发现与本教材中描述的源程序的路径不一致。若读者担心这一问题，可联系出版社编辑或作者索取未压缩版实例。接下来演示Android Studio下的工程导入。我们将演示两种不同情况下工程的导入。

（一）在某一个打开的界面导入工程

（1）打开Android Studio，成功启动后显示的界面如图1所示，在此界面中某一工程已经打开。

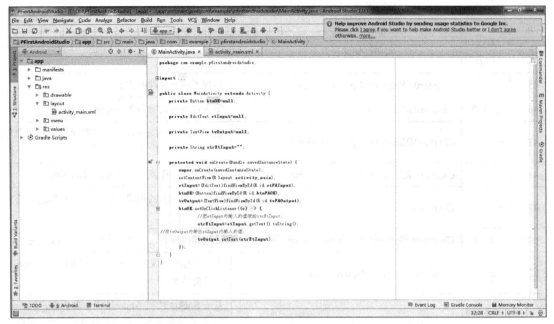

图 1　Android Studio 启动成功并已经打开某一工程的界面

（2）在图 1 所示界面菜单栏中找到"File"选项，单击鼠标左键，弹出列表，找到"Import Project…"选项，单击鼠标左键，如图 2 所示。

（3）继续下一步会弹出项目路径选取界面，这里我们要演示的是打开 PFirstAndroidStudio 工程，找到此工程，并用鼠标选定，单击【OK】按钮，如图 3 所示。

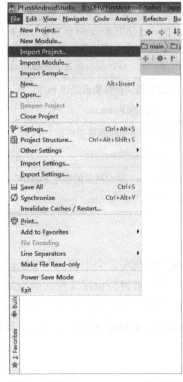

图 2　选择"Import Project…"选项

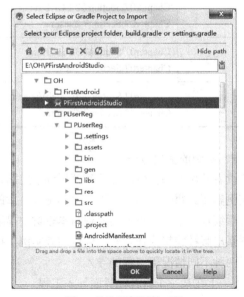

图 3　选取要打开的工程

（4）图 4 所示为 PFirstAndroidStudio 打开成功，读者可以对其进行任何操作。

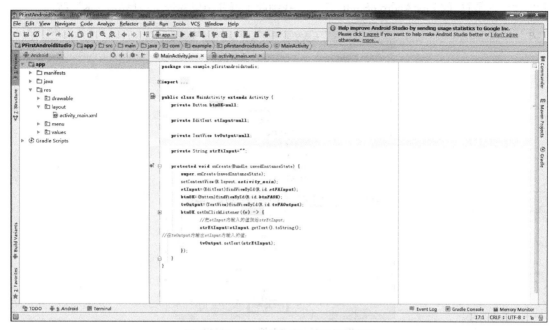

图 4　PFirstAndroidStudio 工程打开成功

（二）在欢迎界面导入工程

1. 打开 Android Studio，若成功启动后如图 5 所示。

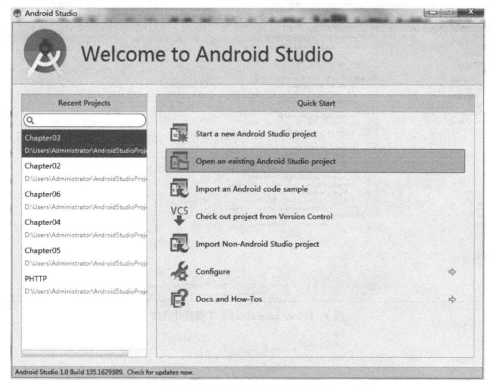

图 5　Android Studio 启动成功界面

（2）在启动成功界面中选择第二项"Open an existing Android Studio project"，如图6所示。我们演示的是打开PFirstAndroidStudio工程，找到此工程并用鼠标选定，单击"OK"按钮。

图6 打开指定文件夹下的工程

（3）然后会出现图7所示工程成功打开的界面。

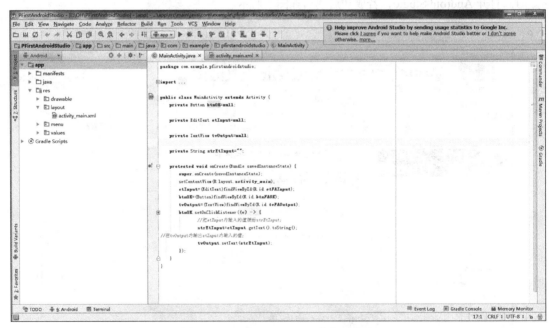

图7 PFirstAndroidStudio工程打开成功

目 录

第1章 Android 开发简介 1
1.1 Android 平台历史和现状 1
1.2 Android 平台架构和特点 2
1.3 Android 开发环境搭建 3
1.3.1 Android Studio 的下载 4
1.3.2 Android Studio 的安装 5
1.4 第一个 Android 实例 6
1.5 小结 22
习题 1 22

第2章 Android 开发起步 23
2.1 整型数据 23
2.1.1 界面布局及控件介绍 23
2.1.2 整型加法 30
2.1.3 整型减法 35
2.1.4 整型乘法 37
2.1.5 整型除法 38
2.2 String 类 39
2.2.1 字符串处理 39
2.2.2 字符串运算 43
2.2.3 整型和字符串转换 45
2.2.4 字符串和整型转换 46
2.3 浮点型数据 47
2.3.1 浮点型加法 47
2.3.2 浮点数减法 52
2.3.3 浮点数乘法 52
2.3.4 浮点数除法 53
2.4 算术运算 54
2.4.1 有理数运算加法 55
2.4.2 有理数运算减法 58
2.4.3 有理数运算乘法 59
2.4.4 有理数运算除法 60
2.5 运算流程控制 61
2.5.1 顺序结构 61
2.5.2 选择结构 62
2.5.3 循环结构 65
2.5.4 混合结构 68
2.6 小结 69
习题 2 70

第3章 多媒体应用技术 71
3.1 简单的 MP3 播放器 71
3.1.1 创建播放器项目 71
3.1.2 播放器页面布局 72
3.1.3 MP3 文件自动播放 72
3.1.4 Button 的监听 74
3.2 复杂的 MP3 播放器 75
3.2.1 MediaPlayer 简介及使用 76
3.2.2 LRC 文件格式及使用 79
3.2.3 使用 Bitmap 类 84
3.2.4 自定义 TextView 类 86
3.2.5 监听 TouchEvent 事件 94
3.2.6 SeekBar 的使用 96
3.2.7 监听 SeekBar 100
3.2.8 播放模式的选择 101
3.3 一个可用的 MP3 播放器 106
3.3.1 播放器界面布局 106
3.3.2 Activity 之间的跳转 109
3.3.3 ListView 的使用 114
3.3.4 使用 Service 117
3.3.5 电话状态的监听 125
3.4 手机拍照 127
3.4.1 自动打开手机摄像头 127
3.4.2 实现拍照并显示 129
3.4.3 操作 SD 卡上的文件 131
3.4.4 BitmapFactory 的使用 131
3.5 小结 135
习题 3 136

第4章 数据库开发入门：用户管理实例 137

4.1 SQLite 简介 137
4.1.1 SQLite 的历史 137
4.1.2 SQLite 的基本用法 138
4.1.3 SQLite 的常用语句 140
4.2 用户注册 144
4.2.1 用户注册界面布局 144
4.2.2 创建数据库 148
4.2.3 在 OnCreate 函数中写入管理员用户 149
4.2.4 监听确定 Button 写入普通用户 151
4.3 用户登录 154
4.3.1 用户登录界面布局 154
4.3.2 监听登录 Button 按纽 ... 157
4.3.3 根据用户类别产生不同提示 158
4.3.4 监听注册 Button 按钮 ... 160
4.4 用户信息管理 161
4.4.1 普通用户密码修改界面布局 161
4.4.2 普通用户密码修改 164
4.4.3 系统管理员删除用户界面布局 165
4.4.4 所有用户信息管理 168
4.5 小结 176
习题 4 177

第5章 数据库开发实战：英语听力测试 178

5.1 准备数据库 178
5.1.1 SQLite 可视化管理工具 ... 178
5.1.2 创建 Conversation 表 181
5.1.3 创建 Compound Dictation 表 183
5.1.4 数据表的基本操作 183
5.2 英语听力的播放 186
5.2.1 在 onCreate 函数中播放听力 186
5.2.2 从指定位置播放听力 187
5.3 英语试题及答案的显示 190
5.3.1 使用 RadioButton 显示选择题 191
5.3.2 使用 TextView 显示听写题 195

5.3.3 监听菜单显示听写题答案 197
5.4 用户答题及其判断 204
5.4.1 监听 RadioButton 和 Button 205
5.4.2 使用 ImageView 显示正确或错误提示 212
5.4.3 使用 RatingBar 显示正确率 214
5.5 小结 215
习题 5 215

第6章 图像处理与动画应用：典型算法演示实例 217

6.1 图像处理基础 217
6.1.1 Paint、Canvas 和 Bitmap 简介 217
6.1.2 使用 Paint 和 Canvas 广度优先遍历图 218
6.1.3 使用 Paint 和 Canvas 构造最小生成树 223
6.2 二维动画基础 227
6.2.1 补间动画 227
6.2.2 逐帧动画 230
6.2.3 GIF 动画 232
6.3 透明度、缩放、旋转和位移渐变的使用 233
6.3.1 缩放和透明度渐变的使用 ... 233
6.3.2 缩放和位移渐变的使用 ... 235
6.3.3 旋转和位移渐变的使用 ... 236
6.4 位移渐变动画的使用 237
6.4.1 进栈和出栈的演示 237
6.4.2 入队和出队的演示 239
6.5 补间动画的使用 241
6.5.1 透明度和缩放渐变的使用 ... 241
6.5.2 组合渐变的使用 241
6.5.3 透明度、缩放和旋转渐变的使用 242
6.5.4 透明度和旋转渐变的使用 ... 244
6.6 小结 246
习题 6 246

第7章 网络编程入门 247

7.1 基于 TCP 的 Socket 通信 247

7.1.1	Socket 通信模型 247	7.3.2	使用 Apache 的 Httpclient..............262
7.1.2	使用 ServerSocket 和 Socket..........248	7.4	使用 WebView 显示网页...................265
7.2	使用 URL 访问网络.........................254	7.4.1	使用 WebView 浏览网站...............265
7.2.1	使用 URL 读取网络资源...............255	7.4.2	使用 Webview 加载 HTML 代码..267
7.2.2	使用 URLConnection 读取网络资源..256	7.5	小结 269
7.3	使用 HTTP 访问网络.......................257	习题 7..270
7.3.1	使用 HTTPURLConnection 257		

第 1 章
Android 开发简介

市场研究公司 IC Insights 发布的《2015 年 IC 市场驱动报告》称，2015 年，全球手机用户量首次超过全球人口总数。根据市场研究公司 eMarketer 报告，到 2016 年，全球在使用的智能手机数量将达到 21.6 亿部，这也是智能手机数量首次突破 20 亿大关；到 2018 年，智能手机在移动手机市场中的占有率将突破 50%。就手机操作系统而言，Symbian 和 Windows Mobile 系统曾经在功能机上大行其道，目前智能手机的主流系统有苹果的 iOS、Google 的 Android 和微软的 Windows Phone 等。

从 2007 年 11 月 5 日谷歌公司正式向外界展示 Android 的操作系统至今，它已经经历了多个版本的更新，因为有很多硬件合作伙伴的支持，Android 系统已经迅猛发展成为全球范围内最具有影响力的操作系统。Android 系统不仅仅是一款手机的操作系统，它越来越广泛地被应用于平板电脑、可穿戴设备、电视、数码相机等设备上，这也造就了目前市场对 Android 开发人才的需求快速增长，从大趋势上看，市场上 Android 软件人才的需求将越来越大。因此，学习 Android 开发是一件有意义的事情。

1.1 Android 平台历史和现状

一个真正占有市场的平台才能吸引更多开发者为其开发更多应用，更多应用又能反过来替平台争取更多用户，从而促进平台的进一步发展。正是由于平台与应用之间相辅相成的关系，使得平台的选择成为开发者首要关注的事情。对于开发者而言，一个移动平台的意义，并不只是一个操作系统而已，它还包括了与之相联系的整个生态环境。平台的市场占有率直接决定了基于该平台开发的应用能够被多少消费者使用，平台本身又能带给开发者多少回报。这些都是在平台选择时必须考虑到的问题。

iOS 和 Android 无疑是目前占有市场份额最大的两个平台。Android 系统是基于 Linux 的智能操作系统，2007 年 11 月，Google 与 84 家硬件制造商、软件开发商及电信运营商组建开发手机联盟，共同研发改良 Android 系统。随后 Google 以 Apache 开源许可证的授权方式，发布了 Android 的源代码。也就是说 Android 系统是完整公开并且免费的，Android 系统的快速发展，也与它的公开免费不无关系。这和当年微软推广 Windows 的策略相比，又往前跨出了一步（因为 Windows 是要收费的）。

迄今为止 Android 手机的占有量已经是第一位了，因此选择了 Android 平台就意味着选择了最大的用户群体。Android 本身源码的开放性，对于一些需要利用底层实现细节的开发者来说，是个很好的特性。Android 所采用的开发语言和环境，相对来说比 iOS 的门槛要低，这是它的优势所在。2003 年 10 月，Andy Rubin（安迪·鲁宾）等人创建了与 Android 系统的同名的 Android 公司，并组建了 Android 开发团队，最初的 Android 系统是一款针对数码相机开发的智能操作系统，之后被 Google 公司低调收购，并聘任 Andy Rubin 为 Google 公司工程部副总裁，继续负责 Android 项目。

自 Android 系统首次发布至今，Android 经历了很多的版本更新，表 1-1 列出了 Android 系统的不同版本的发布时间及对应的版本号。

表 1-1　　　　　　　　　　Android 系统的不同版本的发布时间

Android 版本	发布日期	Android 版本	发布日期
Android 1.0	2008 年 9 月	Android 3.0/3.1/3.2	2011 年 2 月
Android 1.1	2009 年 2 月	Android 4.0	2011 年 10 月
Android 1.5	2009 年 4 月	Android 4.1	2012 年 6 月
Android 1.6	2009 年 9 月	Android 4.2	2012 年 10 月
Android 2.0/2.1	2009 年 10 月	Android 5.0	2014 年 10 月
Android 2.2	2010 年 5 月	Android 6.0	2015 年 5 月
Android 2.3	2010 年 12 月	Android 7.0	2016 年 8 月

1.2　Android 平台架构和特点

Android 系统的底层是建立在 Linux 系统之上的，它采用软件叠层（Software Stack）的方式进行构建。这一方式使得层与层之间相互分离，明确了各层的分工，保证了层与层之间的低耦合，当下层发生改变的时候，上层应用程序无需做任何改变。Android 系统分为 4 个层，从高到底分别是：应用程序层（Application）、应用程序框架层（Application Framework）、系统运行库层（Libraries）和 Linux 内核层（Linux Kernel）。

1. 应用程序层（Application）

Android 系统包含了一系列核心应用程序，包括电子邮件、短信 SMS、日历、拨号器、地图、浏览器、联系人等，这些应用程序都是用 Java 语言编写。本书仅讲解如何编写 Android 系统上运行的应用程序，它们与系统核心应用程序类似。

2. 应用程序框架层（Application Framework）

Android 应用程序框架提供了大量的 API 供开发人员使用，Android 应用程序的开发，就是调用这些 API，根据需求实现功能。应用程序框架是应用程序的基础。为了便于软件的复用，任何一个应用程序都可以开发 Android 系统的功能模块，只要发布的时候遵循应用程序框架的规范，其他应用程序也可以使用这个功能模块。

3. 系统运行库层（Libraries）

Android 系统运行库是用 C/C++语言编写的，是一套被不同组件所使用的函数库组成的集合。一般来说，Android 应用开发者无法直接调用这套函数库，都是通过它上层的应用程序框架提供的 API 来对这些函数库进行调用。

下面对一些核心库进行简单的介绍。

Libc：从 BSD 系统派生出来的标准 C 系统库，在此基础之上，为了便携式 Linux 系统专门进行了调整。

Media Framework：基于 PacketView 的 OpenCORE，这套媒体库支持播放与录制硬盘及视频格式的文件，并能查看静态图片。

Surface Manager：在执行多个应用程序的时候，负责管理显示与存取操作间的互动，同时负责 2D 绘图与 3D 绘图进行显示合成。

WebKit：Web 浏览器引擎，该引擎为 Android 浏览器提供支持。

SGL：底层的 2D 图像引擎。

3D libraries：基于 OpenGL ES 1.0API，提供使用软硬件实现 3D 加速的功能。

FreeType：提供位图和向量字体的支持。

SQLite：轻量级的关系型数据库。

Android 运行时由两部分完成：Android 核心库和 Dalvik 虚拟机。其中核心库集提供了 Java 语言核心库所能使用的绝大部分功能，Dalvik 虚拟机负责运行 Android 应用程序。虽然 Android 应用程序通过 Java 语言编写，而每个 Java 程序都会在 Java 虚拟机 JVM 内运行，但是 Android 系统毕竟是运行在移动设备上的，由于硬件的限制，Android 应用程序并不使用 Java 的虚拟机 JVM 来运行程序，而是使用自己独立的虚拟机 Dalvik VM，它针对多个同时高效运行的虚拟机进行了优化。每个 Android 应用程序都运行在单独的一个 Dalvik 虚拟机内，因此 Android 系统可以方便对应用程序进行隔离。

4. Linux 内核层（Linux Kernel）

Android 系统是基于 Linux 2.6 之上建立的操作系统，它的 Linux 内核为 Android 系统提供了安全性、内存管理、进程管理、网络协议栈、驱动模型等核心系统服务。Linux 内核帮助 Android 系统实现了底层硬件与上层软件之间的抽象。

1.3　Android 开发环境搭建

最常用的 Android 开发环境的是 Eclipse with ADT，而在 2013 I/O 大会上，Google 展示新的开发工具 Android Studio，并于 2014 年推出了正式版 1.0。Google 将 Eclipse with ADT 移至 Android Developer 官网主页的一个角落，把 Android Studio 放在 Android Developer 的官网上最显眼的位置提供给开发人员下载，极力推荐 Android 开发者使用，这在某种程度上表明了 Google 的态度。

最原始的 Android 开发环境搭建非常麻烦，从 JDK 的安装和配置，到 Eclipse 的安装，再到 Android SDK 安装和 AVD 的创建，整个过程费时费力，且极易出错，对于初学者来说是一个巨大的挑战。之后推出了 ADT Bundle，将 Eclipse 和 SDK 整合在一起，简化了 Android 开发环境搭建过程，但并没有里程碑式的进步，并且一直困扰广大开发人员的速度问题也从未得到很好的解决，直到 Android Studio 的推出。

考虑到市面上介绍 Android 开发的各种书籍和资料都会非常详尽地介绍原始的和简化的 Android 开发环境搭建方法，同时为了顺应 Google 的潮流，本书仅介绍如何在 Windows 下安装和使用 Android Studio。

1.3.1　Android Studio 的下载

欲进行 Android Studio 下载，须完成以下两步。

Step 1：用浏览器进入下载地址：http://developer.android.com/sdk/index.html，得到图 1-1 所示页面。

图 1-1　Android Studio 下载页面

Step 2：单击【Download Android Studio for Windows】链接，弹出图 1-2 所示页面。

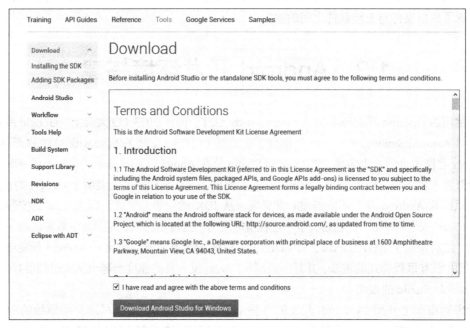

图 1-2　下载 Android Studio for Windows

在【I have read and agree with the above terms and conditions】前边打勾，单击【Download Android Studio for Windows】即可下载 Android Studio。

1.3.2　Android Studio 的安装

获取安装包后，Android Studio 的安装步骤如下。

（1）双击下载好的软件，出现图 1-3 所示界面。

（2）单击【Next】，选择需要安装的组件，默认选中 Android Studio，请选中 Android SDK、Android Virtual Device 和 Performance（用于虚拟机的加速组件），如图 1-4 所示。

图 1-3　软件安装欢迎界面

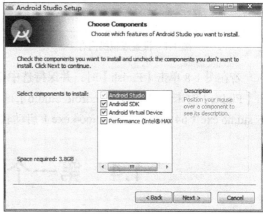

图 1-4　选择需要安装的组件

（3）单击【Next】，出现图 1-5 所示的条款许可界面。

（4）在图 1-5 中选择【I Agree】后，显示图 1-6 所示的选择软件和 SDK 的安装路径画面。

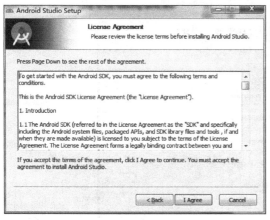

图 1-5　条款许可界面

图 1-6　选择安装路径

（5）在图 1-6 中单击【Next】后，会弹出图 1-7 所示界面，这是因为某些电脑支持硬件加速（采用 Intel CPU），在这里可以设置虚拟机的最大运行内存，推荐选择 2 GB。

（6）单击【Next】，出现图 1-8 所示界面，单击【Finish】完成 Android Studio 的安装。

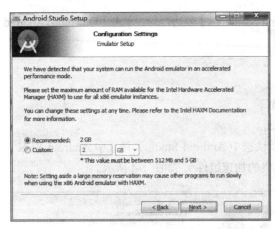
图 1-7 设置虚拟机内存

图 1-8 安装完成

若在图 1-8 单击【Finish】时,并保持选中【Start Android Studio】,即可直接启动软件。若单击【Finish】时未选中【Start Android Studio】,则在安装完成后可以到安装目录的 bin 文件加下双击 studio.exe(64 位系统为 studio64.exe)启动软件。

1.4 第一个 Android 实例

搭建好 Android Studio 开发环境之后,本节将演示在 Android Studio 下实现第一个 Android 实例。

(1)按上节所述启动 Android Studio,显示 Android Studio 欢迎界面,选择第一项,创建一个新的工程,如图 1-9 所示。

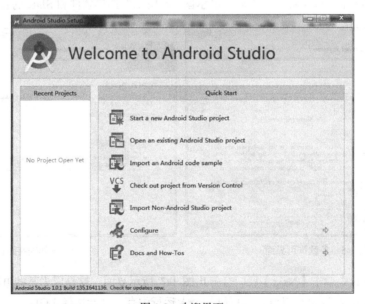
图 1-9 欢迎界面

(2)设置工程名字为 PFirstAndroidStudio,不要修改包名和工程在计算机中的存储路径,单击【Next】,如图 1-10 所示。

第 1 章　Android 开发简介

图 1-10　设置新的工程

（3）如图 1-11 所示，选择工程的 SDK 最低版本（我们这里选择的是 API 15，读者可以根据需要自行选择）。

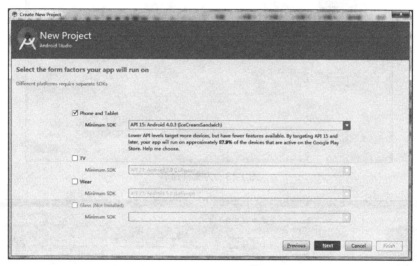

图 1-11　选择 SDK 最低版本

（4）为当前应用添加一个新的 Activity，我们选择一个空的 Activity，读者可以根据实际情况选择自己需要的布局，如图 1-12 所示。

（5）为新创建的布局设置相应的文件名，按图 1-13 所示使用默认的命名。然后单击【Finish】完成工程的创建。

（6）工程创建完毕后出现图 1-14 所示的界面，初始项目中即有一个 Hello World 的小程序，你也可以在当前工程下新建一个项目，即单击 File→New Module 即可。在这里我们使用默认的 App 项目，在其基础上进行修改。

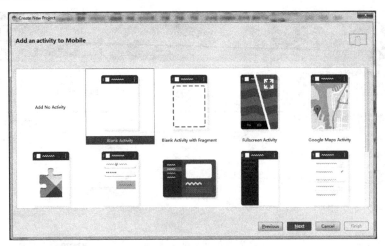

图 1-12　选择不同布局的 activity

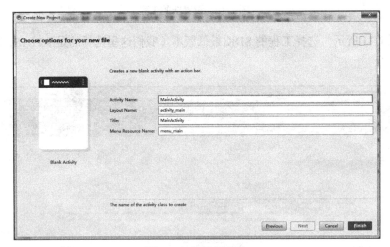

图 1-13　为文件命名

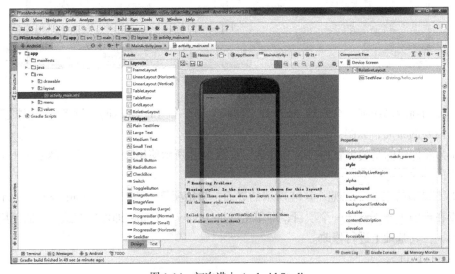

图 1-14　初次进入 Android Studio

(7)单击模拟手机界面内的 TextView 控件,使之处于选定状态。双击此控件使之处于编辑状态,如图 1-15 所示。

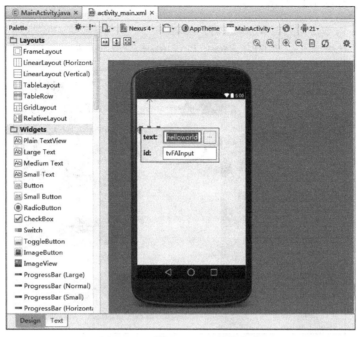

图 1-15　原始 TextView 控件名称

(8)因为本章学习的内容是第一个 Android 实例,因此需要把 TextView 控件上显示的内容改为"请输入:",id 修改为"tvFAInput"。修改完成后,按回车键,"text"内容修改生效,如图 1-16 所示。

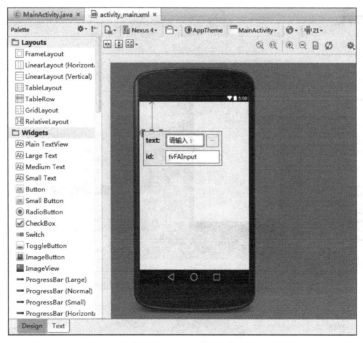

图 1-16　修改 TextView 控件的 id 和 text

（9）除了 TextView 控件之外还需要一个 Edit Text 控件来输入用户想要输入的内容。所以要添加一个 Plain Text 控件。拖动滚动条找到 Text Fields 下的 Plain Text 控件，并将其拖动到模拟手机界面的空白处，如图 1-17 所示。

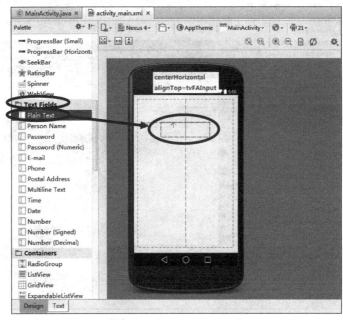

图 1-17　添加 Plain Text 控件

（10）添加 Plain Text 控件后，需要修改 id 属性。需要特别注意的是，在此控件中还需要修改一个"hint"属性，在右下角的 Properties 列表中可以看到"hint"和"id"属性，将两个属性修改为图 1-18 所示的内容。修改完成后按回车键即可。

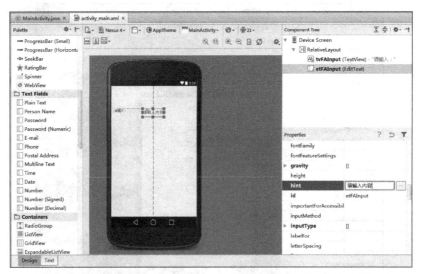

图 1-18　修改 Plain Text 的 id 和 hint

（11）因为要让用户了解这个简单的 App 如何使用，所以还需要一个 TextView 控件来说明如何操作此 App。找到 Plain TextView 控件并拖动到模拟手机界面的合适位置。修改 id 为"tvFAClickHint"，修改 Text 为"输入完成后，请单击按钮"，如图 1-19 所示。

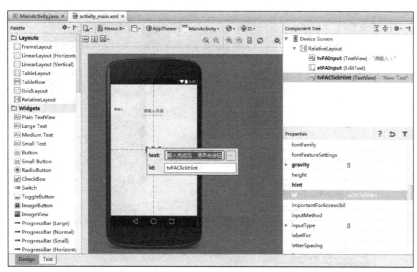

图 1-19　添加 TextView 控件

（12）对应上面的 TextView 内容，还需一个 Button 按钮控件。接下来添加按钮控件，在左侧的 Palette 菜单中找到"Button"控件，也就是需要的按钮控件，按照前面介绍的方法将其拖动到模拟手机界面，完成控件的添加。添加完成后双击【New Button】按钮实现对此控件 text 属性和 id 属性的修改，将它们分别修改为"确定"和"btnFAOK"。如图 1-20 所示。修改完成后按回车键确认。

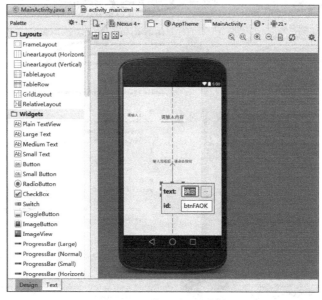

图 1-20　添加 Button 控件

（13）此时需要一个 TextView 控件来显示所输入的内容，所以依上所述，添加 TextView 控件，将 text 属性设为空，id 属性设为"tvFAOutput"。如图 1-21 所示。

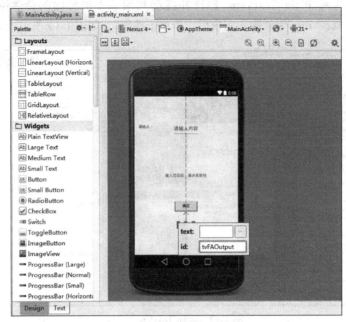

图 1-21　添加显示内容控件

至此，第一个 Android 实例的所有的界面设计已经完成，接下来是 MainActivity.java 中的编码问题。

（14）进入代码编写阶段，单击图 1-22 左上方所示的【MainActivity.java】，进入图左侧的代码编辑区域。

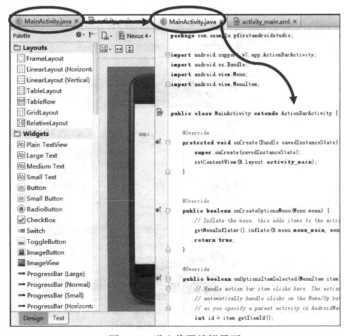

图 1-22　进入代码编辑界面

本实例完整代码如下。

Chapter01\PFirstAndroidStudio\app\src\main\java\com\example\pfirstandroidstudio\MainActivity.java

```java
package com.example.pfirstandroidstudio;

import android.os.Bundle;
import android.app.Activity;
import android.view.View;
import android.view.View.OnClickListener;
import android.widget.Button;
import android.widget.EditText;
import android.widget.TextView;

public class MainActivity extends Activity {
    private Button btnOK=null;
    private EditText etInput=null;
    private TextView tvOutput=null;
    private String strEtInput="";

    protected void onCreate(Bundle savedInstanceState) {
        super.onCreate(savedInstanceState);
        setContentView(R.layout.activity_main);
        etInput=(EditText)findViewById(R.id.etFAInput);
        btnOK=(Button)findViewById(R.id.btnFAOK);
        tvOutput=(TextView)findViewById(R.id.tvFAOutput);
        btnOK.setOnClickListener(new OnClickListener(){
            //当按钮按下后;
            public void onClick(View v) {
            //把etInput内输入的值赋给strEtInput;
            strEtInput=etInput.getText().toString();
            //在tvOutput内输出etInput内输入的值;
                tvOutput.setText(strEtInput);
            }
        });
    }
}
```

（15）代码输入完毕，如图1-23所示。

请读者注意以下内容：如果想要限制文本输入框"etFAInput"内的字符长度为10，我们可以在activity_main.Xml的Text界面中的EditText中加入android:maxLength="10"代码即可实现控制字符长度为10，如图1-24所示。

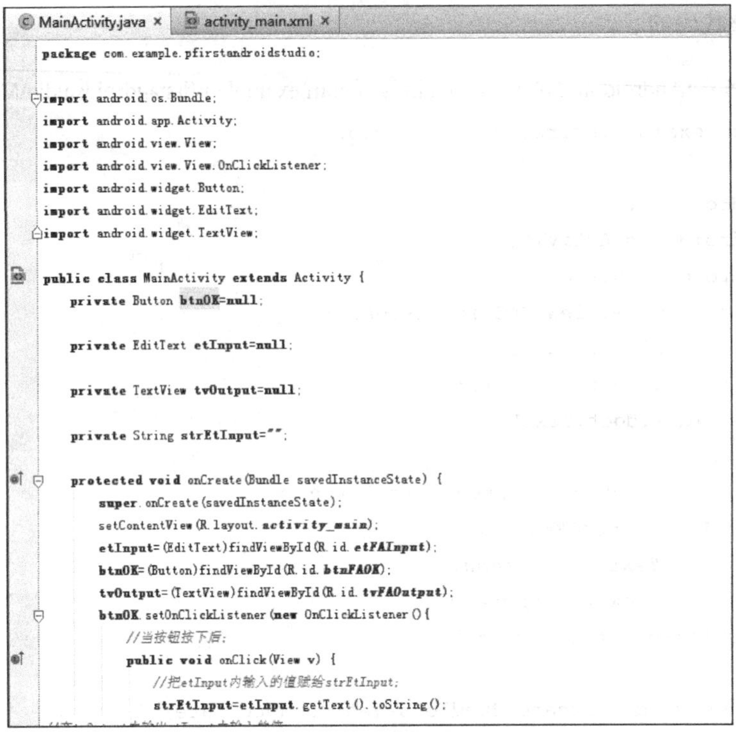

图 1-23　代码编辑完成

图 1-24　添加字符长度限制代码

添加完成后，代码如图 1-25 深色选中区域所示。

第 1 章　Android 开发简介

图 1-25　字符长度限制代码添加完成

至此，第一个 Android 实例已经完成，接下来介绍如何运行这一实例。

开发人员可以选择在模拟器或真机上运行 Android 实例，接下来详细介绍如何在模拟器上运行第一个 Android 实例。

1．创建 AVD 并运行实例

（1）SDK 全部安装完成后，需要创建一个新的 Android Virtual Device（AVD）。打开 Android Studio，单击图 1-26 所示的红圈处。

图 1-26　打开新建 AVD 界面

（2）弹出图 1-27 所示界面，单击界面中央的【Create a virtual device】按钮（图中红圈所示的按钮）。

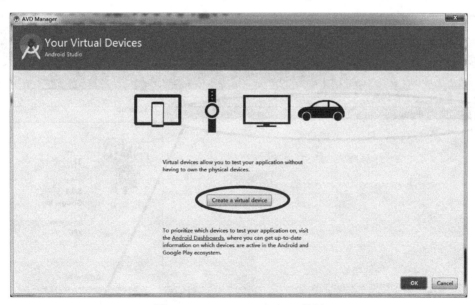

图 1-27　Create a virtual device 按钮

（3）单击按钮后会显示图 1-28 所示界面，按照图中箭头所示的顺序依次单击【Phone】、【Nexus S】、【Next】即可。

15

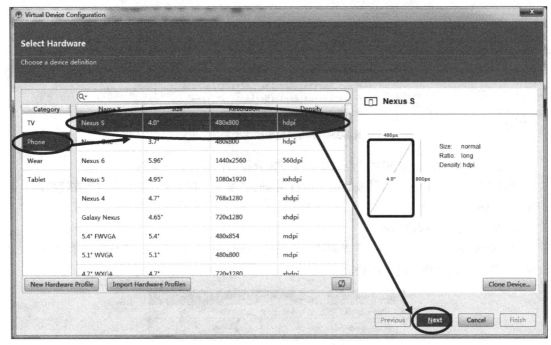

图 1-28　选择 AVD 硬件属性

（4）单击【Next】后，进入 System Image 界面。在 System Image 界面中选定 Lollipop，然后单击【Next】，如图 1-29 所示。

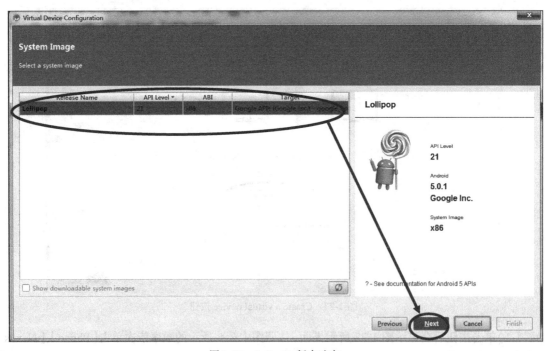

图 1-29　Android 版本选定

（5）进入 AVD 创建成功界面，如图 1-30 所示，单击【Finish】按钮，完成 AVD 的创建。

第 1 章　Android 开发简介

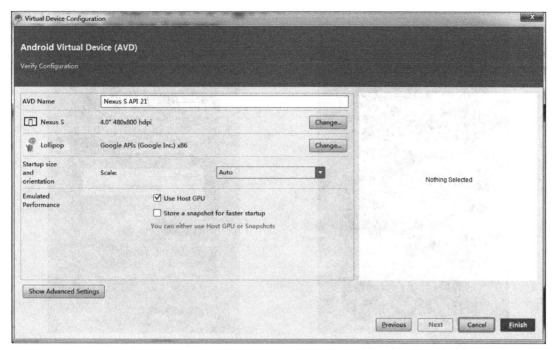

图 1-30　AVD 创建完成

（6）启动已经创建完成的 AVD。在上一步单击 Finish 按钮后会转到 Your Virtual Devices 界面。单击红圈内绿色的启动按钮即可启动新建的 AVD，如图 1-31 所示。

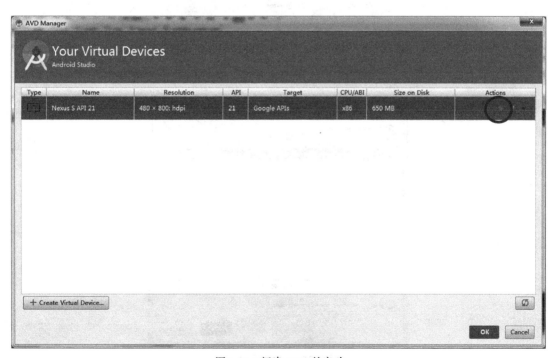

图 1-31　新建 AVD 的启动

（7）AVD 正在启动中，如图 1-32 所示。
（8）AVD 启动完成，如图 1-33 所示。

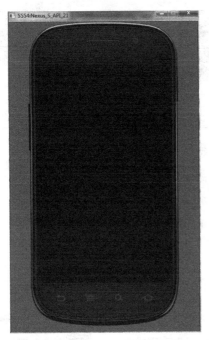
图 1-32 AVD 启动中

图 1-33 AVD 启动完成

（9）运行 First Android Studio，单击图 1-34 所示红圈中绿色运行按钮。

图 1-34 单击【运行】按钮

（10）单击运行按钮后，会出现图 1-35 所示的界面，单击【OK】按钮即可。

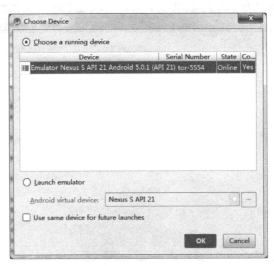
图 1-35 选择运行 AVD

（11）经过数分钟，启动的 AVD 中会显示图 1-36 所示的界面。

（12）输入"The First Android"并单击【确定】，下方显示所输入的内容，如图 1-37 所示，第一个 Android 实例在模拟器上运行完毕。

图 1-36　First Android Studio App 运行成功　　　图 1-37　PFirst Android Studio 测试成功

2．使用真机运行实例

开发人员还可以选择在真机上运行 Android 实例，接下来详细介绍如何在真机上运行第一个 Android 实例。由于不同设备使用的 Android 系统的版本并不完全一样，因此使用真机运行程序的过程并不完全相同。这里我们以运行 Android 5.0.2 CyanogenMod 系统的真机（请读者注意不同的手机系统操作过程略有不同）为例来为大家讲解使用真机调试的步骤。首先要开启手机的 USB 调试功能，然后将手机与计算机使用 USB 连接，最后将程序运行到手机上。

Step 1：开启手机的 USB 调试功能。

（1）首先打开手机【设置】，进入【关于手机】，如图 1-38 所示。

（2）找到【版本号】一项，在这里连续单击 5 次，如图 1-39 所示。

图 1-38　【设置】中【关于手机】选项　　　图 1-39　【关于手机】中【版本号】选项

（3）返回上一界面即可看到图 1-40 所示的【开发者选项】。

（4）单击【开发者选项】，进入图 1-41 所示界面。找到【Android debugging】并开启此功能。

图 1-40　【设置】中【开发者选项】

图 1-41　开启【开发者选项】

（5）开启时将出现图 1-42 所示的提示，单击【确定】即可。

Step 2：通过 USB 数据线将手机与电脑进行连接。

通过 USB 数据线将手机与电脑进行连接，电脑会自动安装驱动，然后手机会自动弹出图 1-43 所示对话框，单击【确定】即可。

图 1-42　允许 USB 调试

图 1-43　允许手机与电脑进行连接

Step 3：将实例运行到手机上。

（1）如图 1-44 所示，在 Android 中打开【PFirstAndroidStudio】项目，单击箭头所指的启动按钮。

（2）系统弹出图 1-45 所示选择真机或模拟器运行实例的对话框。

（3）选中自己的设备，单击【OK】即可。过数秒钟在手机上可以看图 1-46 所示的实例运行效果。

（4）在文本框中输入文字"The First Android"，单击【确定】按钮即可看到图 1-47 所示效果。

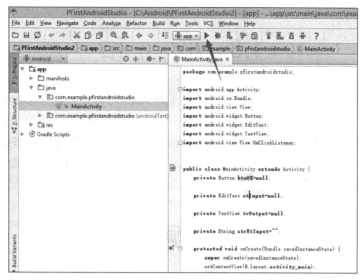

图 1-44　启动 APP

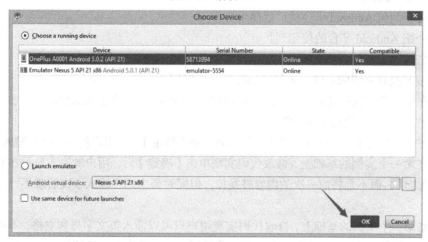

图 1-45　【Choose Device】界面

图 1-46　PFirstAndroidStudio 运行界面　　　　图 1-47　PFirstAndroidStudio 运行效果

1.5 小　　结

随着 Android 平台被越来越广泛的使用，市场上对 Android 开发人员的需求也越来越大，因此，学习并掌握 Android 平台的开发知识，对以后有意从事这一领域开发的人员而言是非常必要的。

本章介绍了 Android 平台的历史和现状、架构和特点，详细说明了如何搭建 Android Studio 的开发环境，并图文并茂地介绍了如何在 Android Studio 下创建了第一个 Android 实例，并展示了在模拟器及真机上运行实例的详细步骤。

习　题　1

1. 请简述 Android 平台的历史。
2. 请分析为何 Android 平台被广泛使用。
3. 请介绍 Android 平台的使用现状。
4. 请搭建 Android 的开发环境。
5. 请按照教材介绍的步骤，创建并运行第一个实例。
6. 请在第一个实例的基础上，修改代码实现输入检测，当用户输入为空时，要求提示用户输入不可以为空（提示：使用 Toast 类）。
7. 请在第一个实例的基础上，修改代码实现单击【确定】后，用户就不可以再输入任何内容。
8. 请在第一个实例的基础上，修改代码实现单击【确定】后，用户的输入显示在前一次输入显示的内容之后，而不是将前一次的内容替换掉，但同时要求用户输入 3 次后就不可以再输入任何内容。
9. 请在第一个实例的基础上，修改代码实现用户只可以输入英文字母和空格，不可以输入其他字符，输入完成单击【确定】后，不但能显示出用户输入的内容，还要计算出用户输入的字符个数并显示出来。
10. 请在第一个实例的基础上，增加一个 Button，实现单击此 Button 退出实例。

第 2 章
Android 开发起步

计算器是最早的计算工具，在电子计算器出现之前，人们使用的"计算器"是算盘。电子计算器出现后，因其功能特性被冠以计算器之名。在智能设备普及的今天，对于简单的四则运算人们不再需要借助专业的手持计算器，而是通过设备上安装的计算器软件就能完成所需的工作。以Android 系统的计算器软件为例，软件在加减乘除四则运算的处理过程中，涉及到了整型、浮点型等数据类型的运算和字符串之间转换的处理，本章通过实现计算器实例来介绍简单一位整型、多位整型、浮点型和有理数运算等多种数据处理方式，学习这些实例可以帮助读者了解这些数据类型及一些基本的 Android 项目搭建和界面设计知识。

2.1 整型数据

本节通过实现一位整型计算器中的加法、减法、乘法和除法，向读者展示了 Android 开发中典型的界面布局方式，最为常用的控件和数据类型。全面透彻地理解本节实例能让读者学习下一节的实例变得容易。

2.1.1 界面布局及控件介绍

在阅读之前，请读者先按照第 1 章例子新建名为 calculator2_1_1 的工程。本小节实例对应的完整代码请见 "Chapter02\Section2.1\calculator2_1_1.rar"。

界面布局是应用开发中重要的一环，在 Android 中提供了 5 种界面布局方式，分别是 FrameLayout（框架布局）、LinearLayout（线性布局）、AbsoluteLayout（绝对布局）、RelativeLayout（相对布局）和 TableLayout（表格布局），表 2-1 简单介绍了这 5 种布局。

表 2-1　　　　　　　　　　　　　Android 界面布局说明

序号	布局方式	说　　明
1	FrameLayout	框架布局是最简单的一个布局方式，子元素不能指定位置，所有的子元素将会固定在屏幕的左上角。后一个子元素将会直接在前一个子元素之上进行覆盖填充，把它们部分或全部挡住（除非后一个子元素是透明的）
2	LinearLayout	线性布局是所有布局中最常用的布局方式。按照相对位置来排列所有的控件或者其他的容器，超过边界时，某些控件将缺失或消失。因此一个垂直列表的每一行只会有一个空间或者是容器，而不管它们有多宽，一个水平列表将会只有一个行高（高度为最高子控件的高度加上边框高度）。LinearLayout 保持其所包含的控件或者是容器之间的间隔以及互相对齐（相对一个控件的右对齐、中间对齐或者左对齐）

续表

序号	布局方式	说明
3	AbsoluteLayout	绝对布局又可以称作坐标布局。可以直接指定子元素的绝对位置,这种布局简单直接,直观性强,但是由于手机屏幕尺寸差别比较大,使用绝对定位的适应性会比较差。分辨率不一样的屏幕,显示的位置也会有所不同
4	RelativeLayout	相对布局也是比较常用的布局方式。允许子元素指定它们相对于其父元素或兄弟元素的位置,它灵活性很大,属性也很多,当然操作难度也很大,属性之间产生冲突的可能性也比较大,使用相对布局时要多做些测试
5	TableLayout	表格布局也是一种常用在控件规则摆放的界面布局方式。TableLayout 跟 TableRow 是一组搭配应用的布局,TableLayout 置底,TableRow 在 TableLayout 的上方,而 Button、TextView 等控件就在 TableRow 之上。另外,TableLayout 之上也可以不放置任何控件

在开发一个安卓应用时不可能每种布局方式都会用到,含有一个 Activity 的简单应用一般用其中一到两种布局方式即可,像本章以计算器作为实例的介绍中,就用到了 LinearLayout 和 TableLayout 两种布局方式,关于如何运用将在后面例子中出现时做具体介绍。

界面布局只是应用的一个大体框架,而框架的内容,则是控件,每种布局都对应有其包含的特性控件,我们可以这么理解,界面布局作为父亲,而控件则是儿子。由于每种布局方式对应的控件比较多,而且有些控件同时是不同布局方式所支持的,所以在这里我们不对控件详细展开介绍,读者希望了解更多内容可以参考安卓官方国内镜像上的技术文档:http://wear.techbrood.com/guide/topics/ui/declaring-layout.html。

图 2-1 计算器界面

【例 2-1】完成计算器界面的搭建。

在 Calculator 工程中,我们设计了图 2-1 所示界面。

从图 2-1 可以看到,计算器界面由以下控件组成:显示文字为"2.1.1 界面布局及控件介绍"的 TextView、显示文字为"表达式"和"结果"的 TextView、用于输入表达式的文本框和用于结果输出的文本框、简单计算器的所有按钮。表 2-2 列出了这些控件的基本情况,包括控件的类型,名称和用途。

表 2-2 控件基本情况

序号	控件名称	控件类型	说明
1		LinearLayout(vertical)	布局
2		TextView	显示"2.1.1 界面布局及控件介绍"文本
3		LinearLayout	布局
4	@+id/textView1	TextView	显示"表达式"文本
5	@+id/edit2	EditText(android:focusable="false")	显示运算结果的文本框,设置 focusable 属性使其无法获得焦点,仅作为文本显示框使用,单击时输入法不会弹出

续表

序号	控件名称	控件类型	说　　明
6		LinearLayout	布局
7	@+id/textView2	TextView	显示"结果="文本
8	@+id/edit1	EditText(android:focusable="false")	显示运算中结果文本框，属性说明同 5
9		TableLayout	布局
10	@+id/buttonC @+id/buttondel @+id/buttonequal	TableRow Button Button Button(android:layout_span="2")	第 1 行控件 "归零"按钮 "退位"按钮 "="按钮，占两列
11	@+id/button7 @+id/button8 @+id/button9 @+id/buttonplus	TableRow Button Button Button Button	第 2 行控件 "7"按钮 "8"按钮 "9"按钮 "+"按钮
12	@+id/button4 @+id/button5 @+id/button6 @+id/buttondec	TableRow Button Button Button Button	第 3 行控件 "4"按钮 "5"按钮 "6"按钮 "–"按钮
13	@+id/button1 @+id/button2 @+id/button3 @+id/buttonmultiple	TableRow Button Button Button Button	第 4 行控件 "1"按钮 "2"按钮 "3"按钮 "×"按钮
14	@+id/buttonminus @+id/button0 @+id/buttonpoint @+id/buttondiv	TableRow Button Button Button Button	第 5 行控件 "±"按钮 "0"按钮 "."按钮 "÷"按钮

这些控件的布局及关系如图 2-2 所示。

完成上述界面布局后，读者可以试着在真机或者模拟器上运行测试，看能否得到图 2-1 的效果，若不一致，仔细思考一下是什么原因。下面通过界面布局文件帮助开发者找到问题所在。

图 2-2 计算器界面布局及关系

Chapter02\calculator2_1_1\src\main\res\layout\activity_main.xml

```xml
<LinearLayout xmlns:android="http://schemas.android.com/apk/res/android"
    xmlns:tools="http://schemas.android.com/tools"
    android:layout_width="match_parent"
    android:layout_height="match_parent"
    android:orientation="vertical"
    android:paddingBottom="@dimen/activity_vertical_margin"
    android:paddingLeft="@dimen/activity_horizontal_margin"
    android:paddingRight="@dimen/activity_horizontal_margin"
    android:paddingTop="@dimen/activity_vertical_margin"
    tools:context=".MainActivity">

    <TextView
        android:layout_width="wrap_content"
        android:layout_height="wrap_content"
        android:text="2.1.1界面布局及控件介绍"
        android:textSize="18dp" />

    <LinearLayout
        android:layout_width="match_parent"
        android:layout_height="wrap_content"
        android:gravity="right" >

        <TextView
            android:id="@+id/textView1"
            android:layout_width="wrap_content"
            android:layout_height="wrap_content"
```

```xml
            android:text="表达式" />

        <EditText
            android:id="@+id/edit2"
            android:layout_width="fill_parent"
            android:layout_height="wrap_content"
            android:background="@android:drawable/editbox_background"
            android:ems="10"
            android:focusable="false"
            android:gravity="right"
            android:lines="1" >
        </EditText>
    </LinearLayout>

    <LinearLayout
        android:layout_width="match_parent"
        android:layout_height="wrap_content" >

        <TextView
            android:id="@+id/textView2"
            android:layout_width="wrap_content"
            android:layout_height="wrap_content"
            android:text="结果 = " />

        <EditText
            android:id="@+id/edit1"
            android:layout_width="fill_parent"
            android:layout_height="wrap_content"
            android:background="@android:drawable/editbox_background"
            android:focusable="false"
            android:gravity="right"
            android:lines="1" />
    </LinearLayout>

    <TableLayout
        android:layout_width="fill_parent"
        android:layout_height="fill_parent"
        android:stretchColumns="0,1,2,3" >

        <TableRow>

            <Button
                android:id="@+id/buttonC"
                android:layout_width="wrap_content"
                android:layout_height="wrap_content"
                android:text="归零" />

            <Button
                android:id="@+id/buttondel"
                android:layout_width="wrap_content"
                android:layout_height="wrap_content"
                android:text="退位" />

            <Button
                android:id="@+id/buttonequal"
```

```xml
            android:layout_width="fill_parent"
            android:layout_height="wrap_content"
            android:layout_span="2"
            android:text=" = " />
    </TableRow>

    <TableRow>

        <Button
            android:id="@+id/button7"
            android:layout_width="wrap_content"
            android:layout_height="wrap_content"
            android:text="7" />

        <Button
            android:id="@+id/button8"
            android:layout_width="wrap_content"
            android:layout_height="wrap_content"
            android:text="8" />

        <Button
            android:id="@+id/button9"
            android:layout_width="wrap_content"
            android:layout_height="wrap_content"
            android:text="9" />

        <Button
            android:id="@+id/buttonplus"
            android:layout_width="match_parent"
            android:layout_height="wrap_content"
            android:text="+" />
    </TableRow>

    <TableRow>

        <Button
            android:id="@+id/button4"
            android:layout_width="wrap_content"
            android:layout_height="wrap_content"
            android:text="4" />

        <Button
            android:id="@+id/button5"
            android:layout_width="wrap_content"
            android:layout_height="wrap_content"
            android:text="5" />

        <Button
            android:id="@+id/button6"
            android:layout_width="wrap_content"
            android:layout_height="wrap_content"
            android:text="6" />

        <Button
            android:id="@+id/buttondec"
            android:layout_width="match_parent"
```

```xml
            android:layout_height="wrap_content"
            android:text="-" />
    </TableRow>

    <TableRow>

        <Button
            android:id="@+id/button1"
            android:layout_width="wrap_content"
            android:layout_height="wrap_content"
            android:text="1" />

        <Button
            android:id="@+id/button2"
            android:layout_width="wrap_content"
            android:layout_height="wrap_content"
            android:text="2" />

        <Button
            android:id="@+id/button3"
            android:layout_width="wrap_content"
            android:layout_height="wrap_content"
            android:text="3" />

        <Button
            android:id="@+id/buttonmultiple"
            android:layout_width="match_parent"
            android:layout_height="wrap_content"
            android:text="×" />
    </TableRow>

    <TableRow>

        <Button
            android:id="@+id/buttonminus"
            android:layout_width="wrap_content"
            android:layout_height="wrap_content"
            android:text="±" />

        <Button
            android:id="@+id/button0"
            android:layout_width="wrap_content"
            android:layout_height="wrap_content"
            android:text="0" />

        <Button
            android:id="@+id/buttonpoint"
            android:layout_width="wrap_content"
            android:layout_height="wrap_content"
            android:text="." />

        <Button
            android:id="@+id/buttondiv"
            android:layout_width="match_parent"
            android:layout_height="wrap_content"
            android:text="÷" />
```

```
                </TableRow>
            </TableLayout>

</LinearLayout>
```

2.1.2 整型加法

2.1.1 节搭建了计算器的整体界面，但是一个界面只是中看不中用的外壳，真正的"内在美"，还是需要在代码中体现，下面开始"内在美"的构建过程，来实现在这个好看的外表下的功能，即实现一位整型的加法运算。本小节实例对应的完整代码请见"Chapter02\Section2.1\calculator2_1_2.rar"。

要实现一位加法，我们先来了解一下这其中要用到的基本数据类型 int（整型）和非基本数据类型 String（字符串）。

Android 开发中最常用到的数据类型就是整型，Java 语言中整型数据使用的时候分整型常量和整型变量，以表 2-3 对整型数据做简略说明。

表 2-3   整型常量与变量说明

序号	名称	说明
1	整型常量	Java 的整型常数有 3 种形式： （1）十进制整数，如 123,-456,0。 （2）八进制整数，以 0 开头，如 0123 表示十进制数 83,-011 表示十进制数-9。 （3）十六进制整数，以 0x 或 0X 开头，如 0x123 表示十进制数 291,-0X12 表示十进制数-18。 注意：整型常量在机器中占 32 位，具有 int 型的值,对于 long 型值，则要在数字后加 L 或 l，如 123L 表示一个长整数，它在机器中占 64 位
2	整型变量	整型变量的类型有 byte、short、int、long 四种。 byte 类型只用来保存 255 以内的整数，一般在保存很小的数据的时候使用，较为节省空间。 short 类型的取值范围为$[-2^{15}, 2^{15}-1]$，short 可能是最不常用的类型了。可以通过整型字面值或者字符字面值赋值，前提是不超出范围（16 位）。 int 类型是最常使用的一种整数类型。它的取值范围是$[-2^{31}, 2^{31}-1]$。 long 类型的取值范围为$[-2^{63}, 2^{63}-1]$，当需要计算非常大的数时，如果 int 不足以容纳大小，可以使用 long 类型

严格来说，String 只是一个类，在这里我们暂且把它当作字符串来用。

【例 2-2】完成一位整型加法计算器。

在此我们以 2.1.1 节创建的例子为基础，开始在 MainActivity（Chapter02\calculator2_1_2\src\main\java\com\calculator2_1_2\MainActivity.java）里面写入代码，来实现一位整型加法计算器的加法功能。

首先，我们先声明要用到的控件类型，由于本节计算器中所用到的控件均只在 MainActivity 中调用，所以我们声明为 private 类型，并把它们的初值赋值为 null，具体代码片段如下。

```
private EditText etInOut=null, etShowInfo=null;
    private Button bt0=null,
            bt1=null,
            bt2=null,
            bt3=null,
            bt4=null,
```

```
            bt5=null,
            bt6=null,
            bt7=null,
            bt8=null,
            bt9=null,
            btC=null,
            btequal=null,
        btplus=null;
```

在声明控件后，接下来我们对所用到的全局变量进行定义，需要注意的是，这里说的全局变量，是相对 MainActivity 本身而言的，如果相对所有类而言，应该理解为局部变量。同样，我们把它们定义为 private 类型，代码片段如下。

```
private int x = 0, y = 0, result = 0;
private int sign = 0;
```

在上面的代码片段中，我们把 x 定义为第一个操作数，把 y 定义为第二个操作数，result 定义为运算结果，并把它们都赋初值 0。

sign 作为一个标志变量，在运算过程中，用于记录操作数的输入状态，我们把它定义为：0 为未输入第 1 个操作数的状态，1 为已输入了第 1 个操作数且按下运算符按钮的状态，2 为已输入第 2 个操作数状态，这几个状态后面对于计算器的运算逻辑有莫大的帮助。

然后，我们定义一个字符串，用来存放运算符，同样是用 private 类型，初值赋值为空：

```
private String operator = "";
```

最后，我们在 onCreate 方法中增加如下代码。

```
@Override
    protected void onCreate(Bundle savedInstanceState) {
        super.onCreate(savedInstanceState);
        setContentView(R.layout.activity_main);
        click();
    }
```

细心的读者会发现，自动生成的代码中并没有"click();"这一行，这一行就是我们新增的，因为计算器使用都是在 Button 按钮中进行，所以我们写了这个函数，用来执行所有计算器的操作。

关于 click();这个函数，它的声明如下。

```
private void click(){
}
```

而花括号括起来的即为函数体，为了实现这个一位整型加法计算器，接下来我们来写入它的具体实现代码。

首先，是要实例化控件，代码如下。

```
etShowInfo = (EditText) findViewById(R.id.edit2);
        etInOut = (EditText) findViewById(R.id.edit1);
        bt1 = (Button) findViewById(R.id.button1);
        bt2 = (Button) findViewById(R.id.button2);
        bt3 = (Button) findViewById(R.id.button3);
        bt4 = (Button) findViewById(R.id.button4);
        bt5 = (Button) findViewById(R.id.button5);
```

```
bt6 = (Button) findViewById(R.id.button6);
bt7 = (Button) findViewById(R.id.button7);
bt8 = (Button) findViewById(R.id.button8);
bt9 = (Button) findViewById(R.id.button9);
bt0 = (Button) findViewById(R.id.button0);
btplus = (Button) findViewById(R.id.buttonplus);
btequal = (Button) findViewById(R.id.buttonequal);
btC = (Button) findViewById(R.id.buttonC);
```

一般来说,刚打开计算器,屏幕上都会显示 0,之后用户若输入操作数,屏幕上就会显示这一操作数,为了实现这个效果,只需要定义一个字符串 i,再将给第一个操作数的数值 x 转化为字符串,然后通过 setText 的方法,把字符串呈现在 etInOut 对应的控件上,下面是实现该功能的代码。

```
String i = Integer.toString(x);
    etInOut.setText(i);
```

把计算器的一个基本形态展现出来后,接下来便是对按下屏幕上的按钮进行处理了,在这里我们先了解一下监听,以"1"按钮为例,它的监听如下。

```
bt1.setOnClickListener(new OnClickListener() {
        @Override
        public void onClick(View v) {

        }
    });
```

这是一个空的监听,若按下按钮,没有任何反应,而我们的目的是要在按下"1"这个按钮后,把 1 呈现在 etInOut 上,为了实现这个效果,我们不能直接在监听里面用一个 setText 方法,如果这样,那么任何时候按下"1",etInOut 上都会显示 1,这显然不符合计算器的逻辑,所以我们写一个名为 settext 的函数,注意 Java 里面是要区分大小写的,所以这里的 settext 与 setText 不同。

我们在监听体里面,加上如下一行代码。

```
settext(1);
```

这样,每按下一次"1",那么 1 就会作为参数传递进 settext 函数中,而其他的"2""3""4"等等按钮同样在监听体里面把参数传进 settext 函数,那么我们来看看 settext 函数该怎么写。

```
private void settext(int input) {
    String i = Integer.toString(input);
    if (sign == 0) {
        etInOut.setText(i);
        x = input;
        sign = 1;
    } else if (sign == 2) {
        etInOut.setText(i);
        y = input;
    }
}
```

以上便是 settext 函数的代码,同样希望该函数只在 MainActivity 里面访问,所以定义为 private 类型,需要注意的是,这个函数是带有参数的,因为传进来的参数是一个整型参数,所以在函数参数括号里面应该写上如下代码。

```
int input
```

为了方便处理，我们把传进来的参数转化为字符串 i，然后加一个判断条件，如果 sign=0，即为未输入第一个操作数的状态，那么此时，我们把传进来的参数先显示在屏幕的 etInOut 上，因为 input 参数为整型，可以使用赋值语句直接把它赋值给第一个操作数 x，至此已经完成了第一个操作数的显示工作，最后不要忘了把 sign 的值改为 1。

在输入第二个操作数时逻辑类似，但是请注意因为加法是要求双操作数的，因此输入第二个操作数之前，必须输入操作符，当 sign=1 时，状态为未输入操作符，所以不允许输入第二个操作数。

我们来看看操作符的监听。

```
btplus.setOnClickListener(new OnClickListener() {
    @Override
    public void onClick(View v) {
        setoperator("+");
    }
});
```

当按下加法按钮时，字符串"+"会被当作参数传进 setoperator 函数，那么接下来看看 setoperator 函数。

```
private void setoperator(String op) {
    if (sign == 1|| sign == 0) {
        operator = op;
        etShowInfo.setText(etInOut.getText() + op);
        etInOut.setText("");
        sign = 2;
    }
}
```

setoperator 函数的逻辑是这样的，当输入了第一个操作数，即把第一个操作数加上"+"号操作符显示在 etShowInfo 中，然后把 etInOut 设置为待输入第二个操作数的空白状态，把 sign 设置为 2，如果用户没有输入第一个操作数呢？那么就把初值 0（etInOut 默认显示 0）当作第一个操作数，当按下"+"按钮时，把"0+"呈现在 etShowInfo 中，同样之后要把 sign 设置为 2。

那么我们再回到 settext 中，当用户输入为第二个操作数时，显示和赋值逻辑与第一个相似，前面我们约定，sign 有 3 种转态：0，1，2，我们在输入第二个操作数后，sign 就为 2 了，此时，计算器就只能处理"="的请求，我们再来看看"="按钮的函数。

```
btequal.setOnClickListener(new OnClickListener() {
    @Override
    public void onClick(View v) {
        equal();
    }
});
```

这里我们调用到 equal 函数，equal 函数如下。

```
private void equal() {
    if (operator.equals("+") && sign == 2) {
        result = x + y;
```

```
            etShowInfo.setText(x + operator + y);
            etInOut.setText("" + result);
            sign = 0;
            operator = "";
            x = result;
        }
    }
```

当输入了第一个和第二个操作数（如果用户没有输入，则默认输入为0），同时运算符的字符串和"+"等价时，就把第一个和第二个操作数的结果相加，然后把表达式呈现在 etShowInfo 中，把结果呈现在 etInOut 中，同时计算完一次后把 sign 重置为0，把运算符置空，把结果 result 赋值给 x，方便用运算结果作为第一个操作数连加计算。

至此，计算器的功能已经基本完成了，读者阅读完以上步骤后，可以试着自己运行一下程序，看能不能计算出结果，如果不能，思考一下为什么。

细心的读者运行程序后会发现一个问题，第一次计算后若再进行第二次计算时，没办法归零！没错，因为归零按钮，我们还没对它设置任何监听，所以按下去也就没有任何作用，我们来看看归零按钮的监听代码。

```
btC.setOnClickListener(new OnClickListener() {
    @Override
    public void onClick(View v) {
        clean();
    }
});
```

归零按钮监听中调用了 clean 函数，clean 函数如下。

```
private void clean() {
    etInOut.setText("0");
    etShowInfo.setText("");
    x = 0;
    y = 0;
    result = 0;
    sign = 0;
}
```

clean 函数的逻辑是这样的，把结果恢复为初始状态0，把表达式设置为空，其他变量也都归零。

至此，一位整型加法计算器的功能已经实现，但是，它还不够完美，因为，它仅仅有加法功能，而减、乘、除等功能均不具备，同时那些按钮没有任何标识，容易产生误导，因此，我们接下来要对未用到的功能按钮做出明显的标识，同时把标题改为"2.1.2 一位整型加法"。

一位整型加法计算器界面如图 2-3 所示。在示例代码中，我们把未使用的按钮文本颜色均设置成了红色，用户在开发环境中导入本工程即可看到图 2-3 所示的效果。

为了实现以上效果，我们只需要修改几个地方，以表 2-2 序号为2的控件 TextView 为例，原 XML 代码如下。

图 2-3　一位整型加法计算器界面

Chapter02\calculator2_1_1\src\main\res\layout\activity_main.xml

```xml
<TextView
    android:layout_width="wrap_content"
    android:layout_height="wrap_content"
    android:text="2.1.1 界面布局及控件介绍"
    android:textSize="18dp" />
```

我们只需要把 android:text="*2.1.1 界面布局及控件介绍*"这里的"2.1.1 界面布局及控件介绍"修改为"2.1.2 一位整型加法"。

而未使用的按钮用红色标识更为简单,以表 2-2 序号为 10 的控件"退位"按钮为例,原 XML 代码如下。

```xml
<Button
    android:id="@+id/buttondel"
    android:layout_width="wrap_content"
    android:layout_height="wrap_content"
    android:text="退位" />
```

我们只需要在 android:text="*退位*"的后面加上一句 android:textColor="*#ff0000*"即可实现红色标识效果。

至此,我们已经完成了一个仅具有一位整型加法运算功能的计算器,可以继续往下学习。

2.1.3 整型减法

通过上一小节的学习,我们已经实现了一位加法计算器,完成了第一个小项目,正式迈出了 Android 开发的第一步,接下来完成一位减法计算器。本小节实例对应的完整代码见 "Chapter02\Section2.1\calculator2_1_3.rar"。

【例 2-3】完成一位整型减法计算器。

请读者阅读到此时,务必完成 2.1.2 节中一位整型加法计算器,我们这节将在其基础上做出相应的修改以实现一位整型减法计算器。

我们先从布局文件入手,按照上一节的方法,把表 2-2 中序号为 2 的 TextView 改为"2.1.3 一位整型减法"。

而原来在表 2-2 中序号为 11 的加法运算符按钮@+id/buttonplus 对应的 XML 代码如下。

Chapter02\calculator2_1_3\res\layout\activity_main.xml

```xml
<Button
    android:id="@+id/buttonplus"
    android:layout_width="match_parent"
    android:layout_height="wrap_content"
    android:text="+" />
```

我们在 android:text="*+*"后面加上一句 android:textColor="#ff0000",把它标识为不可用状态,同时将在表 2-2 序号为 12 的减法运算符按钮标识为可用,即对页面布局文件中减法运算符按钮对应的下述代码进行修改。

```xml
<Button
    android:id="@+id/buttondec"
    android:layout_width="match_parent"
```

```
            android:layout_height="wrap_content"
            android:text="-"
            android:textColor="#ff0000"
/>
```

将最后一行 android:textColor="#ff0000"删除，使其显示为可用状态，布局文件修改后程序运行效果图如图 2-4 所示。

完成布局文件的修改之后，接下来便对代码做出相应的修改。

Chapter02\calculator2_1_3\src\main\java\com\calculator2_1_3\MainActivity.java

首先，在控件声明中，我们把 btplus = null;改为 btdec = null;接下来，我们要对控件的实例化代码做出修改，把源代码

```
btplus = (Button) findViewById(R.id.buttonplus);
```

改成：`btdec = (Button) findViewById(R.id.buttondec);`

图 2-4　一位整型减法计算器界面

接着，要对原来为"+"按钮的监听改为当前"-"按钮的监听，修改前代码如下。

```
btplus.setOnClickListener(new OnClickListener() {
        @Override
        public void onClick(View v) {
            setoperator("+");
        }
});
```

修改后为：

```
btdec.setOnClickListener(new OnClickListener() {
        @Override
        public void onClick(View v) {
            setoperator("-");
        }
});
```

虽然加法和减法的运算逻辑是一样的，但由于符号不一样，所以我们还需要修改 equal 函数，修改前代码如下。

```
    private void equal() {
        if (operator.equals("+") && sign == 2) {
            result = x + y;
            etShowInfo.setText(x + operator + y);
            etInOut.setText("" + result);
            sign = 0;
            operator = "";
            x = result;
        }
    }
```

我们要对 if 判断语句中的条件做出修改，把

```
operator.equals("+")
```

改为

```
operator.equals("-")
```

同时，运算语句也要做出相应的修改，将

```
result = x + y;
```

改为

```
result = x - y;
```

至此，一位整型减法计算器已经完成，读者可以在真机或者模拟器上测试，看能否计算出正确的结果，如果不能，思考一下哪里可能出现了问题。

2.1.4 整型乘法

通过前两小节的学习，相信读者已经学会了如何实现一位加减运算。接下来我们在2.1.2节【例2-2】的基础上，把"一位整型加法计算器"改成"一位整型乘法计算器"。本小节实例对应的完整代码见"Chapter02\Section2.1\calculator2_1_4.rar"。

【例2-4】完成一位整型乘法计算器。

首先，请读者自行修改界面，界面修改后效果图如图 2-5所示。

这个例子和【例2-2】大体一样，不同之处主要有以下3处。

Chapter02\calculator2_1_4\src\main\java\com\calculator2_1_4\MainActivity.java

（1）修改控件声明及实例化

```
//控件声明
btmultiple = null;
//控件实例化
btmultiple = (Button) findViewById(R.id.buttonmultiple);
```

（2）修改按钮的监听

```
//监听 btmultiple
btmultiple.setOnClickListener(new OnClickListener() {
        @Override
        public void onClick(View v) {
            setoperator("×");
        }
    });
```

（3）修改 equal 函数

```
private void equal() {
        if (operator.equals("×") && sign == 2) {
            result = x * y;
            etShowInfo.setText(x + operator + y);
```

图 2-5　一位整型乘法计算器界面

```
                etInOut.setText("" + result);
                sign = 0;
                operator = "";
                x = result;
            }
            op1 = "";
            op2 = "";
        }
```

请读者参照【例 2-2】自己动手改造，并尝试在真机或者模拟器上测试，看能否计算出正确的结果，如果不能，可以参考本书配套的源程序，思考一下哪里可能出现了问题。

需要提醒读者的是，在改造过程中，如果出现编译器报错时，请确认是不是以下错误造成的，如图 2-6 所示。

图 2-6 编译器报错

如果出现上述错误，即为乘法符号错误所致，计算器内部运算的乘法符号为 "*"，而不是平时我们书写的 "×"。

2.1.5 整型除法

在学习前面介绍的一位整型加法、减法和乘法计算器的基础之上，本小节将介绍如何实现一位整型除法计算器，本小节实例对应的完整代码见 "Chapter02\Section2.1\calculator2_1_5.rar"。

【例 2-5】完成一位整型除法计算器。

首先请读者自行修改界面，界面修改后效果如图 2-7 所示。

这个例子不再做详细解析，读者可以参考 2.1 前面几节的例子，并完成此实例。

另外，读者在完成此例子的过程中，需要注意两点。

（1）计算机中运算的除法符号为 "/"，并非我们平时书写的 "÷"。

（2）在输入第二个操作数时，应该加以判断，非 0 才进行运算。

在对第二个操作数判断时，我们可以在 equal 函数中限定，在除数为 0 时，结果显示框提示 "非法计算"，并直接返回上层函数，不执行接下来的任何操作，下面给出需要注意的 equal 函数代码，供读者参考。

图 2-7 一位整型除法计算器界面

Chapter02\calculator2_1_5\src\main\java\com\calculator2_1_5\MainActivity.java
```
private void equal() {
    if (operator.equals("÷") && sign == 2) {
        if (y != 0) {
            result = x / y;
```

```
            } else {
                etInOut.setText("非法计算");
                return;
            }
            etShowInfo.setText(x + operator + y);
            etInOut.setText("" + result);
            sign = 0;
            operator = "";
            x = result;
        }
    }
```

2.2　String 类

在 2.1 节的基础上，本节通过实现多位整型计算器中的加法、减法、乘法和除法，向读者展示了 String、Long、int 的使用。

2.2.1　字符串处理

多位整型加法比一位整型加法复杂一些，它涉及字符串与整型数据之间的转换，还要判断输入的数据是否超出了整型所能表示的最大值，在本小节的学习中，我们将详细介绍这些知识。本节实例对应的完整代码见 "Chapter02\Section2.2\calculator2_2_1.rar"。

【例 2-6】完成多位整型加法计算器。

请读者先参照上节内容把计算器的界面做好，多位整型加法计算器界面如图 2-8 所示。

细心的读者会发现，多位整型加法计算器中的"退位"按钮我们已经把它设置为可用状态，考虑到在输入多位数值进行运算时，难免会输入失误，这时就要进行退位。因为是多位数值，有两种比较简单的方法可以实现记录输入的多位数值，分别如下：

方法一：仅用整型，输入操作数 1 时，输入一次时为输入的数乘 1，输入两位时把第一位的数乘 10，再把当前的数乘 1，再把它们相加……操作数 2 同样操作。

方法二：用一个字符串记录当前输入的数字，每输入一个数字，就在当前字符串末尾加上那个数字，输入完毕后把字符串转化为整型赋值回去。

图 2-8　多位整型加法计算器界面

显然，方法二更适合我们在这里采用，因为如果采用方法一，输入数值的位数一旦多起来，处理将会变得相当复杂，而方法二只需要进行简单的转换。因此，我们要定义两个字符串，用于存放操作数 1 和操作数 2，由于只在 MainActivity 中访问，我们把它们定义为 private 类型，代码如下。

Chapter02\calculator2_2_1\src\main\java\com\calculator2_2_1\MainActivity.java
```
private String op1 = "", op2 = "";
```

同样，其他的控件和变量等的定义，都定义为 private 类型，并为它们赋初值为空，代码如下。

```
private EditText etInOut = null, etShowInfo = null;
    private Button bt0 = null, bt1 = null, bt2 = null, bt3 = null, bt4 = null,
            bt5 = null, bt6 = null, bt7 = null, bt8 = null, bt9 = null,
            btC = null, btequal = null, btplus = null, btdel = null;
    private int x = 0, y = 0, result = 0;
    private int sign = 0;
    private String operator = "";
```

然后，我们定义一个函数，用于处理 onCreate 函数生命周期中的一切事物，代码如下。

```
@Override
protected void onCreate(Bundle savedInstanceState) {
    super.onCreate(savedInstanceState);
    setContentView(R.layout.activity_main);
    click();
}
```

在 click 函数中，我们先要实例化控件。

```
etShowInfo = (EditText) findViewById(R.id.edit2);
        etInOut = (EditText) findViewById(R.id.edit1);
        bt1 = (Button) findViewById(R.id.button1);
        bt2 = (Button) findViewById(R.id.button2);
        bt3 = (Button) findViewById(R.id.button3);
        bt4 = (Button) findViewById(R.id.button4);
        bt5 = (Button) findViewById(R.id.button5);
        bt6 = (Button) findViewById(R.id.button6);
        bt7 = (Button) findViewById(R.id.button7);
        bt8 = (Button) findViewById(R.id.button8);
        bt9 = (Button) findViewById(R.id.button9);
        bt0 = (Button) findViewById(R.id.button0);
        btplus = (Button) findViewById(R.id.buttonplus);
        btequal = (Button) findViewById(R.id.buttonequal);
        btC = (Button) findViewById(R.id.buttonC);
        btdel = (Button) findViewById(R.id.buttondel);
```

然后定义一个字符串，把计算器的结果初值 0 呈现在 etInOut 中。

```
String i = Integer.toString(x);
        etInOut.setText(i);
```

接下来是监听屏幕上呈现出来的按钮，以 "1" 按钮为例，监听代码如下。

```
bt1.setOnClickListener(new OnClickListener() {
            @Override
            public void onClick(View v) {
                settext("1");
            }
        });
```

读者可以依照按钮 "1" 的代码，写出其他数值按钮的监听代码。

在代码中，要用到我们定义的 settext 函数，同样，settext 函数，我们定义为 private 类型。

```
private void settext(String input) {
    long i;
    if (sign == 0 || sign == 1) {
        op1 = op1 + input;
        i = Long.parseLong(op1);
        if (i <= 2147483647) {
            etInOut.setText(op1);
            x = (int) i;
            sign = 1;
        } else {
            Toast.makeText(MainActivity.this, "输入数据超出最大可计算值,请重新输入! ",
                    Toast.LENGTH_LONG).show();
            op1 = "";
            etInOut.setText("0");
            x = 0;
        }
    } else if (sign == 2) {
        op2 = op2 + input;
        i = Long.parseLong(op2);
        if (i <= 2147483647) {
            etInOut.setText(op2);
            y = (int) i;
        } else {
            Toast.makeText(MainActivity.this, "输入数据超出最大可计算值,请重新输入! ",
                    Toast.LENGTH_LONG).show();
            op2 = "";
            etInOut.setText("0");
            y = 0;
        }
    }
}
```

这是一个带参数的函数,参数为按下按钮时传递进来的字符串,当 sign 的状态为 0 或者 1 时,即为可以输入第一个操作数的状态,此时,每输入一个字符时,用来记录操作数 1 的字符串变量 op1 的末尾即接上该字符,在完成一次连接字符时,我们定义一个 long 整型变量 i,通过字符串转化为整型的方法 i = Long.parseLong(op1);,把当前操作数赋值到 i 上。

请读者思考:为什么要定义一个 long 整型变量而不是 int 整型?

因为 int 类型的最大值为 2147483647,当输入超出这个范围时,程序就会报错,但我们要先判断输入的数据是否超出了范围,就要用一个比 int 类型范围大的数据类型来接收待判断的数,所以就有了:

```
if (i <= 2147483647)
```

这条判断语句,当不符合这个条件时,运用 Toast 浮动提示框,提示使用者超出了可计算范围,请重新输入的提示,该提示框如图 2-9 所示。

该句代码如下。

图 2-9 Toast 提示框

Toast.makeText(MainActivity.this, "输入数据超出最大可计算值，请重新输入！",Toast.LENGTH_LONG).show();

要使用该提示框，需要在项目的开头导入 Toast，即：import android.widget.Toast；同时，在超出范围给出提示后，把操作数重置为 0。当输入操作数 2 时的处理逻辑与输入操作数 1 时类似，这里就不做详细说明。

接下来我们来看看运算符的监听。

```
btplus.setOnClickListener(new OnClickListener() {
    @Override
    public void onClick(View v) {
        setoperator("+");
    }
});
```

由以上代码可以看出，这里设置运算符的方法与【例 2-2】是一模一样的。同样，"归零"按钮的函数与【例 2-2】也是一样的，读者可以参考前面的例子。接下来我们直接看按下 "=" 按钮时的操作。

```
public void equal() {
    if (operator.equals("+") && sign == 2) {
        result = x + y;
        etShowInfo.setText(x + operator + y);
        etInOut.setText("" + result);
        sign = 0;
        operator = "";
        x = result;
    }
    op1 = "";
    op2 = "";
}
```

当按下 "=" 按钮时，if 条件判断的语句基本和【例 2-2】一样，但是在进行运算后，还要将记录操作数 1 和操作数 2 的字符串清空。

最后，我们来看一下在这里新增的退位按钮。退位即为输入的数值里面减去一位，对其操作和输入时的逻辑相反，每按下一次"退位"按钮时，将对应的操作数长度减 1，即可实现退位。

代码如下。

```
private void delete() {
    int i;
    // TODO Auto-generated method stub
    if (sign == 1) {
        if (op1.length() - 1 > 0) {
            op1 = op1.substring(0, op1.length() - 1);
            etInOut.setText(op1);
            i = Integer.parseInt(op1);
            x = i;
        } else {
            op1 = "0";
            etInOut.setText(op1);
            i = Integer.parseInt(op1);
```

```
                x = i;
                op1 = "";
                sign = 0;
            }
        } else if (sign == 2) {
            if (op2.length() - 1 > 0) {
                op2 = op2.substring(0, op2.length() - 1);
                etInOut.setText(op2);
                i = Integer.parseInt(op2);
                y = i;
            } else {
                op2 = "0";
                etInOut.setText(op2);
                i = Integer.parseInt(op2);
                y = i;
                op2 = "";
                sign = 0;
            }
        }
    }
```

该函数的逻辑是这样的：先用 if 语句判断是否为初始状态，如果为初始状态时，sign=0，此时不执行退位操作；如果不是初始状态时，以操作数 1 为例，将操作数 1 的字符串的长度减 1，代码如下。

```
op1.length() - 1
```

如果该数值大于 0，即证明操作数 1 有 2 位（包括 2 位）以上，可执行退位操作。

退位操作时，运用 substring 字符串操作的方法，从字符串的第 0 个位置起，到退位前一个位置，重新赋值回 op1，即完成退位操作，代码如下。

```
op1 = op1.substring(0, op1.length() - 1);
```

退位后的重新赋值操作与 settext 方法类似，这里不再赘述。

至此，多位整型加法计算器已经完成。

2.2.2 字符串运算

通过上一小节的学习，我们已经学会了如何实现多位整型加法计算器，本节我们将在上一小节多位整型加法计算器的基础上进行改造，实现多位整型减法计算器。本节实例对应的完整代码见"Chapter02\Section2.2\calculator2_2_2.rar"。

【例 2-7】完成多位整型减法计算器。

首先请读者自行修改界面，界面修改后如图 2-10 所示。

图 2-10　多位整型减法计算器界面

打开 Chapter02\calculator2_2_2\src\main\java\com\calculator2_2_2\MainActivity.java 源程序，接下来对代码做出相应的修改。

首先，在控件声明中，把

```
btplus = null;
```

改为

```
btdec = null;
```

接下来,我们要对控件的实例化代码做出修改,源代码为

```
btplus = (Button) findViewById(R.id.buttonplus);
```

我们要将它改成:

```
btdec = (Button) findViewById(R.id.buttondec);
```

接着,要把原来为"+"按钮的监听改为当前"-"按钮的监听,修改前代码如下。

```
btplus.setOnClickListener(new OnClickListener() {
        @Override
        public void onClick(View v) {
            setoperator("+");
        }
});
```

修改后为

```
btdec.setOnClickListener(new OnClickListener() {
        @Override
        public void onClick(View v) {
            setoperator("-");
        }
});
```

虽然加法和减法的运算逻辑是一样的,但由于符号不一样,所以我们还需要修改 equal 函数,修改前代码如下。

```
private void equal() {
        if (operator.equals("+") && sign == 2) {
            result = x + y;
            etShowInfo.setText(x + operator + y);
            etInOut.setText("" + result);
            sign = 0;
            operator = "";
            x = result;
        }
        op1 = "";
        op2 = "";
}
```

我们要对 if 判断语句中的条件做出修改,把

```
operator.equals("+")
```

改为

```
operator.equals("-")
```

同时，运算语句也要做出相应的修改，将

```
result = x + y;
```

改为

```
result = x - y;
```

至此，多位整型减法计算器已经完成，读者可以在真机或者模拟器上测试，看能否计算出正确的结果，如果不能，思考一下哪里可能出现了问题。

2.2.3 整型和字符串转换

通过前面的学习，我们已经学会了如何实现多位整型加法和减法计算器，那么这一小节，我们将学习如何实现多位整型乘法计算器。本小节实例对应的完整代码见"Chapter02\Section2.2\calculator2_2_3.rar"。

【例2-8】完成多位整型乘法计算器。

多位整型乘法计算器的界面如图2-11所示。

这个例子和【例2-6】大体一样，不同之处主要有以下3处。

图2-11 多位整型乘法计算器界面

Chapter02\calculator2_2_3\src\main\java\com\calculator2_2_3\MainActivity.java

（1）修改控件声明及实例化

```
//控件声明
btmultiple = null;
//控件实例化
btmultiple = (Button) findViewById(R.id.buttonmultiple);
```

（2）修改按钮的监听

```
//监听btmultiple
btmultiple.setOnClickListener(new OnClickListener() {
        @Override
        public void onClick(View v) {
            setoperator("×");
        }
    });
```

（3）修改equal函数

```
private void equal() {
    if (operator.equals("×") && sign == 2) {
        result = x * y;
        etShowInfo.setText(x + operator + y);
        etInOut.setText("" + result);
        sign = 0;
        operator = "";
        x = result;
    }
    op1 = "";
```

```
            op2 = "";
        }
```

请读者参照【例 2-6】自己动手改造，并尝试在真机或者模拟器上测试，看能否计算出正确的结果，如果不能，可以参考本教材配套的源程序，思考一下哪里可能出现了问题。

2.2.4 字符串和整型转换

通过前面的学习，我们已经学会了如何实现多位加法、减法和乘法计算器，这一小节我们将学习如何实现多位整型除法计算器。本小节实例对应的完整代码见 "Chapter02\Section2.2\calculator2_2_4.rar"。

【例 2-9】完成多位整型除法计算器。

多位整型除法计算器界面如图 2-12 所示。

这个例子和【例 2-6】大体一样，不同之处主要有以下三处。

图 2-12 多位整型除法计算器界面

Chapter02\calculator2_2_4\src\main\java\com\calculator2_2_4\MainActivity.java

（1）修改控件声明及实例化

```
//控件声明
btdiv = null;
//控件实例化
btdiv = (Button) findViewById(R.id.buttondiv);
```

（2）修改按钮的监听

```
//监听 btdiv
btdiv.setOnClickListener(new OnClickListener() {
            @Override
            public void onClick(View v) {
                setoperator("÷");
            }
        });
```

（3）修改 equal 函数

```
private void equal() {
        if (operator.equals("÷") && sign == 2) {
            if (y != 0) {
                result = x / y;
            } else {
                etInOut.setText("非法计算");
                return;
            }
            etShowInfo.setText(x + operator + y);
            etInOut.setText("" + result);
            sign = 0;
            operator = "";
            x = result;
        }
        op1 = "";
        op2 = "";
    }
```

请读者参照【例 2-6】自己动手改造,并尝试在真机或者模拟器上测试,看能否计算出正确的结果,如果不能,可以参考本书配套的源程序,思考一下哪里可能出现了问题。

2.3 浮点型数据

在前面介绍的一位和多位整型计算器的基础上,本节通过实现浮点数计算器中的加法、减法、乘法和除法,向读者展示了浮点型数据的使用。

2.3.1 浮点型加法

在前面的章节中,我们介绍了如何运用整型数据实现一位和多位数据的四则运算,但这些四则运算都是整型数据,我们到目前为止都还没有引入小数。从这一节开始,我们将引入小数的概念,而这个小数,在计算机中,有一种专门的数据类型——浮点型。

浮点型分为浮点型常量和浮点型变量,而浮点型变量又分为 float 和 double。表 2-4 是对浮点型的简要说明。

表 2-4　　　　　　　　　　　　浮点型说明

序号	名称	说　　明
1	浮点型常量	Java 的浮点型常数有两种形式: (1)十进制整数,由数字和小数点组成,且必须有小数点,如 0.123、.123、123.、123.0。 (2)科学记数法形式,如:123e3 或 123E3,其中 e 或 E 之前必须有数字,且 e 或 E 后面的指数必须为整数
2	浮点型变量	浮点型变量的类型有 float,double 两种。 float 类型的取值范围为$[-3.4 \times 10^{38}, 3.4 \times 10^{38}]$,在给 float 类型数据赋值时最好在末尾带上 f 或 F,如 float x=1.234f。 double 类型的取值范围为$[-1.7 \times 10^{308}, 1.7 \times 10^{308}]$,double 类型是计算器对浮点数的默认处理类型,如果一个数据末尾没带有 f 或 F,计算器会将该数据当作 double 类型处理,在给定义为 double 类型的变量赋值时最好也带上 d 或 D

了解浮点型后,我们来把它运用到实际开发中去,接下来的例子将介绍如何实现浮点型计算器。本节实例对应的完整代码见"Chapter02\Section2.3\calculator2_3_1.rar"。

【例 2-10】完成浮点数加法计算器。

在开始这个例子之前,请读者先打开上次我们完成的多位整型加法计算器的项目,我们将在上一个项目的基础上做一些数据类型的修改,并添加一些代码实现小数点的输入和浮点数计算功能。

在开发环境中导入项目后,请读者先修改页面布局文件以去掉小数点按钮"."的红色标识,浮点数加法计算器界面如图 2-13 所示。

在这里我们不再详细解析每一句代码,读者如果未阅读本节之前的内容,请先参考【例 2-2】。

我们来看下在多位整型加法计算器的基础上,浮点数加法计算

图 2-13　浮点数加法计算器界面

器都改变了哪些地方。因为我们添加了小数点按钮的功能，所以我们先声明一个用于小数点的按钮控件，在 Chapter02\calculator2_3_1\src\main\java\com\calculator2_3_1\MainActivity.java 中增加如下代码。

```
private btpoint=null;
```

当然，读者也可以在之前的控件后面直接添加。

既然改为浮点数了，那么数据类型肯定要改变，所以接下来我们把代码

```
int x = 0, y = 0, result = 0;
```

改为

```
private double x = 0.0, y = 0.0, result = 0.0;
```

尽管我们是要计算 float 类型数据，但是为了防止溢出，我们这里使用 double 来声明变量。同时，因为改变了 x 的数据类型，要把代码

```
String i = Integer.toString(x);
```

改为

```
String i = Double.toString(x);
```

小数的表示中，小数点至此至终只能有一个，当存在一个小数点时再输入一个小数点这样的数据赋值给浮点型是会直接报错的，所以接下来我们来创建一个标志变量，来识别是否输入了小数点，代码如下。

```
private int pointsign = 0;
```

我们定义该标志只有两种状态，0 为未输入小数点的状态，1 为已经输入小数点的状态。
接着，实例化小数点按钮 "."，代码如下。

```
btpoint = (Button) findViewById(R.id.buttonpoint);
```

然后设置该按钮的监听，代码如下。

```
btpoint.setOnClickListener(new OnClickListener() {
            @Override
            public void onClick(View v) {
                if (pointsign == 0 && sign != 0)
                    settext(".");
            }
        });
```

我们看一下 "." 按钮的监听，我们一样是调用 settext 函数，但和数字按钮不同的是，这里加了一个条件，如果 pointsign 为 0，同时 sign 不为 0 时（此时为已经输入了数字，但还没有输入小数点的情况）才调用该函数，否则不会发生函数调用。

接下来我们来看看 settext 函数，其代码如下。

```
private void settext(String input) {
            double i;
```

```
                if (sign == 0 || sign == 1) {
                    op1 = op1 + input;
                    i = Double.parseDouble(op1);

                    if (i <= 3.4028235E38) {
                        etInOut.setText(op1);
                        x = (double) i;
                        sign = 1;
                        if (input.equals("."))
                            pointsign = 1;
                    } else {
                        Toast.makeText(MainActivity.this, "输入数据超出最大可计算值，请重新输入！",
                                Toast.LENGTH_LONG).show();
                        op1 = "";
                        etInOut.setText("0.0");
                        x = 0.0;
                    }
                } else if (sign == 2) {
                    op2 = op2 + input;
                    i = Double.parseDouble(op2);
                    if (i <= 3.4028235E38) {
                        etInOut.setText(op2);
                        y = (double) i;
                        if (input.equals("."))
                            pointsign = 1;
                    } else {
                        Toast.makeText(MainActivity.this, "输入数据超出最大可计算值，请重新输入！",
                                Toast.LENGTH_LONG).show();
                        op2 = "";
                        etInOut.setText("0.0");
                        y = 0.0;
                    }
                }
            }
```

这是一个带参数的函数，参数为按下按钮时传递进来的字符串，当 sign 的状态为 0 或者 1 时，即为可以输入第一个操作数的状态，此时，每输入一个字符时，用来记录操作数 1 的字符串变量 op1 的末尾即接上该字符，在完成一次连接后，我们定义一个 double 双精度浮点型变量 i，通过字符串转化为浮点型的方法 i = Double.parseDouble(op1)，把当前操作数赋值到 i 上。

请读者思考：为什么要定义一个 double 双精度浮点型变量而不是 float 单精度浮点型？

因为 float 类型的最大值为 3.4028235E38，当输入超出这个范围时，程序就会报错，所以要先用一个比 float 类型范围大的数据类型来接收待判断的数，并判断它是否超出了范围，所以就有了： if (i <= 3.4028235E38) 这条判断语句。

在这里我们介绍一个小技巧，即要知道某个类型数据的最大范围应该怎么做。

下面以 float 类型为例，我们新建一个 Java 项目，然后输入以下代码。

```
public class main{
    public static void main(String[] args) {
        System.out.print(Float.MAX_VALUE);
```

        }
    }

运行一下，马上就能在控制台中知道这个最大值是有多大了。

回到上面的函数，相比多位整型加法，下面这句代码也是新增的。

```
if (input.equals("."))
    pointsign = 1;
```

这句代码的作用是，如果当前输入的是小数点，则把小数点的状态切换为 1。

接下来我们来看看设置运算符的方法。

```
private void setoperator(String op) {
            if (pointsign == 1)
                pointsign = 0;
            if (sign != 0 && sign != 2) {
                operator = op;
                etShowInfo.setText(etInOut.getText() + op);
                etInOut.setText("");
                sign = 2;
            }
            if (sign == 0) {
                operator = op;
                etShowInfo.setText(etInOut.getText() + op);
                etInOut.setText("");
                sign = 2;
            }
        }
```

这里设置运算符的方法与多位整型加法略有不同，加多了一个

```
if (pointsign == 1)
                pointsign = 0;
```

这两行代码的作用是：当 pointsign 为 1 时证明已经输入了小数点，并且在这个时候应该还原标志位。

而按下 "=" 按钮后的处理方法和多位整型加法是一模一样的，所以这里不再赘述。

接着我们来看一下在这里的退位按钮，修改后的代码如下。

```
private void delete() {
            double i;
            // TODO Auto-generated method stub
            if (sign == 1) {
                if (op1.length() - 1 > 0) {
                    char pointcheck=op1.charAt(op1.length()-1);
                    if(pointcheck=='.')pointsign=0;
                    op1 = op1.substring(0, op1.length() - 1);
                    etInOut.setText(op1);
                    i = Double.parseDouble(op1);
                    x = i;
                } else {
                    op1 = "0.0";
                    etInOut.setText(op1);
                    i = Double.parseDouble(op1);
```

```
                    x = i;
                    op1 = "";
                    sign = 0;
                }
            } else if (sign == 2) {
                if (op2.length() - 1 > 0) {
                    char pointcheck=op2.charAt(op2.length()-1);
                    if(pointcheck=='.')pointsign=0;
                    op2 = op2.substring(0, op2.length() - 1);
                    etInOut.setText(op2);
                    i = Double.parseDouble(op2);
                    y = i;
                } else {
                    op2 = "0.0";
                    etInOut.setText(op2);
                    i = Double.parseDouble(op2);
                    y = i;
                    op2 = "";
                    sign = 0;
                }
            }
        }
```

在上面的函数中，我们引入了一种前面没有介绍过的数据类型 char，这种数据类型的中文名叫字符型，不同于字符串的是，它是 Java 基本数据类型中的一种。

字符型，顾名思义就是存放字符的类型，char 只能存放一个字符，给 char 赋值时单个字符要用单引号，char 类型可以直接转换成 String，所以这里我们只需要取得末尾的一个字符并判断是否是小数点。

取得末尾字符，通过我们定义的一个 char 临时变量 pointcheck，代码为：

```
char pointcheck=op2.charAt(op1.length()-1);
```

这里直接调用了 Java 里面封装的函数 charAt，上面代码的意思是取得字符串 op1 的长度减 1 的位置的字符，即末尾字符。

而退位函数 delete 的其他操作逻辑与多位整型加法类似，具体读者请参考【例 2-6】。

同样，"="按钮的操作和多位整型加法计算器是一模一样的，这里不再介绍。

最后，我们来看看"归零"按钮的操作。

```
            private void clean() {
                etInOut.setText("0.0");
                etShowInfo.setText("");
                x = 0.0;
                y = 0.0;
                op1 = "";
                op2 = "";
                result = 0;
                sign = 0;
                pointsign = 0;
            }
```

这里和多位整型加法不同的是，还原初值时都使用了浮点型的数据，同时，增加了 pointsign 清零的操作。

至此，浮点数加法计算器完成。

2.3.2 浮点数减法

通过前面小节的学习，我们已经学会了如何实现浮点数加法计算器，这一小节我们将学习如何实现浮点数减法计算器。本小节实例对应的完整代码请见"Chapter02\Section2.3\calculator2_3_2.rar"。

【例 2-11】完成浮点型减法计算器。

在本节开始学习前，请读者先按以下效果修改好界面。浮点数减法计算器界面如图 2-14 所示。

这一个例子和【例 2-10】大体一样，不同之处主要有以下 3 点。

Chapter02\calculator2_3_2\src\main\java\com\
calculator2_3_2\MainActivity.java

图 2-14 浮点数减法计算器界面

（1）修改控件声明及实例化

```
//控件声明
btdec = null;
//控件实例化
btdec = (Button) findViewById(R.id.buttondec);
```

（2）修改按钮的监听

```
//监听 btdec
btdec.setOnClickListener(new OnClickListener() {
            @Override
            public void onClick(View v) {
                setoperator("-");
            }
        });
```

（3）修改 equal 函数

```
private void equal() {
        if (operator.equals("-") && sign == 2) {
            result = x - y;
            etShowInfo.setText(x + operator + y);
            etInOut.setText("" + result);
            sign = 0;
            operator = "";
            x = result;
        }
        op1 = "";
        op2 = "";
    }
```

请读者参照【例 2-10】自己动手改造，并尝试在真机或者模拟器上测试，看能否计算出正确的结果，如果不能，可以参考本书配套的源程序，思考一下哪里可能出现了问题。

2.3.3 浮点数乘法

通过前面小节的学习，我们已经学会了如何实现浮点数加法和减法计算器，这一小节我们将学习如何实现浮点数乘法计算器。本小节实例对应的完整代码请见"Chapter02\Section2.3\calculator2_3_3.rar"。

【例 2-12】完成浮点型乘法计算器。

浮点数乘法计算器界面如图 2-15 所示。

这个例子和【例 2-10】大体一样不同之处主要有以下 3 点。

Chapter02\calculator2_3_3\src\main\java\com\
calculator2_3_3\MainActivity.java

（1）修改控件声明及实例化

```
//控件声明
btmultiple = null;
//控件实例化
btmultiple = (Button) findViewById(R.id.buttonmultiple);
```

（2）修改按钮的监听

图 2-15　浮点数乘法计算器界面

```
//监听 btmultiple
btmultiple.setOnClickListener(new OnClickListener() {
            @Override
            public void onClick(View v) {
                setoperator("×");
            }
        });
```

（3）修改 equal 函数

```
private void equal() {
        if (operator.equals("×") && sign == 2) {
            result = x * y;
            etShowInfo.setText(x + operator + y);
            etInOut.setText("" + result);
            sign = 0;
            operator = "";
            x = result;
        }
        op1 = "";
        op2 = "";
    }
```

请读者参照【例 2-10】自己动手改造，并尝试在真机或者模拟器上测试，看能否计算出正确的结果，如果不能，可以参考本书配套的源程序，思考一下哪里可能出现了问题。

2.3.4　浮点数除法

通过前面小节的学习，我们已经学会了如何实现浮点数加法、减法和乘法计算器，这一小节我们将学习如何实现浮点数除法计算器。本小节实例对应的完整代码请见"Chapter02\Section2.3\calculator2_3_4.rar"。

【例 2-13】完成浮点型除法计算器。

浮点数除法计算器界面如图 2-16 所示。

这个例子和【例 2-10】大体一样，查看代码可发现不同之处主要有以下 3 点。

图 2-16 浮点数除法计算器界面

Chapter02\calculator2_3_4\src\main\java\
com\calculator2_3_4\MainActivity.java

（1）修改控件声明及实例化

```
//控件声明
btdiv = null;
//控件实例化
btdiv = (Button) findViewById(R.id.buttondiv);
```

（2）修改按钮的监听

```
//监听 btdiv
btdiv.setOnClickListener(new OnClickListener() {
        @Override
        public void onClick(View v) {
            setoperator("÷");
        }
});
```

（3）修改 equal 函数

```
private void equal() {
        if (operator.equals("÷") && sign == 2) {
            if (y != 0 && y != 0.0) {
                result = x / y;
            } else {
                etInOut.setText("非法计算");
                return;
            }
            etShowInfo.setText(x + operator + y);
            etInOut.setText("" + result);
            sign = 0;
            operator = "";
            x = result;
        }
        op1 = "";
        op2 = "";
}
```

请读者参照【例 2-10】自己动手改造，并尝试在真机或者模拟器上测试，看能否计算出正确的结果，如果不能，可以参考本教材配套的源程序，思考一下哪里可能出现了问题。

2.4 算术运算

经过前三节的学习，读者基本上有能力开发一个可用的简易计算器，本节通过实现有理数计算器中的加法、减法、乘法和除法，让读者明白可用的简易计算器在设计和实现过程中需要考虑哪些问题。

2.4.1 有理数运算加法

有理数为整数和分数的统称。正整数和正分数合称为正有理数，负整数和负分数合称为负有理数。因而有理数集的数可分为正有理数、负有理数和零。由于任何一个整数或分数都可以化为十进制循环小数，反之，每一个十进制循环小数也能化为整数或分数，因此，有理数也可以定义为十进制循环小数。

如果按照有理数的定义，我们用一个 double 类型也无法满足它的需求，但是我们这里要强调的是正负的表示，不考虑其范围，所以在这里我们用 2.3 节学到的 float 单精度浮点型来表示有理数。

因为涉及正负的转换，不能像上一小节添加小数点一样在末尾加上就行了，正负符号是在操作数的最前面的，所以这一小节将涉及一些字符串的操作函数，也方便读者更加深入地学习字符串类型。本小节实例对应的完整代码请见"Chapter02\Section2.4\calculator2_4_1.rar"。

【例 2-14】完成有理数运算加法计算器。

在此例子开始学习之前，请读者先打开【例 2-10】的工程，我们将在该工程上进行修改实现有理数运算加法功能。

既然有正负，那么正确导入本工程后，我们先把正负号按钮"±"的红色标识去掉，同时修改标题文字，修改后界面如图 2-17 所示。

图 2-17 有理数运算加法计算器界面

既然已经启用了"±"按钮，那么我们先声明该按钮，代码如下。

Chapter02\calculator2_4_1\src\main\java\com\calculator2_4_1\MainActivity.java
```
private Button btminus=null;
```

然后在 click 函数中实例化该控件，代码如下。

```
btminus=(Button)findViewById(R.id.buttonminus);
```

接着，设置该按钮的监听。

```
btminus.setOnClickListener(new OnClickListener() {

            @Override
            public void onClick(View v) {
                // TODO Auto-generated method stub
                settext("-1");
            }
        });
```

这里我们也调用了 settext 函数，把"-1"当作参数传进去，然后我们来看看与【例 2-10】相比，这里的 settext 函数有何变化。

```
private void settext(String input) {
```

```java
                double i;
                if(input.equals("-1")){
                    if (sign == 0 || sign == 1){
                        if(op1.equals(""))return;
                        i = Double.parseDouble(op1);
                        if (op1.startsWith("-"))
                            op1=op1.substring(1);
                        else
                            op1="-" + op1;
                        etInOut.setText(op1);
                        x = -(double)i;
                    }else if (sign == 2){
                        if(op2.equals(""))return;
                        i = Double.parseDouble(op2);
                        if (op2.startsWith("-"))
                            op2=op2.substring(1);
                        else
                            op2="-" + op2;
                        etInOut.setText(op2);
                        y = -(double)i;
                    }
                }
                else if (sign == 0 || sign == 1) {
                    op1 = op1 + input;
                    i = Double.parseDouble(op1);
                    if (i <= 3.4028235E38) {
                        etInOut.setText(op1);
                        x = (double) i;
                        sign = 1;
                        if (input.equals("."))
                            pointsign = 1;
                    } else {
                        Toast.makeText(MainActivity.this, "输入数据超出最大可计算值,请重新输入! ",
                                Toast.LENGTH_LONG).show();
                        op1 = "";
                        etInOut.setText("0.0");
                        x = 0.0;
                    }
                } else if (sign == 2) {
                    op2 = op2 + input;
                    i = Double.parseDouble(op2);
                    if (i <= 3.4028235E38) {
                        etInOut.setText(op2);
                        y = (double) i;
                        if (input.equals("."))
                            pointsign = 1;
                    } else {
                        Toast.makeText(MainActivity.this, "输入数据超出最大可计算值,请重新输入! ",
                                Toast.LENGTH_LONG).show();
                        op2 = "";
                        etInOut.setText("0.0");
                        y = 0.0;
                    }
                }
            }
        }
```

直观地看，这里的 settext 函数的内容比起前面的来说长了许多，但细心的读者会发现，这里只是分成了 3 种情况，而分情况的依据为是否按下的是"±"，而分情况的框架解析是这样的：

```
if(input.equals("-1"))
{
}
else if (sign == 0 || sign == 1)
{
}
else if(sign == 2)
{
}
```

在这 3 种情况中，后两种和【例 2-10】处理是一模一样的。下面我们来看看第一种情况，即当输入按下了正负号的转换处理。该情况的处理方式里面还分两种情况，分别是输入（包括未输入）第一个操作数和输入第二个操作数的状态，我们以输入第一个操作数为例，来介绍下具体操作逻辑：

```
if(op1.equals(""))return;
```

当第一个操作数未输入时，或者为空时（退位到最后），则不在前面添加负号。
当输入了第一个操作数时，我们先把第一个操作数存放于临时变量 i 中，代码如下。

```
i = Double.parseDouble(op1);
```

接着，先判断当前操作数是否已经是负数了，因为 op1 是一个字符串，我们可以直接调用 startsWith 字符串处理函数来判断开头有没有负号。

```
if (op1.startsWith("-"))
```

如果本来就已经是负数，则需要把符号去掉，同样用了字符串处理函数 substring，作用是把该函数指定位置的字符删除，这里我们写了 1，代表如果已有负号，则把负号去掉。代码如下。

```
op1=op1.substring(1);
```

而本来不是负数的情况下，我们只需要把符号连接到原有字符串前面，操作代码如下。

```
op1="-" + op1;
```

操作完成后，我们把操作结果输出在结果显示框内。

```
etInOut.setText(op1);
```

最后，不要忘了每按一次"±"操作数都要变成原来的相反数，所以以下这句代码至关重要：

```
x = -(double)i;
```

对于 setoperator、equal、clean、delete 4 个函数，这里没有任何变化，所以就不一一介绍了，有疑问的读者可以参考前面的小节。

至此，有理数运算加法计算器完成。

2.4.2 有理数运算减法

通过前面小节的学习,我们已经学会了如何实现有理数运算加法计算器,这一小节我们将学习如何实现有理数运算减法计算器。本小节实例对应的完整代码请见"Chapter02\Section2.4\calculator2_4_2.rar"。

【例 2-15】完成有理数运算减法计算器。

有理数运算减法计算器的界面如图 2-18 所示。

这一个例子和【例 2-14】大体一样,查看代码可发现不同之处主要有以下 3 点。

图 2-18 有理数运算减法计算器界面

Chapter02\calculator2_4_2\src\main\java\com\
calculator2_4_2\MainActivity.java

(1)修改控件声明及实例化

```
//控件声明
btdec = null;
//控件实例化
btdec = (Button) findViewById(R.id.buttondec);
```

(2)修改按钮的监听

```
//监听 btdec
btdec.setOnClickListener(new OnClickListener() {
        @Override
        public void onClick(View v) {
            setoperator("-");
        }
});
```

(3)修改 equal 函数

```
private void equal() {
        if (operator.equals("-") && sign == 2) {
            result = x - y;
            etShowInfo.setText(x + operator + y);
            etInOut.setText("" + result);
            sign = 0;
            operator = "";
            x = result;
        }
        op1 = "";
        op2 = "";
}
```

请读者参照【例 2-14】自己动手改造,并尝试在真机或者模拟器上测试,看能否计算出正确的结果,如果不能,可以参考本教材配套的源程序,思考一下哪里可能出现了问题。

2.4.3 有理数运算乘法

通过前面小节的学习,我们已经学会了如何实现有理数运算加法和减法计算器,这一小节我们将学习如何实现有理数乘法计算器。本小节实例对应的完整代码请见 "Chapter02\Section2.4\calculator2_4_3.rar"。

【例 2-16】完成有理数运算乘法计算器。

有理数运算乘法计算器界面如图 2-19 所示。

这个例子和【例 2-14】大体一样,查看代码可发现不同之处主要有以下 3 点。

Chapter02\calculator2_4_3\src\main\java\com\calculator2_4_3\MainActivity.java

(1) 修改控件声明及实例化

```
//控件声明
btmultiple = null;
//控件实例化
btmultiple = (Button) findViewById(R.id.buttonmultiple);
```

图 2-19 有理数运算乘法计算器界面

(2) 修改按钮的监听

```
//监听 btmultiple
btmultiple.setOnClickListener(new OnClickListener() {
            @Override
            public void onClick(View v) {
                setoperator("×");
            }
        });
```

(3) 修改 equal 函数

```
private void equal() {
        if (operator.equals("×") && sign == 2) {
            result = x * y;
            etShowInfo.setText(x + operator + y);
            etInOut.setText("" + result);
            sign = 0;
            operator = "";
            x = result;
        }
        op1 = "";
        op2 = "";
    }
```

请读者参照【例 2-14】自己动手改造,并尝试在真机或者模拟器上测试,看能否计算出正确的结果,如果不能,可以参考本教材配套的源程序,思考一下哪里可能出现了问题。

2.4.4 有理数运算除法

通过前面小节的学习，我们已经学会了如何实现有理数运算加法、减法和乘法计算器，这一小节我们将学习如何实现有理数运算除法计算器。本小节实例对应的完整代码请见"Chapter02\Section2.4\calculator2_4_4.rar"。

【例 2-17】完成有理数运算除法计算器。

有理数运算除法计算器界面如图 2-20 所示。

这个例子和【例 2-14】大体一样，查看代码可发现不同之处主要有以下 3 点。

图 2-20 有理数运算除法计算器界面

Chapter02\calculator2_4_4\src\main\java\com\calculator2_4_4\MainActivity.java

（1）修改控件声明及实例化

```
//控件声明
btdiv = null;
//控件实例化
btdiv = (Button) findViewById(R.id.buttondiv);
```

（2）修改按钮的监听

```
//监听 btdiv
btdiv.setOnClickListener(new OnClickListener() {
        @Override
        public void onClick(View v) {
            setoperator("÷");
        }
});
```

（3）修改 equal 函数

```
private void equal() {
    if (operator.equals("÷") && sign == 2) {
        if (y != 0 && y != 0.0) {
            result = x / y;
        } else {
            etInOut.setText("非法计算");
            return;
        }
    }
    if (operator.equals("÷")) {
        etShowInfo.setText(x + operator + y);
        etInOut.setText("" + result);
        sign = 0;
        operator = "";
        x = result;
    }
    op1 = "";
    op2 = "";
}
```

请读者参照【例 2-14】自己动手改造，并尝试在真机或者模拟器上测试，看能否计算出正确的结果，如果不能，可以参考本教材配套的源程序，思考一下哪里可能出现了问题。

2.5 运算流程控制

在 1966 年，Bohm 与 Jacopini 证明了任何单入口单出口的没有"死循环"的程序都能由 3 种最基本的控制结构实现。这 3 种最基本的控制结构就是本节要介绍的顺序结构、选择结构和循环结构。本节引入"混合结构"一词，并将其定义为使用了两种或两种以上的最基本的控制结构的程序。接下来仍使用实例介绍这些结构。

2.5.1 顺序结构

顺序结构是程序中最简单的结构，它的执行逻辑自上而下，简单明了，下面我们用一个 Android 实例来说明顺序结构。本小节实例请见 "Chapter02\Section2.5\pseqstruct2_5_1.rar"。

【例 2-18】实现统计总成绩与平均成绩。初始界面的运行效果如图 2-21 所示。

余纪超同学初三上学期期末考试成绩为：语文 86，数学 101，英语 112，物理 88，化学 83，生物 80，政治 56，历史 41，地理 63，试编程计算其期末考试总成绩和平均成绩。

在开始介绍这个例子之前，请读者先按照第一章例子新建名为 PSeqStruct2_5_1 的工程，然后依照图 2-21 设计好界面布局。

首先，声明所用的控件和变量，并且都给它们赋初值。

图 2-21 顺序结构示例

> Chapter02\pseqstruct2_5_1\src\main\java\com\pseqstruct2_5_1\MainActivity.java

```
private int Chinese=86,Math=101,English=112,
        Physics=88,Chemistry=83,Biology=80,
        Politics=56,History=41,Geography=63;
    private TextView resultText=null;
    private Button btRun=null;
    private int sum=0;
```

然后，在 onCreate 方法中，先实例化控件。

```
btRun=(Button)findViewById(R.id.btrun);
resultText=(TextView)findViewById(R.id.tvresult);
```

最后，设置 btRun 按钮的监听并设置在按下按钮时计算总分，并把计算结果利用 setText 方法通过 TextView 显示在屏幕上。

```
btRun.setOnClickListener(new OnClickListener() {
            @Override
            public void onClick(View arg0) {
                // TODO Auto-generated method stub
                sum=Chinese+Math+English
```

```
            +Physics+Chemistry+Biology
            +Politics+History+Geography;
        resultText.setText("余纪超同学期末考试的总成绩为："+sum+"\n"+"平均成绩为："+sum/9);
            }
        });
```

至此，统计总成绩与平均成绩例子完成，图 2-22 是该例子在执行后的效果图。

2.5.2 选择结构

选择结构用于判断给定的条件，根据判断的结果判断是否满足某些条件，并根据判断的结果来控制程序的流程。在前面的计算器例子中，我们就用过了选择结构，但并没有展开讲解，所以在这里我们将以一个具有代表性的例子来介绍选择结构。本小节实例请见"Chapter02\Section2.5\pselstruct2_5_2.rar"。

图 2-22 顺序结构示例执行结果

【例 2-19】实现奇偶判断与范围判断。初始运行效果如图 2-23 所示。

（1）产生一个（0，100）之间的随机数，判断其是奇数还是偶数。

（2）产生一个（0，100）之间的随机数，判断其是介于下列范围 0～10，10～20，20～30，30～40，40～50，50～60，60～70，70～80，80～90，90～100 中的哪一个范围里。

在开始介绍这个例子之前，请读者先按照第 1 章例子新建名为 PSelStruct2_5_2 的工程，然后依照图 2-23 设计好界面布局。

首先，声明所用的控件和变量，并且都给它们赋初值。

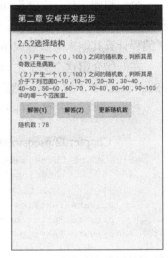

图 2-23 奇偶判断与范围判断示例

Chapter02\pselstruct2_5_2\src\main\java\com\
pselstruct2_5_2\MainActivity.java

```
    private TextView numText=null,resultText1 = null, resultText2 = null;
        private Button btRun1 = null, btRun2 = null, btGetnum=null;
        private int randomnum=(int) (Math.random() * 100);
        private int sign=0;
```

randomnum 为这里用到的随机数变量，在定义时，我们直接把一个 0～100 的随机数赋值给它。

接着，实例化控件。

```
    btRun1 = (Button) findViewById(R.id.btrun1);
    btRun2 = (Button) findViewById(R.id.btrun2);
    btGetnum=(Button)findViewById(R.id.btgetnum);
    numText=(TextView)findViewById(R.id.tvresult0);
    resultText1 = (TextView) findViewById(R.id.tvresult1);
    resultText2 = (TextView) findViewById(R.id.tvresult2);
```

因为随机数已经有初值了，所以我们先把它显示在 numText 上。

```
String a=String.valueOf(randomnum);
numText.setText("随机数: "+a);
```

然后，我们设置"解答（1）"按钮的监听。

```
btRun1.setOnClickListener(new OnClickListener() {
            @Override
            public void onClick(View arg0) {
                // TODO Auto-generated method stub
                if(randomnum%2==0)
                sign=1;
                else
                    sign=0;
                switch (sign) {
                case 0:
                    resultText1.setText("产生的随机数是奇数");
                    break;
                case 1:
                    resultText1.setText("产生的随机数是偶数");
                    break;
                }
            }
        });
```

这里，我们用到了 if...else 和 switch...case 结构，下面我们来看看这两种结构：

```
if(条件表达式)
{

}
else
{

}
```

这个结构的逻辑是这样的：当条件表达式成立时，则进入 if 语句后面的花括号继续执行程序；当条件不成立时则进入 else 后面的花括号继续执行程序；当条件体只有一句代码时，花括号可以省略不写。

```
switch(表达式)

{

case 常量表达式1:语句1;

....

case 常量表达式2:语句2;

default:语句;

}
```

表达式即是我们要判断的变量，case 即是对应的每个情况的值，符合哪种情况就会进入到哪个 case，执行完该 case 后由 break 语句跳出 switch 开关的范围，继续执行 switch 之外的代码。而当没有 case 符合条件时，则进入 default 情况，这个可有可无，但仅仅对于结果已经可以预知的情况，为了代码的严谨，读者在使用时最好加上 default。

在介绍完两种选择结构后，我们再回头看看"解答（1）"按钮的监听，为了使读者能明白上面两种选择结构，我们设置了一个标志变量 sign，当随机数对 2 求余为零时，即证明该数为偶数，这时候把 sign 设置为 1，而当随机数对 2 求余不为零时把 sign 设置为 0。

最后，我们来看看"解答（2）"按钮的监听。

```
btRun2.setOnClickListener(new OnClickListener() {
    @Override
    public void onClick(View arg0) {
        // TODO Auto-generated method stub
        if(randomnum<10){
            resultText2.setText("产生的随机数在 0~10 之间");
        }
        else if(randomnum>=10&&randomnum<20){
            resultText2.setText("产生的随机数在 10~20 之间");
        }
        else if(randomnum>=20&&randomnum<30){
            resultText2.setText("产生的随机数在 20~30 之间");
        }
        else if(randomnum>=30&&randomnum<40){
            resultText2.setText("产生的随机数在 30~40 之间");
        }
        else if(randomnum>=40&&randomnum<50){
            resultText2.setText("产生的随机数在 40~50 之间");
        }
        else if(randomnum>=50&&randomnum<60){
            resultText2.setText("产生的随机数在 50~60 之间");
        }
        else if(randomnum>=60&&randomnum<70){
            resultText2.setText("产生的随机数在 60~70 之间");
        }
        else if(randomnum>=70&&randomnum<80){
            resultText2.setText("产生的随机数在 70~80 之间");
        }
        else if(randomnum>=80&&randomnum<90){
            resultText2.setText("产生的随机数在 80~90 之间");
        }
        else if(randomnum>=90&&randomnum<100){
            resultText2.setText("产生的随机数在 90~100 之间");
        }
    }
}
```

这里，我们用到了 if...else if 结构，下面我们来看看这种结构：

```
if(条件表达式1)
{

}
```

```
else if(条件表达式 2)
{

}
```

这个结构的逻辑是这样的：当条件表达式 1 成立时，则进入 if 语句后面的花括号继续执行程序；当条件表达式 1 不成立时判断条件表达式 2，如果成立则执行 else if 花括号内的程序；若不成立则继续判断下一个 else if，后面的依此类推。

至此，奇偶判断与范围判断范例完成，图 2-24 是执行后的效果图。

2.5.3 循环结构

循环结构可以减少重复书写源程序的工作量，用来描述重复执行某段算法的问题，这是程序设计中最能发挥计算机特长的程序结构。循环结构可以看成是一个条件判断语句和一个向回转向语句的组合。另外，循环结构的 3 个要素：循环变量、循环体和循环终止条件。下面我们用一个数值累加范例来介绍这个结构。本小节实例请见"Chapter02\Section2.5\pcystruct2_5_3.rar"。

图 2-24 奇偶判断与范围判断示例执行结果

【例 2-20】实现数值累加。效果如图 2-25 所示。

（1）实现从 1 加到 100，即求 1+2+3+4…+98+99+100=?

（2）实现 1 的阶乘加到 5 的阶乘，即求 1! +2! +3! +4! +5! =?

在开始介绍这个例子之前，请读者先按照第一章例子新建名为 PCycStruct2_5_3 的工程，然后依照图 2-25 设计好界面布局。

首先，声明所用的控件，并且都给它们赋初值。

图 2-25 数值累加示例

> Chapter02\pcycstruct2_5_3\src\main\java\com\
> pcycstruct2_5_3\MainActivity.java

```
private Button btrun1while=null,btrun1dowhile=null,btrun1for=null,btrun2;
    private TextView tvwhile=null,tvdowhile=null,tvfor=null,tv2=null;
```

接着，实例化控件。

```
btrun1while=(Button)findViewById(R.id.btrun1while);
btrun1dowhile=(Button)findViewById(R.id.btrun1dowhile);
btrun1for=(Button)findViewById(R.id.btrun1for);
btrun2=(Button)findViewById(R.id.btrun2);
tv2=(TextView)findViewById(R.id.tvresult2);
tvwhile=(TextView)findViewById(R.id.tvresultwhile);
tvdowhile=(TextView)findViewById(R.id.tvresultdowhile);
tvfor=(TextView)findViewById(R.id.tvresultfor);
```

再接着，设置"解答（1）WHILE"按钮的监听。

```
btrun1while.setOnClickListener(new OnClickListener() {
```

```
            @Override
            public void onClick(View arg0) {
                // TODO Auto-generated method stub
                int i=1;
                int sum=0;
                while(i<=100){
                    sum=sum+i;
                    i++;
                }
                String a=String.valueOf(sum);
                tvwhile.setText("while 循环运算结果："+a);
            }
        });
```

这个按钮监听中用到了 while 循环语句，while 循环的结构是这样的。

```
while(循环条件)
{
…循环体…
}
```

当循环条件满足是则执行循环体里面的语句，不满足时则跳出循环。
然后，我们来看看"解答（1）DO...WHILE"按钮的监听。

```
btrun1dowhile.setOnClickListener(new OnClickListener() {

            @Override
            public void onClick(View arg0) {
                // TODO Auto-generated method stub
                int i=1;
                int sum=0;
                do{
                    sum=sum+i;
                    i++;
                }while(i<=100);
                String a=String.valueOf(sum);
                tvdowhile.setText("do...while 循环运算结果："+a);
            }
        });
```

这个按钮监听中用到了 do...while 循环语句，do...while 循环的结构是这样的：

```
do{
…循环体…
}while(条件);
```

do...while 循环与 while 循环类似，唯一不同的是 do...while 循环至少执行一次。当循环条件满足时则执行循环体里面的语句，不满足时则跳出循环。

接下来，我们来看看"解答（1）FOR"按钮的监听。

```
btrun1for.setOnClickListener(new OnClickListener() {

            @Override
```

```
            public void onClick(View arg0) {
                // TODO Auto-generated method stub
                int i;
                int sum=0;
                for(i=1;i<=100;i++){
                    sum=sum+i;
                }
                String a=String.valueOf(sum);
                tvfor.setText("for循环运算结果: "+a);
            }
        });
```

这个按钮监听中用到了 for 循环语句，for 循环的结构是这样的：

```
for（表达式1;表达式2;表达式3）
{
...循环体...
}
```

其中，表达式 1 一般用于赋初值，作为循环的起点，如果之前已经赋值，则表达式 1 可以省略，但分号不可以省略。表达式 2 作为循环条件，不可省略，除非在循环体中有 break 语句，否则会无限循环。表达式 3 作为循环改变值，每次循环最后执行的是表达式 3，同样表达式 3 是可以省略的，但应确保循环体中改变控制条件变量的值，否则可能造成无限循环。

最后，我们来来看看"解答（2）"按钮的监听。

```
btrun2.setOnClickListener(new OnClickListener() {

            @Override
            public void onClick(View arg0) {
                // TODO Auto-generated method stub
                int i=1;
                int sum1=0;
                while(i<=5){
                    int sum2=1;
                    for(int j=i;j>0;j--){
                        sum2=sum2*j;
                    }
                    sum1=sum1+sum2;
                    i++;
                }
                String a=String.valueOf(sum1);
                tv2.setText("1!+2!+3!+4!+5!="+a);
            }
        });
```

第（2）问是要计算阶乘，由于单一循环无法实现该计算，所以这里我们用了二重循环，在外部循环里面再嵌套一层循环，其中外层循环负责阶乘数的求和计算，内层循环负责阶乘的计算。

上面用的结构为外层循环为 while 循环，内层循环为 for 循环的二重循环结构，要实现阶乘计算，不限定是要这种循环结构才能做，也可以用两个 while 循环，或者 do…while 循环与 while 相结合等方式实现，当然，使用不同的代码来实现同一功能，会有简有繁，但并不影响其功能的实现。因此，学习编程的核心并不是语言，每种语言都有其优点和缺点，大家学习编程时可以根据自己的兴趣和开发场景来学习某一种或多种编程语言，但一定要明白领会和理清编程思路才是最重要的事情。

至此，数值累加范例完成，图 2-26 是执行后的效果图。

2.5.4 混合结构

单一的顺序结构或选择结构或者循环结构确实是可以解决某些较为简单的问题，但实际生活中大多数问题都极为复杂，往往需要综合使用两种或两种以上的结构才能解决。本书将使用了顺序结构、选择结构或者循环结构中两种或两种以上的结构称为混合结构，通常多种结构混合起来使用才是最高效的方式，这里我们用一个条件求和的例子来介绍如何使用混合结构。本小节实例请见"Chapter02\Section2.5\pmixstruct2_5_4.rar"。

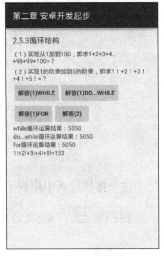

图 2-26　数值累加示例执行结果

【例 2-21】使用混合结构实现条件求和。

（1）求 1~100 中能被 2 整除的数的总和。效果如图 2-27 所示。

（2）依次求出 1~100 中能被 2 整除但不能被 5 整除的数，同时计算这些数的总和，当总和大于 800 时，停止计算。

在开始介绍这个例子之前，请读者先按照第一章例子新建名为 PMixStruct2_5_4 的工程，然后依照图 2-27 设计好界面布局。

首先声明所用的控件，并且都给它们赋初值。

Chapter02\pmixstruct2_5_4\src\main\java\com\
pmixstruct2_5_4 \MainActivity.java

```
private Button btrun1=null,btrun2=null;
private TextView tvresult1=null,tvresult2=null;
```

接着，实例化控件。

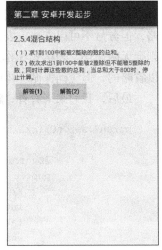

图 2-27　条件求和示例

```
btrun1=(Button)findViewById(R.id.btrun1);
btrun2=(Button)findViewById(R.id.btrun2);
tvresult1=(TextView)findViewById(R.id.tvresult1);
tvresult2=(TextView)findViewById(R.id.tvresult2);
```

然后，我们来看看"解答（1）"按钮的监听。

```
btrun1.setOnClickListener(new OnClickListener() {
            @Override
            public void onClick(View arg0) {
                // TODO Auto-generated method stub
                int sum=0;
                for(int i=0;i<=100;i++)
                {
                    if(i%2==0)sum=sum+i;
                }
                String a=String.valueOf(sum);
                tvresult1.setText("1 到 100 中能被 2 整除的数的和为: "+a);
```

在这个监听中，用到了 for 循环和 if 条件语句，当 i 的值为偶数时则把它们加起来。最后我们来看看"解答（2）"按钮的监听。

```
btrun2.setOnClickListener(new OnClickListener() {
            @Override
            public void onClick(View arg0) {
                // TODO Auto-generated method stub
                int sum=0;
                String b="";
                for(int i=0;i<=100;i++){
                    if(i%2==0){
                        if(i%5==0)continue;
                        if(sum>800)break;
                        sum=sum+i;
                        b=b+String.valueOf(i)+"+";
                    }
                }
                b=b.substring(0, b.length() - 1);
                String a=String.valueOf(sum);
                tvresult2.setText("按照（2）条件求得和为："+b+"="+a);
            }
        });
```

这里细心的读者会发现，出现了 continue 和 break 这些语句，没错，如果要实现这道题目，这两句是必备的，continue 和 break 都是起到结束循环的作用，但 continue 是结束单次循环进入下一次循环，而 break 则是结束整个循环。

所以：

```
if(i%5==0)continue;
```

当前数能被 5 整除时，不进行计算，直接跳过，进入下一次循环。

```
if(sum>800)break;
```

当结果大于 800 时，直接跳出循环体。

至此，条件求和的例子已经完成，图 2-28 是该例子执行结果。

图 2-28　条件求和执行结果

2.6　小　　结

本章主要介绍了安卓开发的基础知识，包括界面 UI 的设计、数据类型和流程控制。为了让读者易于理解，本章的每一节都有独立的工程项目。

2.1 节~2.4 节是呈递进关系的，分别介绍了整型、浮点型、字符串等常用的数据类型，同时介绍了一些类型转换经常用到的函数。2.5 节的每一个小节都用了相互独立的例子，介绍了安卓开发中必须掌握的 4 大结构：顺序结构、选择结构、循环结构、混合结构。

本章所有操作，均是作为开发的预备知识介绍给读者，未涉及多个界面跳转等复杂操作。理解本章的所有实例，能帮助读者正式打开进入安卓开发的大门。

在 2.5.3 节中介绍循环结构时，读者应该明白了实现这一实例可以用很多种方法，因此学习编写程序最关键的是思想，而不是代码本身，代码只不过是实现思想的载体罢了。尽管使用不同的代码来实现同一功能可能会使代码的长度不同，但并不影响其功能的实现。

因此，学习编程的核心并不是语言，每种语言都有其优点和缺点，大家学习编程时可以根据自己的兴趣和开发场景来学习某一种或多种编程语言，但一定要明白深刻领会用户需求、整理清楚编程思路才是最为重要的事情。

本章正是按这一宗旨来向读者介绍 Android 编程的知识，对于每一实例，首先是向读者演示实例的运行效果，让读者明白实例的功能，然后介绍该实例的实现思路和思想，最后是讲解关键之处的实现代码，完整的工程代码仅供读者参考。

习　题　2

1. 在实现一位加法时，其和有可能是两位数，请将和为一位数和两位数的情况分开处理。
2. 在实现一位减法时，有可能会产生负数，请处理之。
3. 在实现一位乘法时，其乘积可能是两位数，请将积为一位数和两位数的情况分开处理。
4. 在实现一位除法时，商可能为浮点数，请处理之。
5. 在实现多位加法时，如何保证用户不误操作按下小数点？
6. 在实现多位减法时，如何解决用户输入的数超出了计算器支持的最大数范围？
7. 在实现多位乘法时，若乘数本身并未超出计算器支持的最大数范围，但其乘积超出了计算器支持的最大数范围，该如何处理？
8. 在实现多位除法时，商可能为浮点数，请处理之。
9. 在实现浮点数乘法时，可能会遇到乘数超出了计算器支持的最大数范围，但两数的乘积却未超出，如何处理？
10. 在有理数运算中，如何处理无限循环小数和无限不循环的小数对计算结果带来的偏差？如表达式 1/3*3 的计算结果该为 1，但若先计算 1/3，再乘以 3，结果如何能为 1？又如圆周率为无限不循环的小数，如何处理？
11. 请修改 2.5.1 节中的实例，添加可以输入该生的学号、姓名，每一门成绩的 EditText，可以判断成绩的有效性（例如，成绩不能为负数，成绩不能超过卷面总分等），实现计算输入每一名同学的学号、姓名，每一门成绩，计算其总成绩和平均成绩。
12. 修改 2.5.2 节中的实例，实现输入一个有效的整数，判断其奇偶性。
13. 修改 2.5.3 节中的实例，增加两个 EditText 分别用于输入求和的第一个数和最后一个数，实现求从第一个数连续加到最后一个数的总和。如输入第一个数为 3，最后一个数为 6，程序会自动求出 3+4+5+6=18。
14. 在上一道题的基础上，再增加一个 EditText 用于输入增量，实现求从第一个数按增量的方式连续加到最后一个数的总和。如输入第一个数为 3，最后一个数为 6，增量为 2，则程序会自动求出 3+（3+2）=8。
15. 请参照日常使用的计算器实现一个可用的简易计算器。

第3章
多媒体应用技术

经过第 2 章的学习，读者应该掌握了 Android 开发的基本知识，会使用常见的控件，如 Button、TextView 和 EditText 等。本章以制作 MP3 播放器为例向读者介绍 Android 多媒体方面的编程知识，3.1 节介绍如何开发一个简单 MP3 播放器，3.2 节介绍如何开发复杂的 MP3 播放器，3.3 节介绍如何开发一个可以满足日常播放需要的 MP3 播放器，最后介绍如何将手机拍摄的照片作为歌手头像与播放的歌曲联系起来。

请读者注意，本章中所有的 Module 都是在名为 Chapter03 的 Project 中创建的。请读者按照第 1 章的相关内容创建 Project。

3.1 简单的 MP3 播放器

本节介绍一个最为简单的 MP3 播放器，此播放器界面上只有两个播放按钮，仅能播放程序中指定的 MP3 文件。

3.1.1 创建播放器项目

请按照第 1 章中 1.4 节介绍的第一个 Android 实例中的方法创建本节介绍的播放器项目，名称为 PSimpleMP3Player，创建完后的界面如图 3-1 所示。

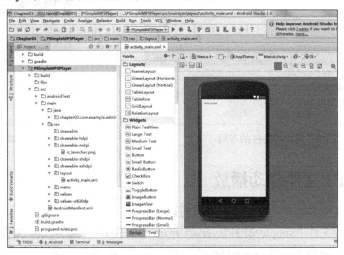

图 3-1　创建简单的 MP3 播放器项目界面

3.1.2 播放器页面布局

此播放器的页面布局文件如下。

```
Chapter03\PSimpleMP3Player\src\main\res\layout\activity_main.xml
<LinearLayout xmlns:android="http://schemas.android.com/apk/res/android"
    xmlns:tools="Line" android:layout_width="match_parent"
    android:layout_height="match_parent"
    android:paddingLeft="@dimen/activity_horizontal_margin"
    android:paddingRight="@dimen/activity_horizontal_margin"
    android:paddingTop="@dimen/activity_vertical_margin"
    android:paddingBottom="@dimen/activity_vertical_margin"
     tools:context=".MainActivity"
    android:orientation="vertical">
    <TextView
        android:id="@+id/tvSMPTitle"
        android:layout_width="match_parent"
        android:layout_height="wrap_content"
        android:text="3.1 简单的MP3 播放器"/>

    <Button
        android:id="@+id/btnSMPPlay"
        android:layout_width="match_parent"
        android:layout_height="wrap_content"
        android:text="播放" />
    <Button
        android:id="@+id/btnSMPStop"
        android:layout_width="match_parent"
        android:layout_height="wrap_content"
        android:text="停止" />
</LinearLayout>
```

控件的布局如图 3-2 所示。

上述页面的运行效果如图 3-3 所示。

图 3-2　播放器控件的布局

图 3-3　页面运行效果

3.1.3 MP3 文件自动播放

为了实现 MP3 文件的自动播放，需要执行以下步骤。

Step 1：在工程文件 PSimpleMP3Player\src\main 子文件 res 下新建 raw 文件夹。

Step 2：将本工程会用到的 example.mp3 文件复制到 raw 文件夹下。

Step 3：在工程中添加 MP3AutoPlay 方法播放 example.mp3 文件。
Step 4：在 onCreate 方法中调用 MP3AutoPlay 方法实现 MP3 文件的播放。
Step 5：运行该工程。
接下来详细介绍上述步骤。

Step 1 需要选中工程文件 PSimpleMP3Player\src\main 子文件 res，单击鼠标右键，依次选中【New】、【Folder】、【Res Folder】选项，如图 3-4 所示。

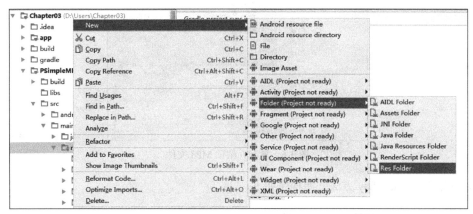

图 3-4　新建文件夹菜单

在图 3-4 中单击【Res Folder】，弹出创建窗口，在窗口里勾选【Change Folder Location】，并在【New Folder Location】 编辑框内输入 src/main/res/raw，如图 3-5 所示。

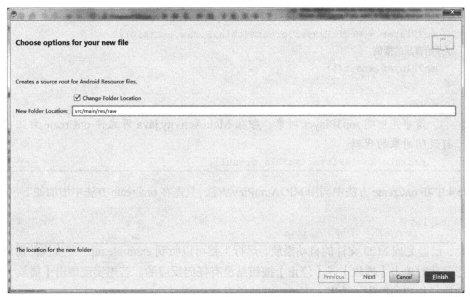

图 3-5　新建 raw 文件夹

在图 3-5 中单击【Finish】，完成 Step 1。

Step 2 的操作需要读者复制提供的 example.mp3 文件，然后用鼠标选中 Step 1 中新建的 raw 文件夹，单击鼠标右键，在图 3-6 中，单击【Paste】完成 MP3 文件的粘贴。

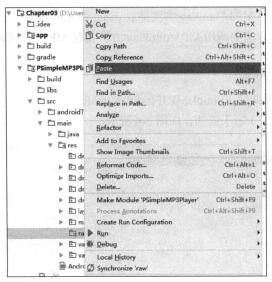

图 3-6 复制并粘贴 MP3 文件

Step 3 中 MP3AutoPlay 方法的源程序如下。

Chapter03\PSimpleMP3Player\src\main\java\chapter03.com.example.administrator.psimplemp3player\MainActivity.java

```
//创建私有的 void 类型的方法 MP3AutoPlay 用于 example.mp3 文件的播放
private void MP3AutoPlay()
{
    //使用 raw 文件夹下的 example.mp3 文件初始化 p3Player 对象
    mp3Player = MediaPlayer.create(this,R.raw.example);
    //开始音乐的播放
    mp3Player.start();
}
```

请事先申明 mp3Player 对象，即在 MainActivity.java 源文件 onCreate 方法前增加此行说明对象的代码：
```
private MediaPlayer mp3Player=null;
```

Step 4 中在 onCreate 方法中调用 MP3AutoPlay 方法，只需在 onCreate 方法中增加如下一行代码。

```
MP3AutoPlay();
```

至此，已经完成 MP3 文件的自动播放，运行工程可以听到 example.mp3 在欢快的播放，但请读者注意，此时单击【播放】或【停止】按钮是没有任何反应的。若想实现单击【播放】或【停止】按钮执行相应的操作，请进入下一小节的学习。

3.1.4 Button 的监听

为了实现单击【播放】按钮才开始播放音乐，单击【停止】按钮就停止播放音乐，需要对 Button 事件进行监听，具体步骤如下。

Step 1：在 3.1.3 节中的代码中移除掉 onCreate 方法中对 MP3AutoPlay 方法的调用。

Step 2：增加另一方法 MP3AutoStop()用于停止音乐的播放。

Step 3：增加监听 Button 事件，若用户在界面上单击【播放】Button，则调用 MP3AutoPlay()方法；否则用户在界面上单击【停止】Button，则调用 MP3AutoStop()方法。

Step 4：增加监听。

下面详细介绍上述步骤。

对于 Step 1，不做讲解，只要读者在 onCreate 方法中删除对 MP3AutoPlay 方法的调用代码，就可以将其注释掉。

Step 2 中的方法实现的源程序如下。

```
//创建私有的 void 类型的方法 MP3AutoStop 用于停止 example.mp3 文件的播放
private void MP3AutoStop(){
//若播放器对象不为空
    if(mp3Player!=null)
    {
//停止播放
        mp3Player.stop();
    }
}
```

Step 3 中需要实现监听 Button 事件必须要借助监听器来实现。监听器是个抽象类，它包含了一个事件触发时系统会去调用的函数，会执行开发人员自定义的功能。绑定监听器都是通过调用 setOn****Listener（***）方法来完成的。

Step 3 中的方法实现的源程序如下。

```
Button.OnClickListener listener = new Button.OnClickListener(){
            @Override
            public void onClick(View v) {
                //若用户单击了【播放按钮】
                if(v.getId()==R.id.btnSMPPlay){
                    //调用音乐的播放方法
                    MP3AutoPlay();
                }
                //若用户单击了【停止按钮】
                else if(v.getId()==R.id.btnSMPStop){
                    //调用停止音乐的播放方法
                    MP3AutoStop();
                }
            }
        };
```

Step 4 需要实现注册监听，即绑定被监听的对象和监听器对象。

Step 4 中的方法实现的源程序如下：

```
btnPlay.setOnClickListener(listener);
btnStop.setOnClickListener(listener);
```

3.2　复杂的 MP3 播放器

经过上一节的学习，相信读者对在 Android 平台上开发 MP3 播放器有了一个初步的了解，而在本节中，将会带领读者去实现一个复杂的 MP3 播放器，这一播放器具有更多的功能，如实现读取存储设备上的 MP3 音乐文件，歌词自动滚动和播放进度显示等。请注意本节介绍的复杂 MP3 播放器所使用的数据，如歌词文件、音乐文件和歌手照片等，均来自于 Android 手机的 SD 卡上。

请读者注意：在 3.2 节和 3.3 节里详细介绍每个步骤实现的过程中，有关创建一个 Android 工程的具体方法均不介绍，读者可参考第 1 章中 1.4 节介绍的第一个 Android 实例中的方法创建；有关复制文件到指定的路径下，相信读者也可以独立完成，因此也会直接跳过。

3.2.1 MediaPlayer 简介和使用

本小节实现的工程运行后会立即自动播放存储在 SD 卡上的、事先指定名字的音乐文件，该工程的布局主要提供一个 Button，该按钮实现的功能是将播放音乐和暂停播放音乐集成在一起。当单击【暂停】按钮后，正在播放的音乐将会被暂停，并且该按钮上的显示也会更改为"播放"；再次单击时，音乐继续播放，按钮上的文字也会被更改为"暂停"。

实现上述功能需执行以下步骤。

Step 1：创建工程名为 MP3Player3_2_1 的工程。

Step 2：将提供的 example.mp3 复制到测试机内存卡的根目录下。

Step 3：在布局文件 activity_main.xml 里添加一个 id 为 btn_play_or_pause 的按钮。

Step 4：在 MainActivity.java 里编写播放指定存储路径的音乐文件的私有方法 playMusic(String audioFilePath)、继续播放音乐的私有方法 playMusic()和暂停播放音乐的私有方法 pauseMusic()。

Step 5：在 MainActivity.java 里编写【暂停/播放】按钮的监听器。

Step 6：在 MainActivity.java 里的 onCreate 的方法里获取按钮控件、调用 playMusic(String audioFilePath)方法和注册按钮监听。

接下来详细介绍上述步骤。

Step 3 对应的页面布局代码如下。

Chapter03\MP3Player3_2_1\src\main\res\layout\activity_main.xml

```xml
<LinearLayout xmlns:android="http://schemas.android.com/apk/res/android"
    xmlns:tools="http://schemas.android.com/tools" android:layout_width="match_parent"
    android:layout_height="match_parent"
    android:paddingLeft="@dimen/activity_horizontal_margin"
    android:paddingRight="@dimen/activity_horizontal_margin"
    android:paddingTop="@dimen/activity_vertical_margin"
    android:paddingBottom="@dimen/activity_vertical_margin"
    tools:context=".MainActivity"
    android:orientation="vertical">

    <TextView
        android:layout_width="fill_parent"
        android:layout_height="wrap_content"
        android:text="@string/title" />

    <Button
        android:id="@+id/btn_play_or_pause"
        android:layout_width="fill_parent"
        android:layout_height="wrap_content"
        android:text="@string/pause" />
</LinearLayout>
```

对应的页面布局效果如图 3-7 所示。

图 3-7　页面布局后的效果图

要实现 Step 4，首先需要了解 MediaPlayer 类常用的 7 种方法，请见表 3-1。

表 3-1　　　　　　　　　　MediaPlayer 类常用的 7 种方法介绍

调用方法	说　　　明
public void prepare()	第一次播放之前必须调用该方法，该方法是播放器对一些硬件的调用，其实是调用本地 C/C++的一些方法，如果没有调用，播放器将不能播放
public void start()	执行播放功能，如果之前播放器暂停过，则从暂停的地方开始播放，否则从头播放
public void seekTo(int mesc)	让播放器从指定的位置播放。入口参数 mesc 是以毫秒为单位的时间
public void pause()	暂停播放音乐，之后可直接调用 start()方法从原位置恢复播放
public void stop()	停止播放音乐并暂时释放 MediaPlayer 对象的资源
public void release()	可以释放播放器占用的资源，一旦确定不再使用播放器时应当尽早调用它释放资源
public void reset()	使得播放器回到未初始化状态，如果要重新播放，必须先调用 prepare()

在了解了 MediaPlayer 的常用方法之后，接下来看一下如何使用这些方法实现 Step 4。playMusic(String audioFilePath)方法对应的代码如下。

Chapter03\MP3Player3_2_1\src\main\java\chapter03.com.
example.administrator.mp3player3_2_1\MainActivity.java

```java
//本方法的参数 audioFilePath 为音乐文件
private void playMusic(String audioFilePath)
{
    //若 audioFilePath 存在
    if(new File(audioFilePath).exists())
    {
        //new 构造 MediaPlayer 对象
        myPlayer=new MediaPlayer();
        try
        {
            //将信息重置
            myPlayer.reset();
            //指定音乐文件的路径
            myPlayer.setDataSource(audioFilePath);
            //完成一些预备工作
            myPlayer.prepare();
```

```
                //开始播放
                myPlayer.start();
            }
            catch (Exception e) {
                //打印出异常的详细信息
                e.printStackTrace();
            }
        }
        else
        {
            Toast.makeText(this, "指定的音乐文件不存在呢", Toast.LENGTH_SHORT).show();
        }
    }
```

在这里读者应该注意到，myPlayer 是通过 new 的方法来进行构造的。需要注意的是，如果 MediaPlayer 对象是用 create 方法创建的，那么第一次启动播放前不需要再调用 prepare 方法了，因为 create 方法里已经调用过了。在设置播放资源路径时需要进行 try{}catch 异常捕获。

请读者注意，在该工程中的 audioFilePath 字符串变量的定义如下。

```
private String audioFilePath="/storage/sdcard0/example.mp3"
```

实现 playMusic()和 pauseMusic()方法的代码分别如下。

Chapter03\MP3Player3_2_1\src\main\java\chapter03.com.
example.administrator.mp3player3_2_1\MainActivity.java

```
//从暂停处继续播放
private void playMusic()
{
    if(myPlayer!=null)
        myPlayer.start();
}
//暂停播放
private void pauseMusic()
{
    if(myPlayer!=null)
        myPlayer.pause();
}
```

Step 5 实现的思路：当单击【暂停/播放】按钮时，对一个布尔变量取反，该变量为真时表示当前正在播放音乐，即需要暂停当前正在播放的音乐；该变量为假时则表示当前处于暂停播放音乐的状态，即需要继续播放音乐。实现的代码如下。

Chapter03\MP3Player3_2_1\src\main\java\chapter03.com.
example.administrator.mp3player3_2_1\MainActivity.java

```
View.OnClickListener btnListener = new View.OnClickListener() {
    public void onClick(View v) {
        if(v.getId()==R.id.btn_play_or_pause)
        {
            //标志位取反，按钮被单击
            flagPauseMusic=!flagPauseMusic;
            if(flagPauseMusic==true)
            {
```

```
                //更改按钮上的文字
                pauseMusic();
                btnPlayOrPause.setText("播放");
            }else
            {
                playMusic();
                btnPlayOrPause.setText("暂停");
            }
        }
    };
```

Step 6 的实现方法是在 onCreate 的方法中添加调用等代码。详见以下提供的三条语句：

```
//获取控件
btnPlayOrPause=(Button)findViewById(R.id.btn_play_or_pause);
//播放音乐
playMusic(audioFilePath);
//注册监听
btnPlayOrPause.setOnClickListener(btnListener);
```

3.2.2 LRC 文件格式及使用

本小节将介绍如何处理 LRC 文件并从该类型的文件中读取歌词并显示到页面上。为了更好地处理 LRC 歌词文件，首先了解一下 LRC 歌词文本。LRC 歌词文本中含有两类标签，标识标签和时间标签。标识标签主要是某句歌词的内容，时间标签则记录着该句歌词在多少毫秒开始演唱。

标识标签的格式如下。

[ar：歌手名]——artist 艺术家、演唱者；

[ti：歌曲名]——title 标题、曲目；

[al：专辑名]——album 唱片集、专辑；

[by：编辑者]——歌词制作者、编辑人员；

[offset：时间补偿值]——其值是以毫秒为单位的，正值表示延迟，负值表示提前；用于音乐播放时调整歌词显示快慢于音乐播放。

时间标签的格式如下。

[mm:ss]——分钟数：秒数；

或[mm:ss.fff]——分钟数：秒数.毫秒数。

本小节提供的工程案例实现是将歌词的时间标签转为以毫秒为单位的整型值，并将其与对应的歌词正文一并显示到 TextView 控件上。实现上述功能需执行以下 6 个步骤。

Step 1：创建名为 MP3Player3_2_2 的工程。

Step 2：将提供的 example.lrc 文件复制到测试机内存卡的根目录下。

Step 3：将 activity_main.xml 里的父控件更改为 ScrollView，在更改后的父控件里添加垂直方向的 LinearLayout 布局，然后在该线性布局里添加两个 TextView 控件，一个仅用来显示当前章节的小标题，另一个用来显示处理后的歌词文件内容，布局和各控件之间的关系如图 3-8 所示。

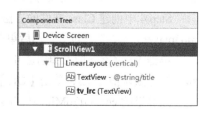

图 3-8 各个控件之间的关系图

Step 4：在 chapter03.com.example.administrator.mp3player3_2_2 包内新建一个 Java Class 文件，命名为 GetLrc.java。该类里方法的实现是本小节的核心内容。主要有两个方法 convertToMillis(String timeLrc)和 getLrc(File f)，第一个方法主要用于对时间标签的处理，将字符型的[mm:ss.fff]转换成对应整型的时间值；第二个方法用于返回 ArrayList<HashMap<String, Object>>类型的处理后的歌词文件对象。

Step 5：在 MainActivity.java 里编写显示经处理后的歌词文件内容的方法 showLRC(String lrcFilePath)。

Step 6：在 MainActivity.java 里的 onCreate 方法里获取 TextView 控件及调用 showLRC(String lrcFilePath)进行显示。

接下来详细介绍上述步骤。

Step 3 中布局对应的代码如下。

Chapter03\MP3Player3_2_2\src\main\res\layout\activity_main.xml

```xml
<ScrollView xmlns:android="http://schemas.android.com/apk/res/android"
    xmlns:tools="http://schemas.android.com/tools"
    android:id="@+id/ScrollView1"
    android:layout_width="match_parent"
    android:layout_height="match_parent"
    android:paddingBottom="@dimen/activity_vertical_margin"
    android:paddingLeft="@dimen/activity_horizontal_margin"
    android:paddingRight="@dimen/activity_horizontal_margin"
    android:paddingTop="@dimen/activity_vertical_margin"
    tools:context=".MainActivity" >
    <LinearLayout
        android:layout_width="fill_parent"
        android:layout_height="wrap_content"
        android:orientation="vertical">
        <TextView
            android:layout_width="fill_parent"
            android:layout_height="wrap_content"
            android:text="@string/title" />
        <!--显示处理后的 LRC 文件 -->
        <TextView
            android:id="@+id/tv_lrc"
            android:layout_width="fill_parent"
            android:layout_height="wrap_content"/>
    </LinearLayout>
</ScrollView>
```

由于一屏幕的高度无法显示一个歌词文件里所有的内容，所以在此布局中，采用可实现内部控件滚动的 ScrollView 的父布局。

Step 4 中创建 Class 文件的方法很简单，只需将鼠标放置 chapter03.com.example.administrator.mp3player3_2_2 工程包上，然后单击右键，依次选择【New】、【Java Class】，如图 3-9 所示。

单击 Java Class 即可弹出创建类的窗口，在该窗口里的 Name 编辑框内中填写 "GetLrc"，Kind 编辑框为默认值 Class，单击【OK】按钮即可完成创建对应的类文件。

该类里的 convertToMillis(String timeLrc)实现的具体思路：首先要提取 mm、ss 和 fff 对应的数值，再进行 mm×60000+ss×1000+fff 的计算即可得到结果。对应的代码如下。

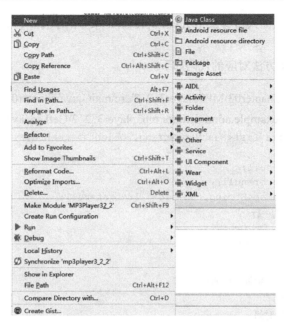

图 3-9　创建类

Chapter03\MP3Player3_2_2\src\main\java\chapter03.com.
example.administrator.mp3player3_2_2\GetLrc.java

```
public static  int convertToMillis(String timeLrc)
{
        //分离后分、秒、毫秒组成的数组
        String arrTime[];
        int sumTime=0;
        int minute;
        int second;
        int millisecond;

        //参数是字符，不是字符串
        timeLrc=timeLrc.replace('.', ':');
        //字符串
        arrTime=timeLrc.split(":");
        if(arrTime.length==3)
        {
            minute=Integer.parseInt(arrTime[0]);
            second=Integer.parseInt(arrTime[1]);
            millisecond=Integer.parseInt(arrTime[2]);
            sumTime=minute*60000+second*1000+millisecond;
        }
        return sumTime;
}
```

timeLrc.replace('.', ':')实现用 ":" 去替换字符串中 timeLrc 所有的 "."，并返回替换后的字符串。需要注意的是，该条语句执行之后并没有改变 timeLrc 本身，所以需要将返回值再次赋值给 timeLrc 才是我们想要的结果。

timeLrc 调用了 public String[] split(String regularExpression)的方法，该方法是 String 对象经常

调用的方法，可按照提供的入口参数 regularExpression 来分割字符串，并将分割后的每一部分都保存至 String[]中。

该类的 getLrc(File f)方法对应的代码如下。

Chapter03\MP3Player3_2_2\src\main\java\chapter03.com.
example.administrator.mp3player3_2_2\GetLrc.java

```java
public static  ArrayList<HashMap<String, Object>> getLrc(File f)
{
    FileReader fr=null;
    BufferedReader br=null;
    ArrayList<HashMap<String, Object>> lrcList=null;
    //存储Lrc文件的一行
    String strLine;
    //Lrc文件的一行中歌词部分
    String strLrc;
    //Lrc文件的一行中歌词对应的时间
    String strTime;
    //一句歌词对应的时间
    int timeLrc;
    //为了跳过前5行
    int count=5;
    HashMap<String, Object>  hm;
    try
    {
        lrcList=new ArrayList<HashMap<String,Object>>();
        fr=new FileReader(f);
        br=new BufferedReader(fr);
        while((strLine=br.readLine())!=null)
        {
            count--;
            //当count<1才执行读取歌词,
            //是为了过滤掉LRC文件里的前5行即标识标签信息
            //strLine.length()>=10是为了确保strLine.substring(1, 9)不会出错
            if(count<1&&strLine.length()>=10)
            {
                //从strLine的第一个字符开始提取,直到第9个字符前一个即第8
                //字符为止
                strTime=strLine.substring(1, 9);
                //调用自定义的方法处理时间标签
                timeLrc=convertToMillis(strTime);
                hm=new HashMap<String, Object>();
                //时间的键值：time
                hm.put("time", timeLrc);
                strLrc=strLine.substring(10);
                //歌词正文的键值：lrc
                hm.put("lrc", strLrc);
                lrcList.add(hm);
            }
        }
        //关闭流
```

```
            br.close();
            fr.close();
        }
        catch(Exception e)
        {
            e.printStackTrace();
        }
        return lrcList;
    }
```

需注意的是,在这里采用 ArrayList<HashMap<String,Object>>结构来作为存储歌词及对应的时间值,有些读者可能对其比较陌生,希望下面的一些关于 HashMap 的介绍能帮助读者更好地理解它。

HashMap 可理解为一对对数据集合,一个 Key 值仅可以对应一个 Value 值。

```
HashMap<String, Object>  hm=new HashMap<String, Object>();
//s221 对应张三
hm.put("s221", "张三");
//n223 对应李四
hm.put("n223","李四" );
//通过 Key 值 s221 可获取"张三"
String zhang=hm.get("s221");
```

ArrayList 就是动态数组,相比于 Array,ArrayList 更具有灵活性,可以动态地增加和删除其指定的元素。

```
ArrayList<String> list=new ArrayList<String>();
list.add("张三");
list.add("李四");
//list 里的第 0 个元素就是张三同学
String stu=list.get(0);
```

针对上述方法的返回对象 listLrc,当执行 lrcList.get(index).get("time")时可获取第 index 句歌词对应的以毫秒为单位的时间值,当执行 lrcList.get(index).get("lrc")时可获取第 index 句歌词正文。GetLrc.java 里的两个方法都是静态的,是为了不要构造 GetLrc 类对象即可使用其内部的方法,以方便调用。

Step 5 实现的代码如下。

Chapter03\MP3Player3_2_2\src\main\java\chapter03.com.
example.administrator.mp3player3_2_2\MainActivity.java

```
private void showLRC(String lrcFilePath)
{
    lrcFile=new File(lrcFilePath);
    if(lrcFile.exists())
    {
        listLrc=GetLrc.getLrc(lrcFile);
        if(listLrc!=null)
        {
            //显示到 TextView
            for(int i=0;i<listLrc.size();i++)
            {
```

```
                tvLrc.append("时间值: "+listLrc.get(i).get("time")+
                    "<-->对应的歌词: "+listLrc.get(i).get("lrc"));
                //换行
                tvLrc.append("\n");
            }
        }
    }
    else
    {
Toast.makeText(this, "指定的歌词文件不存在", ", Toast.LENGTH_SHORT).show();
    }
}
```

Step 6 实现的代码如下。

```
//获取控件
tvLrc=(TextView)findViewById(R.id.tv_lrc);
//调用自定义方法显示歌词
showLRC(lrcFilePath);
```

在该工程里字符串型变量 lrcFilePath 的定义如下。

```
private String lrcFilePath="/storage/sdcard0/example.lrc";
```

本节提供的案例运行之后的效果如图 3-10 所示。

有些读者可能不明白在这一小节里为什么需要用到 convertToMillis(String timeLrc)方法，其实主要是希望读者能利用 MeadiaPlayer 的 seekTo 方法来控制音乐播放进度。读者可自己先尝试着独立完成，具体的实现方法将会在 3.2.4 节中介绍。

图 3-10 运行效果图

3.2.3 使用 Bitmap 类

本小节将介绍读取 SD 卡上的一张图片并作为工程主界面的背景，实现时使用 Bitmap 类。Bitmap 是 Android 系统中的图像处理的最重要类之一，用它可以获取图像文件信息。实现上述功能的具体步骤如下。

Step 1：创建名为 MP3Player3_2_3 的工程，该案例采用自动生成的布局，无需在 activity_main.xml 文件里添加新的控件。给默认的父控件添加唯一标识即 id 为 layout，以便在 Step3 中使用。将 MP3Player3_2_3 工程 "\src\main\res\drawable" 路径下的 example.jpeg 放置到测试机内存卡的根路径下。

Step 2：在 MainActivity.java 里编写 setBg(View layout ,String picPath)方法，该方法实现的功能是从存储设备上获取图片资源并将其设为该 App 主界面的背景。

Step 3：在 MainActivity.java 的 onCreate 方法里获取父容器并调用 setBg(View layout ,String picPath)方法。

接下来详细介绍上述步骤。

Step 1 中给父控件添加 id 的代码如下。

Chapter03\MP3Player3_2_3\src\main\res\layout\activity_main.xml

```
<RelativeLayout xmlns:android="http://schemas.android.com/apk/res/android"
    ****此处代码省略,可见提供的案例****
    android:id="@+id/layout" >
    ****此处代码省略,可见提供的案例****
</RelativeLayout>
```

Step 2 中 setBg(View layout ,String picPath)的实现代码如下。

Chapter03\MP3Player3_2_3\src\main\java\chapter03.com.
example.administrator.mp3player3_2_3\MainActivity.java

```
//设置背景
private void setBg(View layout ,String picPath)
{
    //获取指定照片资源,通过Java本地调用来进行实例化
    //因为Bitmap类的构造函数是私有的,外面并不能实例化。
    bitmap=BitmapFactory.decodeFile(picPath);
    if(bitmap==null)
    {
        Toast.makeText(this, "读取图片出错", Toast.LENGTH_SHORT).show();
    }
    else
    {
        //借助BitmapDrawable,得到对应的BitmapDrawable对象。
        bd=new BitmapDrawable(null, bitmap);
        layout.setBackground(bd);
    }
}
```

当读者编写到此处的语句时可能会出现图 3-11 所示的情况。

图 3-11 代码有误的图示

出现这样的错误,提示里已经说明得很清楚了,这是由于创建工程选取的最小 SDK 版本低于可调用 public void setBackground(Drawable background)方法的最低版本。解决该问题的方法就是手动更改"Chapter03\MP3Player3_2_3\build.gradle"里的相关配置信息,更改后如图 3-12 所示。

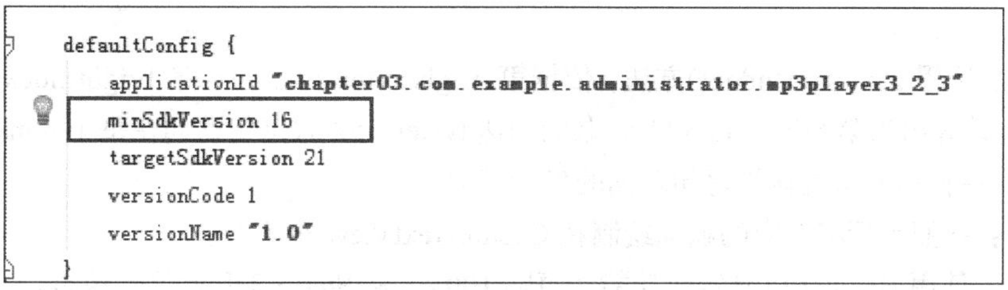

图 3-12 更改配置文件里的相关信息

Step 3 中对父容器的定义如下。

```
//界面的父容器
private View layout=null;
```

该节提供的案例里涉及的图片资源存储路径的定义如下。

```
//图片在设备上的路径
private String picPath=Environment.getExternalStorage
Directory().getPath()+"/example.jpeg";
```

其中的"Environment.getExternalStorageDirectory().getPath()"获得的是安卓设备内置 SD 卡的路径。

实现获取控件和调用的代码如下。

Chapter03\MP3Player3_2_3\src\main\java\chapter03.com.
example.administrator.mp3player3_2_3\MainActivity.java

```
//依据 id 获取界面的父容器
layout=findViewById(R.id.layout);
setBg(layout,picPath);//调用自定义方法
```

本小节案例运行后效果如图 3-13 所示。

图 3-13 运行后的效果图

3.2.4 自定义 TextView 类

本小节将实现在自定义的 TextView 控件上显示与音乐同步的歌词。实现该功能的步骤如下。

Step 1：创建名为 MP3Player3_2_4 的工程，并将提供的 example.mp3 和 example.lrc 两文件一并复制到测试机内存卡的根目录下。

Step 2：将 3.2.2 节提供的工程里的 GetLrc.java 复制到该工程的 chapter03.com.example.administrator.mp3player3_2_4 包下。

Step 3：在该工程下的 chapter03.com.example.administrator.mp3player3_2_4 包下新建一个 Java Class 文件，文件名为 CustomTextView.java。该类是继承 TextView 自定义的类，主要实现的是依据音乐播放器的进度来动态绘制歌词，所涉及的内容是本小节的重点。其中实现 Step 3 又可分为如下 5 个子步骤。

Step 3.1：调用 MediaPlayer 对象的 getCurrent()方法获取当前音乐播放进度，并与歌词对应的时间值进行匹配，以此来确定正在播放的歌词在动态数组 lrcList 中的下标 brightIndex。

Step 3.2：调用 getBrightIndex()方法，依据返回的 brightIndex 给每句歌词在自定义 TextView 类对象里的坐标进行重新赋值。brightIndex 对应的歌词定位于自定义 TextView 类对象高度的中心位置。

Step 3.3：调用 getBrightIndex()方法，依据第 brightIndex 句歌词与第 brightIndex+1 句歌词之间的时间差，计算出当第 brightIndex+1 句歌词到达 tvHeight/2 时每句歌词在每 100 ms 需要向上移动的距离 y，并依据 y 来重新给每句歌词的坐标赋值。

Step 3.4：按照坐标将对应的歌词绘制在 CustomTextView 对象上。

Step 3.5：使用 Handler 机制定时功能，每隔 100 ms 从 Step 3.3 开始循环执行。

Step 4：在该工程的 activity_main.xml 里调用自定义类 CustomTextView。

Step 5：在 MainActivity.java 里编写自动播放音乐的 private boolean autoPlayMusic(String audioFilePath)方法，该方法主要是实现播放指定存储路径的音乐文件，并返回指定的音乐文件是否可以正常播放的标志。

Step 6：在 MainActivity.java 里编写自动播放音乐的 private void showRollingLrc()方法，该方法主要是实现播放指定存储路径的歌词文件。

Step 7：在 MainActivity.java 里的 onCreate 方法中获取布局里的 CustomTextView 控件对象、调用方法自动播放音乐并启动歌词显示。

接下来详细介绍上述步骤。

欲实现 Step 3 中的功能，需了解以下内容：Android 提供的 TextView 控件可以实现基本的文本展示功能，但有时却不能满足开发人员的要求，如单纯地利用 TextView 控件是很难做到依据音乐播放进度对每句歌词进行坐标定位显示，这就是为什么需要编写 CustomTextView 类的原因。

继承 TextView 需要使用到 extends 关键字，相关代码如下。

Chapter03\MP3Player3_2_4\src\main\java\chapter03.com.
example.administrator.mp3player3_2_4\CustomTextView.java

```
public class CustomTextView extends TextView {}
```

当完成 extends 的编写时，工程会提示需要重写父类的构造函数。将鼠标放置红色波浪线上并按下组合键 Alt+Enter 即会出现如下提示，如图 3-14 所示。

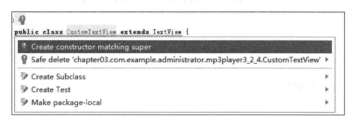

图 3-14　构造函数的提示

选择 Creat constructor matching super 选项后即可弹出选择构造函数的窗口。需注意的是，针对新建的一个继承自 TextView 的类，一定要有带 Context 和 AttributeSet 参数的构造函数。因此我们选择窗口里的第二个构造函数，对应的代码如下。

Chapter03\MP3Player3_2_4\src\main\java\chapter03.com.
example.administrator.mp3player3_2_4\CustomTextView.java

```
//必要的构造函数
public CustomTextView(Context context, AttributeSet attrs) {
      super(context, attrs);
   }
```

Step 3.1 对应的代码如下。

Chapter03\MP3Player3_2_4\src\main\java\chapter03.com.
example.administrator.mp3player3_2_4\CustomTextView.java

```
//询问播放器当前播放进度，并确定当前播放的歌词
   public int getBrightIndex( )
```

```
    {   //解析后的歌词来源不为 null 并且播放器正在播放
        if(lrcList!=null&&(myPlayer.getCurrentPosition()>=0))
        {
            currentTime=myPlayer.getCurrentPosition();
            /**注意判断的顺序会影响到执行效率**/
            //音乐刚刚开始播放,并且进度还不到第一句歌词
            //调用 Integer.parseInt(String string)将 String 字符类型数据转换为 Integer
            //整型数据
            //获取第 0 句歌词
            //对应的时间
            time=Integer.parseInt(lrcList.get(0).get("time").toString());
            //请注意第一句歌词的时间可为 0
            if(currentTime<=time)
                return 0;
            //音乐进度超过了最后一句歌词
            time=Integer.parseInt(lrcList.get(lrcList.size()-1).get("time").toString());
            if(currentTime>=time)
                return lrcList.size()-1;
            for(int i=1;i+1<lrcList.size();i++)
            {
                time1=Integer.parseInt(lrcList.get(i).get("time").toString());
                time2=Integer.parseInt(lrcList.get(i+1).get("time").toString());
                if(currentTime>=time1&&currentTime<time2)
                    return i;
            }
        }
        return -1;
```

该方法里相关变量的定义如下。

```
//获取当前播放进度
private int currentTime;
//左端点
private int time1;
//右端点
private int time2;
//第一句歌词或最后一句歌词开始演唱的时间
private int time;
```

Step 3.2 对应的代码如下。

Chapter03\MP3Player3_2_4\src\main\java\chapter03.com.
example.administrator.mp3player3_2_4\CustomTextView.java

```
//初始坐标数组
private void initArrY()
{
    //依据音乐播放进度来初始化 arrY[],由凸显部分向两边拓展
    //有较长的伴奏的地方停顿的时间比较长,如果只是占一行的距离,会导致每
    //100 ms 移动的距离很小很小
    brightIndex=getBrightIndex();
```

```
            if(!(brightIndex>=0&&brightIndex<arrY.length))
            {
                brightIndex=0;
            }
            //凸显部分歌词
            //提取第 brightIndex 句歌词正文
            strTemp=lrcList.get(brightIndex).get("lrc").toString();
            //歌词正文为空字符串表示只有伴奏声或本身无歌词
            if(strTemp.equals(""))
                //2*aveHeight 是为了增大所在的行高,降低歌词移动速度
                arrY[brightIndex]=2*aveHeight+tvHeight/2;
            else
                arrY[brightIndex]=aveHeight+tvHeight/2;
            //上方
            for(int i=1;brightIndex-i>=0;i++)
            {
                //初始化第 brightIndex-i 句歌词的坐标,以 brightIndex-i+1 的坐标为基准
                strTemp=lrcList.get(brightIndex-i).get("lrc").toString();
                if(strTemp.equals(""))
                {
                    arrY[brightIndex-i]=arrY[brightIndex-i+1]-2*aveHeight;
                }else
                {
                    arrY[brightIndex-i]=arrY[brightIndex-i+1]-aveHeight;
                }
            }
            //下方
            for(int i=1;brightIndex+i<arrY.length;i++)
            {
                //初始化第 brightIndex+i 句歌词的坐标,以 brightIndex+i-1 的坐标来定位
                strTemp=lrcList.get(brightIndex+i).get("lrc").toString();
                if(strTemp.equals(""))
                {
                    arrY[brightIndex+i]=arrY[brightIndex+i-1]+2*aveHeight;
                }else
                {
                    arrY[brightIndex+i]=arrY[brightIndex+i-1]+aveHeight;
                }
            }
        }
```

需要注意上述代码中对某些特殊歌词的坐标进行了处理,如歌词内容仅是伴奏音乐的话,则拉大与上一句歌词之间的距离。

Step 3.3 对应的代码如下。

Chapter03\MP3Player3_2_4\src\main\java\chapter03.com.
example.administrator.mp3player3_2_4\CustomTextView.java

```
public void startRun() {
    drawThread=new Runnable() {
        public void run() {
            if(myPlayer.sPlaying()&&lrcList!=null)
            {
```

```
                    //获取当前演唱的歌词在 arrY 数组中的下标
                    brightIndex=getBrightIndex();
                    //凸显的歌词演唱完毕
                    if(lastIndex!=brightIndex&&
                        brightIndex>=0&&brightIndex+1<lrcList.size())
                    {
                        //重新计算歌词移动的偏移量
                        //第 brightIndex+1 句歌词与第 brightIndex 句歌词的时间差
                        int minus;
                  minus=Integer.parseInt(lrcList.get(brightIndex+1).get("time").toString())-
                        Integer.parseInt(lrcList.get(brightIndex).get("time").toString());
//凸显部分歌词要经过 count 次的重画才能到达自定义控件 TextView 控件的中央位置
                    count=minus/100;
                    //如果 minus<100，则整除的结果会为 0
                    if(count==0)
//第 brightIndex+1 句歌词直接移动至自定义 TextView 控件的中央位置
                        y=arrY[brightIndex+1]-tvHeight/2;
                    else{
                        //歌词在下一个 100 ms 移动的偏移量
                        y=(arrY[brightIndex+1]-tvHeight/2)/count;
                    }
                    //将新的 brightIndex 赋值给 lastIndex
                    lastIndex=brightIndex;
                    }
                    for(int i=0;i<lrcList.size();i++)
                    //重新赋值所有歌词的坐标。实现的效果：当 y>0 时，歌词向上滚动
                    //当 y<0 时，歌词向屏幕下方滚动；当 y=0 时，歌词不动
                        arrY[i]-=y;
                    if(brightIndex>=0&&brightIndex<lrcList.size())
                        //通知主线程重绘歌词，其自身是无法调用 onDraw 方法的
                        actiHandler.sendEmptyMessage(0x123);
            }
        }};
    }
```

Step 3.4 对应的代码如下。

Chapter03\MP3Player3_2_4\src\main\java\chapter03.com.
example.administrator.mp3player3_2_4\CustomTextView.java

```
//绘制歌词
protected void onDraw(Canvas canvas)
{
    super.onDraw(canvas);
    //注意保证 brightIndex 不要越界
    if(lrcList!=null&&brightIndex>=0&&brightIndex<lrcList.size())
    //绘制凸显歌词
        canvas.drawText(lrcList.get(brightIndex).get("lrc").toString(),tvWidth/2,arrY[brightIndex],
brightPaint);
    //绘制凸显歌词上方且纵坐标大于 0 的歌词
    for(int i=1;brightIndex-i>=0&&arrY[brightIndex-i]>0;i++)
        canvas.drawText(lrcList.get(brightIndex-i).get("lrc").toString(),
```

```
          tvWidth/2, arrY[brightIndex-i], notBrightPaint);
//绘制凸显歌词下方且纵坐标小于控件高度的歌词
for(int i=1;brightIndex+i<lrcList.size()&&arrY[brightIndex+i]<tvHeight;i++)
    canvas.drawText(lrcList.get(brightIndex+i).get("lrc").toString(),
          tvWidth/2, arrY[brightIndex+i], notBrightPaint);
}
```

onDraw 方法是用来绘制视图本身的，每个 View 都需要重载该方法。需注意的是上述代码中的 brightPaint 和 notBrightPaint 画笔类对象都设置了文本对齐方式为居中，所以调用 canvas.drawText 时的第二个参数为 tvWidth/2，而不是 tvWidth。

为了提高效率，不需要把每一句歌词都绘制到 CustomTextView 类对象上，只需绘制坐标在可显示区域内的歌词。

想要实现 Step 3.5，首先需要知道，在 Android 开发过程中，经常使用 Handler 与 Runnable 配合实现指定功能模块的定时循环执行。使用方法如下。

a. 首先创建一个 Handler 对象：

```
Handler handler=new Handler();
```

b. 然后将功能模块封装到已创建 Runnable 对象中去：

```
Runnable runnable=new Runnable(){
  public void run() {
   //自定义的功能模块执行代码
   //millis 毫秒之后再次调用 runnable 对象,执行对应的 run 方法
   handler.postDelayed(this, millis);
  }
};
```

c. 使用 PostDelayed 方法，调用此 Runnable 对象：

```
handler.postDelayed(runnable);
```

d. 如果想要关闭此定时器，可以这样操作：

```
handler.removeCallbacks(runnable);
```

Step 3.5 对应的代码如下。

Chapter03\MP3Player3_2_4\src\main\java\chapter03.com.
example.administrator.mp3player3_2_4\CustomTextView.java

```
//开启绘画动态歌词的线程
//写在 Step 3.3 的 run 方法里
myHandler.post(drawThread);
//写在 startRun 方法里
myHandler.postDelayed(drawThread, 100);
```

到此介绍完了实现 Step 3 的方法，看起来需要的代码比较复杂，但思路比较简单，希望读者耐心地去理解。

Step 4 对应的代码如下。

Chapter03\MP3Player3_2_4\src\main\res\layout\activity_main.xml

```xml
<chapter03.com.example.administrator.mp3player3_2_4.CustomTextView
    android:id="@+id/tv_lrc"
    android:layout_width="fill_parent"
    android:layout_height="fill_parent" />
```

请读者注意 Step 4 中调用自定义的控件类代码的写法，即一定要写全该类所在的包名。

Step 5 的实现在 3.2.1 已经介绍过了，在这里只是多了一个返回值而已，该返回值主要用于是否启动显示歌词的作用。如果音乐文件可以正常播放就可以启动显示歌词，否则不可显示歌词。直接提供如下代码。

Chapter03\MP3Player3_2_4\src\main\java\chapter03.com.example.administrator.mp3player3_2_4\MainActivity.java

```java
//自动播放音乐，并返回指定的音乐文件是否可正常播放
    private boolean autoPlayMusic(String audioFilePath)
    {
        if(new File(audioFilePath).exists()&&myPlayer!=null)
        {
            //自动播放音乐
            try
            {
                myPlayer.reset();
                //指定音乐路径
                myPlayer.setDataSource(audioFilePath);
                myPlayer.prepare();
                myPlayer.start();
                return true;
            }
            catch (Exception e) {
                e.printStackTrace();
                return false;
            }
        }
        else
            return false;
    }
```

需注意的是在调用 autoPlayMusic(String audioFilePath)之前一定要对 myPlayer 进行构造：

```java
myPlayer=new MediaPlayer();
```

Step 6 具体实现的是检查给定的歌词文件是否存在。若存在则将播放器对象、处理后的歌词对象等信息传给 CustomTextView 对象，启动歌词滚动。

在提供代码之前，读者必须要知道在 Android 中，提供了一种异步回调机制 Handler。Handler 主要接收子线程发送的数据，并用此数据配合主线程更新 UI。由于 Handler 运行在主线程中（UI 线程中），它与子线程可以通过 Message 对象来传递数据，这个时候，Handler 就承担着接收子线程传过来的（子线程用 sendMessage()方法传递）Message 对象（里面包含数据）的工作。把这些消息放入主线程队列中，配合主线程进行更新 UI。

Chapter03\MP3Player3_2_4\src\main\java\chapter03.com.
example.administrator.mp3player3_2_4\MainActivity.java

```java
private void showRollingLrc()
    {
        if(lrcFile.exists())
        {
            //得到处理后的歌词
            lrcList=GetLrc.getLrc(lrcFile);
            if(lrcList!=null)
            {
                //建立主线程和子线程之间的通信
                handler = new Handler(){
                    public void handleMessage(Message msg) {
                        super.handleMessage(msg);
                        if(msg.what==0x123){
                            //处理0x123消息，重画CustomTextView中的歌词，
                            //调用onDraw()方法
                            tvLrc.invalidate();
                        }
                    }
                };
                //调用CustomTextView里的public void
                //setHandler(Handler handler)方法将主线程里的handler传给子线程
                tvLrc.setHandler(handler);

                ViewTreeObserver vto = tvLrc.getViewTreeObserver();
                vto.addOnPreDrawListener(new
                        ViewTreeObserver.OnPreDrawListener() {
                    public boolean onPreDraw() {
                        //在此可获取控件非0的尺寸
                        tvLrc.init(myPlayer,lrcList,tvLrc.getWidth(),tvLrc.getHeight());
                        //移除之前已经注册的预绘制回调函数
                        //避免多次触发OnPreDrawListener，所以在此注销。
                        tvLrc.getViewTreeObserver().removeOnPreDrawListener(this);
                        return true;
                    }
                });
            }
            else
                Toast.makeText(this, "解析歌词文件有误", Toast.LENGTH_SHORT).show();
        }
        else{
            Toast.makeText(this, "指定的歌词文件不存在", Toast.LENGTH_SHORT).show();
        }
    }
```

读者看到上述代码中的 ViewTreeObserver 后，可能很疑惑这是什么，搞得很高大上的样子。其实只是为了获取 tvLrc 的高度和宽度。因为只有在获取 CustomTextView 类对象的高度和宽度之后才可确定每句歌词的坐标。但很遗憾的是，在 Android 中，View 在创建的时候，并不知道它的大小，只有等 onCreate 方法执行完了，我们定义的控件才会被度量(measure)，所以我们在 onCreate

方法或者在构造函数中里面通过 view.getHeight()获取控件的高度或者宽度肯定是 0。要想提取控件的真实高度和宽度，可在 onDraw 方法里提取。但在此节中，我们无法利用 onDraw 方法获取控件的尺寸，因为在 onDraw 方法被调用之前，必须要完成歌词坐标的初始化。所以只能借助 View 的变化监听器 ViewTreeObserver。

tvLrc.init(myPlayer,lrcList,tvLrc.getWidth(),tvLrc.getHeight());调用了 CustomTextView 的 init 方法，该方法主要用于一些变量的定义及启动绘制歌词的线程，具体代码读者可参考提供的工程实例 Mp3player3_2_4。

Step 7 的实现很简单，以下是直接相关的代码。

Chapter03\MP3Player3_2_4\src\main\java\chapter03.com.example.administrator.mp3player3_2_4\MainActivity.java

```
//获取控件
tvLrc=(CustomTextView)findViewById(R.id.tv_lrc);
//播放音乐
flagAudioCanPlay=autoPlayMusic(audioPath);
if(flagAudioCanPlay)
{
    //构造歌词文件 File 类型的对象
    lrcFile=new File(audioLrcPath);
    showRollingLrc();
}
else
    Toast.makeText(this,"指定的音乐播放出错", Toast.LENGTH_SHORT).show();
```

本小节案例的工程运行后如图 3-15 所示。

图 3-15　运行后的效果图

3.2.5　监听 TouchEvent 事件

本小节的内容是在上一小节的基础上实现当用手指按下屏幕并滑动歌词时，歌词也随着手指上、下移动，手指从屏幕中抬起时，音乐从屏幕中央的歌词位置开始重新播放。实现的具体思路如下。

Step 1：复制 3.2.4 提供的工程案例并将新的工程命名为 MusicPlayer3_2_5，将提供的 example.mp3 和 example.lrc 文件复制到内存卡的根目录下。

Step 2：重写 CustomTextView.java 里的 onTouchEvent 方法。

Step 3：在 CustomTextView.java 里的 startRun 方法里添加约束条件。

接下来详细介绍上述步骤。

Step 2 的实现需重写 CustomTextView.java 里的 onTouchEvent 方法，请注意 Android 的 View 提供了手机屏幕事件的处理方法 onTouchEvent，应用程序可以重写该方法来处理对应的事件。该方法简介如下。

```
public boolean onTouchEvent (MotionEvent event)
```

参数 event 为手机屏幕触摸事件封装类的对象，封装了该事件的所有信息，例如触摸的位置、触摸的类型以及触摸的时间等。该对象会在用户触摸手机屏幕时被创建。

返回值：若 return false 说明没有成功执行 onTouch 事件，在执行完 onTouch 里面的代码之后，onTouch 事件并没有结束。若 return true 说明在执行完 onTouch 中的代码之后，当前的 onTouch

事件就结束了,那么可以等待着处理下一个 onTouch 事件。

实现滑动歌词控制播放进度的思路如下。

(1)屏幕被按下;

(2)在屏幕中拖动:依据在屏幕上滑动的距离来改变每句歌词的坐标,纵坐标越靠近 y=tvHeight/2 的歌词被认为是新的第 brightIndex 句歌词,执行重画歌词动作;

(3)从屏幕中抬起:依据凸显歌词的时间来改变 MediaPlayer 的进度,并启动滚动歌词的线程。

Step 2 的实现需要定义一些新的变量。

```
//手机是否有屏幕触摸事件的发生
private boolean isTouch=false;
//手指按下屏幕时的纵坐标
private float startY=0;
//手指拖动时的纵坐标
private float endY=0;
//歌词因手指在屏幕上拖动而需要移动的偏移量
private float tempY;
```

该步骤对应的代码如下。

Chapter03\MP3Player3_2_5\src\main\java\chapter03.com.
example.administrator.mp3player3_2_5\CustomTextView.java

```java
public boolean onTouchEvent(MotionEvent event) {
    //确保解析后的歌词对象不为空
        if(lrcList!=null)
        {
            //屏幕被按下
            if(event.getAction()==MotionEvent.ACTION_DOWN)
            {
                //停止自动滚动歌词
                isTouch=true;
                //获取按下时的坐标
                startY=event.getY();
            }
            //在屏幕中拖动
            else if(event.getAction()==MotionEvent.ACTION_MOVE)
            {
                //获取拖动时的坐标
                endY=event.getY();
                //按比例适当地缩小距离,手指在屏幕上拖动
                //的距离:歌词移动的偏移量=20:1。
        tempY=(startY-endY)/20;
        //与显示歌词区的中心位置的最小竖直距离
        float minDisToCenter=tvHeight/2;
                //某句歌词离显示歌词区的中心位置的竖直距离
                float tempDisToCenter;
                int tempIndex=0;
                for(int i=0;i<lrcList.size();i++)
                {
                    arrY[i]-=tempY;
```

```
                    tempDisToCenter=Math.abs(arrY[i]-tvHeight/2);
                    //在Y方向上,确定离歌词显示区中心位置最近的歌词
                    if(tempDisToCenter<minDisToCenter)
                    {
                        minDisToCenter=tempDisToCenter;
                        tempIndex=i;
                    }
                }
                brightIndex=tempIndex;
                //绘画歌词
                actiHandler.sendEmptyMessage(0x123);
            }
            //在屏幕中抬起
            else if(event.getAction()==MotionEvent.ACTION_UP)
            {
                //启动自动滚动
                isTouch=false;
                //更新播放器的播放进度
                int newPotion=Integer.parseInt(lrcList.get(brightIndex).
                                        get("time").toString());
                if(myPlayer!=null)
                {
                    myPlayer.seekTo(newPotion);
                    myPlayer.start();
                }
            }
            //需要不断地监听手势触摸事件
            return true;
        }
```

Step 3 主要实现当监听到有滑动歌词的事件时,则立即暂停自动滚动歌词的线程。对应的代码如下。

Chapter03\MP3Player3_2_5\src\main\java\chapter03.com.
example.administrator.mp3player3_2_5\CustomTextView.java

```
//完善约束条件:在自动滚动歌词的条件中添加屏幕未被按下的标记
public void startRun() {
    drawThread=new Runnable() {
        public void run() {
            //自动滚动歌词
            if(!isTouch&&myPlayer.isPlaying()&&lrcList!=null)
            {
                /***自动滚动歌词的代码***/
            }
            /****/
        }
```

上述黑体部分的代码就是新增的条件。

3.2.6 SeekBar 的使用

在播放器中,我们经常喜欢用快进或者快退来控制音乐的播放,除了前面介绍的滑动歌词来

第3章 多媒体应用技术

实现，Android 还提供了一个与用户交互密切的控件 SeekBar 拖动条。

本节所讲述的知识主要实现拖动条随着音乐的播放同步显示。

实现上述功能需要执行以下步骤。

Step 1：创建名为 MP3Player3_2_6 的工程，将提供的 example.mp3 文件放置到测试机内存卡的根目录下。

Step 2：在 activity_main.xml 文件下添加 SeekBar 和 TextView 控件。

Step 3：在 chapter03.com.example.administrator.mp3player3_2_6 包下新建类 FormatConverter 并定义一个静态方法 timeFormatConverter(int duration)，该方法主要实现将整型值转为××:××:××或××:××格式的字符串。

Step 4：将 MP3Player3_2_5 工程中的 MainActivity.java 里的 autoPlayMusic(String audioFilePath) 方法复制到 MP3Player3_2_6 的 MainActivity.java 内。

Step 5：在 MainActivity.java 里编写 private void showSeekBarAndTextView()。该方法主要用来显示动态的拖动条和以××:××:××或××:××格式在 Textview 上显示当前播放进度。

Step 6：在 MainActivity.java 的 onCreate 方法中获取控件、播放音乐及启动拖动条和两个 TextView 的显示。

接下来详细介绍上述步骤。

Step 2 中的完成布局之后的 activity_main.xml 代码如下。

Chapter03\MP3Player3_2_6\src\main\res\layout\activity_main.xml

```xml
<LinearLayout xmlns:android="http://schemas.android.com/apk/res/android"
    xmlns:tools="http://schemas.android.com/tools"
    android:id="@+id/LinearLayout1"
    android:layout_width="match_parent"
    android:layout_height="match_parent"
    android:orientation="vertical"
    android:paddingBottom="@dimen/activity_vertical_margin"
    android:paddingLeft="@dimen/activity_horizontal_margin"
    android:paddingRight="@dimen/activity_horizontal_margin"
    android:paddingTop="@dimen/activity_vertical_margin"
    tools:context=".MainActivity" >
    <TextView
        android:layout_width="wrap_content"
        android:layout_height="wrap_content"
        android:text="@string/title"/>
    <LinearLayout
        android:layout_width="fill_parent"
        android:layout_height="wrap_content"
        android:orientation="horizontal">

    <TextView
        android:id="@+id/tv_current_progress"
        android:layout_width="wrap_content"
        android:layout_height="wrap_content"/>
    <SeekBar
        android:id="@+id/seekBar"
        android:layout_width="wrap_content"
        android:layout_weight="1"
        android:layout_height="wrap_content" />
    <TextView
        android:id="@+id/tv_duration"
        android:layout_width="wrap_content"
        android:layout_height="wrap_content"
```

```
            android:layout_marginRight="0dp"
            />
    </LinearLayout>
</LinearLayout>
```

布局里各控件之间的关系如图3-16所示。

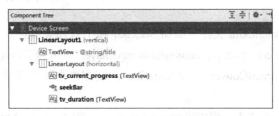

图3-16　控件之间的关系图

需注意的是，LinearLayout1是垂直方向，而LinearLayout是水平方向布局的。
Step 3中的timeFormatConverter(int duration)方法对应的代码如下。

Chapter03\MP3Player3_2_6\src\main\java\chapter03.com.
example.administrator.mp3player3_2_6\FormatConverter.java

```
//实现功能：将以毫秒为单位的时间转为××:××:××格式
//入口参数：int型并以毫秒为单位的时间
//返回类型：返回××:××:××时分秒格式的字符串
//说明：如果没有强制转型的话，会报"可能损失精度"的错误；注意强制转型时括号
    public  static String timeFormatConverter(int duration)
    {
        time=new String("");
        if(duration>=3600000)
        {
            //1小时=3600000毫秒
            hour=(int)(duration/3600000);
            if(hour<10)
                //如09：
                time+=("0"+hour+":");
            else
                //如46：
                time+=(hour+":");
        }
        //1分钟=60000毫秒
        minute=(int)(duration%3600000/60000);
        if(minute<10)
            time+=("0"+minute+":");
        else
            time+=(minute+":");
        //1秒=1000毫秒
        second=(int)(duration%60000/1000);
        if(second<10)
            time+=("0"+second);
        else
            time+=(second);
        return time;
    }
```

以下是相关变量的定义。

```
public static String time="";
public static int hour;
public static int minute;
public static int second;
```

需注意的是，每次调用该方法时必须要将 time 变量重新赋值为空字符串。如果不执行 time=new String("");语句的话，会导致每次返回的 time 变量是在上一次调用时返回的字符串后直接加××:××:××或××:××。这不是我们想要的结果。

Step 4 如何实现，假设读者都该知道，因此不讲解。

Step 5 实现拖动条同步的思路很简单，不断地获取音乐当前播放进度并以此来设置 seekBar 当前的值，这里要借助 Handler 机制的定时功能，读者可参考 3.2.4 节的相关内容。先来了解一下 SeekBar 的几个基本方法，见表 3-2。

表 3-2　　　　　　　　　　　拖动条的基本属性、方法及对应的说明

属性设置	方　　法	说　　明
android:thumb	public void setThumb(Drawable thumb)	指定一个 Drawable 对象，自定义滑块即可拖动的图标
android:max	public synchronized void setMax(int max)	设置拖动条的最大值
android:progress	public synchronized void setProgress(int progress)	设置 seekbar 当前的值，范围在 0 到 max 之间
android:thumbOffset	public void setThumbOffset(int thumbOffset)	拖动图标的偏量值,可以让拖动图标超过拖动条的长度
android:secondaryProgress	public synchronized void setSecondaryProgress(int secondaryProgress)	设置第二进度条的值,范围在 0 到 max 之间，可用作缓冲效果
android:progressDrawable	public void setProgressDrawable(Drawable d)	自定义 SeekBar 图样，资源文件一般来自于 drawable 文件下的 xml 文件
android:max	public synchronized void setMax(int max)	设置拖动条的最大值
android:progress	public synchronized void setProgress(int progress)	设置 seekbar 当前的值，范围在 0 到 max 之间

Step 5 对应的代码如下。

Chapter03\MP3Player3_2_6\src\main\java\chapter03.com.
example.administrator.mp3player3_2_6\MainActivity.java

```
private void showSeekBarAndTextView()
    {
        //设置拖动条的最大值
        seekBar.setMax(myPlayer.getDuration());
    //显示当前音乐的播放总时长
    tvDuration.setText(FormatConverter.timeFormatConverter(myPlayer.getDuration()));
        //构造对象
        barHandler=new Handler();
        barRunnable=new Runnable() {
            public void run() {
                //获取当前歌曲播放位置
```

```
            seekBar.setProgress(myPlayer.getCurrentPosition());
            tvProgress.setText(FormatConverter.timeFormatConverter(myPlayer.getCurrentPosition()));
            //100 毫秒之后更新拖动条进度
            barHandler.postDelayed(barRunnable, 100);
        }
    };
    //启动拖动条
    barHandler.post(barRunnable);
}
```

Step 6 对应的代码如下。

Chapter03\MP3Player3_2_6\src\main\java\chapter03.com.
example.administrator.mp3player3_2_6\MainActivity.java

```
protected void onCreate(Bundle savedInstanceState) {
    super.onCreate(savedInstanceState);
    setContentView(R.layout.activity_main);
    //获取控件
    seekBar=(SeekBar)findViewById(R.id.seekBar);
    tvProgress=(TextView)findViewById(R.id.tv_current_progress);
    tvDuration=(TextView)findViewById(R.id.tv_duration);
    myPlayer=new MediaPlayer();
    //播放音乐
    flagAudioCanPlay=autoPlayMusic(audioPath);
    if(flagAudioCanPlay)
        showSeekBarAndTextView();
    else
        Toast.makeText(this, "指定的音乐文件不存在或播放出错",
Toast.LENGTH_SHORT).show();
}
```

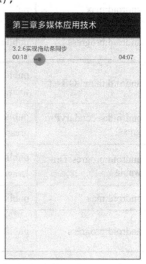

图 3-17 MP3Player3_2_6 运行后的效果图

MP3Player3_2_6 案例运行后效果如图 3-17 所示。

3.2.7 监听 SeekBar

拖动条类似于进度条，但不同的是拖动条可以由用户来控制进度。进度条采用颜色填充来表明进度完成的情况，而拖动条则通过滑块的位置来标识数值，用户可拖动滑块来改变值。

本小节将在 3.2.6 节实现的功能上增加滑动拖动条上的滑块来实现更新音乐播放进度。实现上述功能需要执行以下步骤。

Step 1：复制 3.2.6 提供的工程案例并将新的工程命名为 MusicPlayer3_2_7，将提供的 example.mp3 文件复制到测试机内存卡的根目录下。

Step 2：在 MainActivity.java 的 autoPlayMusic(String audioFilePath)方法中添加拖动条监听的代码。接下来详细介绍上述步骤。

Step 2 中为了让程序能响应拖动条滑块位置的改变，需要为 SeekBar 对象绑定一个 onSeekBarChangeListener 监听器来获取 SeekBar 的当前状态。在 SeekBar 中通常需要监听以下 3 个事件。

（1）public void onStopTrackingTouch(SeekBar seekBar)，此事件用于监听 SeekBar 停止被拖动。

（2）public void onStartTrackingTouch(SeekBar seekBar)，此事件用于监听 SeekBar 开始被拖动。

（3）public void onProgressChanged(SeekBar seekBar, int progress,boolean fromUser)，此事件用于监听进度值的改变，其中第三个参数表示用户是否拖动滑块。

添加拖动条监听的代码如下。

Chapter03\MP3Player3_2_7\src\main\java\chapter03.com.
example.administrator.mp3player3_2_7\MainActivity.java

```
seekBar.setOnSeekBarChangeListener(new OnSeekBarChangeListener() {
         public void onStopTrackingTouch(SeekBar seekBar) {
             myPlayer.seekTo(seekBar.getProgress());
         }
         public void onStartTrackingTouch(SeekBar seekBar) {
         }
         public void onProgressChanged(SeekBar seekBar, int progress,
             boolean fromUser) {
         }
    });
```

需注意的是，更新音乐播放进度的操作最好是在监听到滑块停止被拖动事件时才被执行。如果在滑块开始被拖动的话，不合乎常理；若在滑动被拖动的过程中改变音乐播放进度，会使得在拖动滑块的同时，由于不断地在改变播放进度的缘故，从而使得音乐播放的不流畅。

3.2.8 播放模式的选择

在本小节中主要实现4种常见的播放模式：顺序播放、循环播放、单曲循环和随机播放，这4种播放模式的效果读者应该很清楚，在此就不做过多的解释。引起换歌（就是用户将当前正在播放的歌曲换为另一首待播放的歌曲）这一动作的行为一般有两种，一是用户单击上、下一曲，二是播放器播放完当前音乐后自动换歌。在相同的播放模式下，针对这两种不同的行为，所引起的换歌效果是不一样的。

实现换歌的思路很简单，实际上就是更改当前播放音乐在播放列表中的下标。完成本小节的工程需执行以下步骤。

Step 1：创建名为 MP3Player3_2_8 工程，将提供的 example1.mp3、example2.mp3 和 example3.mp3 3个文件复制到测试机内存卡的根目录下。

Step 2：在 activity_main.xml 布局文件中添加 SeekBar、TextView、Button 控件，布局之后的效果如图 3-18 所示。

各控件之间的关系如图 3-19 所示。

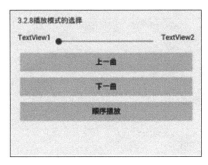

图 3-18 MP3Player3_2_8 布局后的效果图

图 3-19 各控件之间的关系图

LinearLayout 里的布局和 3.2.7 节里的布局完全相同。

Step 3：将提供的 MP3Player3_2_7 内的 FormatConverter.java 和 MainActivity.java 里的 autoPlayMusic(String)和 showSeekBarAndTextView()方法复制到 MP3Player3_2_8 工程里相对应的位置。

Step 4：在 MainActivity.java 里编写 allFilesExist()方法，该方法主要用于检测播放列表里的音乐文件是否都存在于指定的存储路径下。

Step 5：在 MainActivity.java 里编写 changeCurrentInex 方法，该方法主要用于实现更改 currentIndex 来实现换歌，是本小节的重点。

Step 6：在 MainActivity.java 里编写 changeSong 方法，该方法主要是依据入口参数判断下标是否合法，若合法的话，则更改 currentIndex 的值，并更新 UI。

Step 7：在 MainActivity.java 里实现【上一曲】【下一曲】和【播放模式】按钮的监听类。

Step 8：在 MainActivity.java 的 onCreate 方法里获取控件、播放音乐、播放器监听、按钮监听及界面内容的显示等。

接下来详细介绍上述步骤。

Step 2 中对应的布局代码如下。

Chapter03\MP3Player3_2_8\src\main\res\layout\activity_main.xml

```xml
<LinearLayout xmlns:android="http://schemas.android.com/apk/res/android"
    xmlns:tools="http://schemas.android.com/tools"
    android:id="@+id/LinearLayout1"
    android:layout_width="match_parent"
    android:layout_height="match_parent"
    android:orientation="vertical"
    android:paddingBottom="@dimen/activity_vertical_margin"
    android:paddingLeft="@dimen/activity_horizontal_margin"
    android:paddingRight="@dimen/activity_horizontal_margin"
    android:paddingTop="@dimen/activity_vertical_margin"
    tools:context=".MainActivity" >
    <TextView
        android:id="@+id/tv_songName"
        android:layout_width="fill_parent"
        android:layout_height="wrap_content"
        />
    <LinearLayout
        android:layout_width="fill_parent"
        android:layout_height="wrap_content"
        android:orientation="horizontal">
    <TextView
        android:id="@+id/tv_current_progress"
        android:layout_width="wrap_content"
        android:layout_height="wrap_content"
        android:text="@string/progress"/>
    <SeekBar
        android:id="@+id/seekBar"
        android:layout_width="wrap_content"
        android:layout_weight="1"
        android:layout_height="wrap_content" />
     <TextView
        android:id="@+id/tv_duration"
        android:layout_width="wrap_content"
```

```xml
            android:layout_height="wrap_content"
            android:layout_marginRight="0dp"
            android:text="@string/duration"
            />
    </LinearLayout>
     <Button
         android:id="@+id/btn_last"
         android:layout_width="fill_parent"
         android:layout_height="wrap_content"
         android:text="@string/lastSong"/>
      <Button
         android:id="@+id/btn_next"
         android:layout_width="fill_parent"
         android:layout_height="wrap_content"
         android:text="@string/nextSong"/>
         <Button
         android:id="@+id/btn_play_mode"
         android:layout_width="fill_parent"
         android:layout_height="wrap_content"
         android:text="@string/sequence"/>
</LinearLayout>
```

Step 4 的实现思路是依次判断播放列表中每个路径下的文件对象的 exist()方法是否返回真。若该工程里指定的 3 个文件全部存在则该方法返回 true，否则返回 false。代码实现比较简单，在此就不提供代码了，如需帮助请读者查看提供的源程序。

Step 5 对应的代码如下。

Chapter03\MP3Player3_2_8\src\main\java\chapter03.com.
example.administrator.mp3player3_2_8\MainActivity.java

```java
    private int changeCurrentInex(boolean fromUser, boolean goNext, int  playMode,int index)
    //参数 fromUser: 该参数为真表示用户单击【上一曲】或【下一曲】按钮来实现换歌，//为假表示当前歌曲播放完毕后播放器自动实现换歌
    //参数 goNext: 为 true 表示下一曲，为 false 表示上一曲
    //参数 playMode: 当前的播放模式
    //0——顺序播放, 1——循环播放, 2——单曲播放, 3——随机播放
    //参数 index: 当前播放的音乐在播放列表中的下标
    {       switch (playMode) {
            case 0:    //顺序播放
                if(goNext)//下一曲
                    index++;
                else//上一曲
                    index--;
                if(index>=0&&index<arrAudioName.length)
                    return index;
                else if(index>=arrAudioName.length)
                {    //播放列表里最后一首歌正在播放时，用户单击下一曲按钮
                    if(fromUser)
                        return 0;
                //播放列表里最后一首歌播放完毕，用户没有做出换歌响应
                //在顺序模式下，则通过返回-1 来实现停止播放
```

```
                    else
                        return -1;
                }
                else
                    //正在播放列表里的第一首歌，相当于用户单击【上一曲】按钮
                    return arrAudioName.length-1;
            case 1:   //循环播放
                if(goNext)
                    index++;
                else
                    index--;
                if(index>=0&&index<arrAudioName.length)
                    return index;
                else if(index>=arrAudioName.length)
                    return 0;
                else
                    return arrAudioName.length-1;
            case 2://单曲播放
                if(!fromUser)
                    //用户没有单击上、下一曲按钮
                    return index;
                else
                {
                    //和循环播放模式的处理方式相同
                    if(goNext)
                        index++;
                    else
                        index--;
                    if(index>=0&&index<arrAudioName.length)
                        return index;
                    else if(index>=arrAudioName.length)
                        return 0;
                    else
                        return arrAudioName.length-1;
                }
            case 3:   //随机播放
                //arrAudioName.length=3,该程序中的播放列表有 3 首歌
                return (int)(Math.random()*arrAudioName.length);
            default:
                return -1;//下标越界，停止播放
        }
    }
```

需注意上述代码中的黑体部分。Math.random()是系统随机返回一个大于等于 0 且小于 1 的数，比如 0.012333。浮点型的数值强制转为 int 型数值的原理是裁剪掉浮点数的小数部分，返回整数部分。因此，上述黑体部分的代码实现的功能就是创建一个 0~2 的随机数。不要误写为 return (int)(Math.random())*arrAudioName.length，执行此代码会一直返回 0，使得在随机播放模式下，一直都在循环播放第一首歌曲。

该方法既能被用户手动控制换歌时调用，又能在一首歌播放完后自动换歌时调用。

Step 6 的实现中，注意不要立即将返回值传给 currentIndex，因为要保证 currentIndex 不会越

界。对应的代码如下。

Chapter03\MP3Player3_2_8\src\main\java\chapter03.com.
example.administrator.mp3player3_2_8\MainActivity.java

```java
private void changeSong(int tempIndex)
    {
        //确保下标不会越界
        if(tempIndex>=0&&tempIndex<arrAudioPath.length)
        {
            if(autoPlayMusic(arrAudioPath[tempIndex]))
            {
                currentIndex=tempIndex;
                //更新 UI
                seekBar.setProgress(0);//置拖动条当前进度为 0
                seekBar.setMax(myPlayer.getDuration());
            //显示当前播放音乐的存储路径
            tvSongName.setText("当前播放："+arrAudioPath[currentIndex]);
         //显示当前音乐的播放总时长
        tvDuration.setText(FormatConverter.timeFormatConverter(myPlayer.getDuration()));
            }
        }
    }
```

Step 7 对应的代码如下。

Chapter03\MP3Player3_2_8\src\main\java\chapter03.com.
example.administrator.mp3player3_2_8\MainActivity.java

```java
View.OnClickListener btnListener=new View.OnClickListener() {
    public void onClick(View v) {
        switch (v.getId()) {
        case R.id.btn_last://上一曲
            changeSong(changeCurrentInex(true, false, playMode, currentIndex));
            break;
        case R.id.btn_next://下一曲
            changeSong(changeCurrentInex(true, true, playMode, currentIndex));
            break;
        case R.id.btn_play_mode://更换播放模式
            playMode++;
            //播放模式变量 playMode 在 0~3 之间循环变换
            if(playMode>=arrBtnTexts.length)
            {
                playMode=0;
            }
            //更改播放模式按钮上的文字
            btnPlayMode.setText(arrBtnTexts[playMode]);
            break;
        }
    }
};
```

实现 Step 7 只需弄明白入口参数的值即可，请读者参考提供的源程序。

实现 Step 8 中的 MediaPlayer 类对象进行如下的监听。

Chapter03\MP3Player3_2_8\src\main\java\chapter03.com.
example.administrator.mp3player3_2_8\MainActivity.java

```
//一首歌播放完后
myPlayer.setOnCompletionListener(new OnCompletionListener() {
        public void onCompletion(MediaPlayer arg0) {
            //换歌
            changeSong(changeCurrentInex(false, true, playMode, currentIndex));
            }
        });
```

按钮监听、获取控件等在前几节里已经介绍过了，在这不做介绍。如需帮助请读者参考提供的源代码。

MP3Player3_2_8 案例运行后的效果如图 3-20 所示。

3.3 一个可用的 MP3 播放器

3.3.1 播放器界面布局

本节主要实现播放器的主界面布局，先提供案例运行后主界面的效果图（见图 3-21）。

要实现上述功能，需要执行以下 5 个步骤。

Step 1：创建名为 RealMp3Player3_3_1 的工程，将提供的相关图片复制到该工程的\src\main\res\drawable-hdpi 文件夹下。

图 3-20　MP3Player3_2_8 案例运行后效果图

Step 2：在 activity_main.xml 里添加 ListView 控件。该控件就是一个垂直排列的列表。

Step 3：在该工程的"\src\main\res\layout\"下新建一个 Layout XML File 布局文件，并命名为 item_layout.xml。该布局文件用于 ListView 里的每个单元项布局。

Step 4：在 chapter03\com.example.administrator.realmp3player3_3_1 下创建并编写 CustomBaseAdapter.java。ListView 控件不同于一般的 Android 控件，绑定数据时必须要通过数据适配器 Adapter 来实现。在此节中我们将介绍一种 Android 应用程序经常用到的适配器 BaseAdapter（Adapter 的一个子类），为了加载我们指定的布局，还需要继承 BaseAdapter 自定义适配器类，也就是这里所说的 CustomBaseAdapter 类。

Step 5：在 MainActivity.java 文件里实现 ListView 绑定数据源。
接下来详细介绍上述步骤。

图 3-21　播放器主界面

Step 2 对应的布局代码如下。

Chapter03\RealMp3Player3_3_1\src\main\res\layout\activity_main.xml

```
<ListView
    android:id="@+id/list_view"
```

```xml
        android:layout_width="fill_parent"
        android:layout_height="wrap_content"
        android:layout_weight="1"
        android:layout_marginTop="5dp"
        >
</ListView>
```

Step 3 对应的布局代码如下。

Chapter03\RealMp3Player3_3_1\src\main\res\layout\item_layout.xml

```xml
<RelativeLayout xmlns:android="http://schemas.android.com/apk/res/android"
    android:id="@+id/RelativeLayout1"
    android:layout_width="match_parent"
    android:layout_height="match_parent"
     >
    <!--左边图标  -->
    <ImageView
        android:id="@+id/lv_item_left_icon"
        android:layout_width="wrap_content"
        android:layout_height="fill_parent"
        android:layout_alignParentLeft="true"
        android:layout_centerVertical="true"
        />
    <RelativeLayout
        android:layout_width="wrap_content"
        android:layout_height="fill_parent"
        android:layout_toRightOf="@id/lv_item_left_icon"
        android:layout_marginLeft="5dp">
        <!-- 大标题："本地音乐" "我的歌单" 等 -->
        <TextView
        android:id="@+id/lv_item_headline"
        android:layout_width="wrap_content"
        android:layout_height="wrap_content"
        android:layout_marginTop="5dp"
        android:textColor="@android:color/white"
        android:textSize="20dp"
        />
        <!-- 小标题："xx 首歌曲"  -->
         <TextView
        android:id="@+id/lv_item_subtitle"
        android:layout_width="wrap_content"
        android:layout_height="wrap_content"
        android:layout_below="@id/lv_item_headline"
        android:layout_marginBottom="5dp"
        android:textColor="@android:color/white"
        android:textSize="15dp"
        />
    </RelativeLayout>
    <!-- 靠右的图标 -->
    <ImageView
        android:id="@+id/lv_item_right_icon"
        android:layout_width="wrap_content"
        android:layout_height="fill_parent"
        android:layout_alignParentRight="true"
```

```
            android:layout_marginRight="5dp"
            android:layout_centerVertical="true"
        />
</RelativeLayout>
```

对应的布局中各控件之间的关系如图 3-22 所示。

Step 4 实现中的继承 BaseAdapter 必须要重载的 4 个方法如下。

（1）public abstract int getCount()：决定我们绘制的资源数即 listView 里显示几行，返回值当然不能大于我们提供的资源数。

图 3-22 各控件之间的关系图

（2）public abstract Object getItem(int position)：根据 listView 所在的位置返回 View。

（3）public abstract long getItemId(int position)：返回当前绘制的 item 在 listView 中的下标。

（4）public abstract View getView(int position, View convertView, ViewGroup parent)：依据 position 来布局相对应的 item。

除了重载以上的方法之外，还可以在构造函数里传入布局所需用到的数据。以下是 Step 4 对应的代码。

Chapter03\RealMp3Player3_3_1\src\main\java\chapter03.com.
example.administrator.realmp3player3_3_1\CustomBaseAdapter.java

```java
//用来找 layout 文件下的布局文件
private LayoutInflater inflater;
//大标题数据源
private List<String> headlines;
//小标题数据源
private List<String> subtitles;
//左边图标用到的资源文件的 id 集合
private List<Integer> leftIconIds;
//右边图标用到的资源文件的 id 集合
private List<Integer> rightIconIds;
private ImageView lv_item_left_icon;
private TextView lv_item_headline;
private TextView lv_item_subtitle;
private ImageView lv_item_right_icon;
//item 用到的布局文件 id
private int layoutId;
private View view;
publicCustomBaseAdapter(LayoutInflater inflater,int layoutId,
                List<String> headlines,List<String> subtitles,
                List<Integer> leftIconIds,List<Integer> rightIconIds)
{
    //获取传入的数据
    this.leftIconIds=leftIconIds;
    this.headlines=headlines;
    this.subtitles=subtitles;
    this.rightIconIds=rightIconIds;
    this.inflater=inflater;
    this.layoutId=layoutId;
}
```

```
    public int getCount() {
        return headlines.size();
    }
    public Object getItem(int arg0) {
        return headlines.get(arg0);
    }
    public long getItemId(int arg0) {
        return arg0;
    }
    //记得返回view
    public View getView(int arg0, View arg1, ViewGroup arg2)
{
        view=inflater.inflate(layoutId, null);
        //在指定的布局文件中获取对应的控件
        lv_item_left_icon=(ImageView)view.findViewById(R.id.lv_item_left_icon);
        lv_item_headline=(TextView)view.findViewById(R.id.lv_item_headline);
        lv_item_subtitle=(TextView)view.findViewById(R.id.lv_item_subtitle);
        lv_item_right_icon=(ImageView)view.findViewById(R.id.lv_item_right_icon);
        //给控件加载数据
        lv_item_left_icon.setImageResource(leftIconIds.get(arg0));
        lv_item_headline.setText(headlines.get(arg0));
        lv_item_subtitle.setText(subtitles.get(arg0));
        lv_item_right_icon.setImageResource(rightIconIds.get(arg0));
        return view;
    }
```

Step 5 主要实现的是绑定 ListView 对象和适配器对象了。只需要将数据源传给适配器，然后调用 listView 的 setAdapter 方法即可完成。以下是对应的核心代码。

Chapter03\RealMp3Player3_3_1\src\main\java\chapter03.com.
example.administrator.realmp3player3_3_1\MainActivity.java

```
cusBaseAda=new CustomBaseAdapter(getLayoutInflater(), R.layout.item_layout,
            Arrays.asList(itemNames), Arrays.asList(itemSongNums),
            Arrays.asList(iconIds), Arrays.asList(arrowsIds));
lvHome.setAdapter(cusBaseAda);
```

3.3.2 Activity 之间的跳转

使用音乐播放器时经常需要在几个界面之间进行跳转。本小节中提供的工程主要实现的是从当前播放列表界面中跳转到播放界面，并把播放列表和需要播放的歌曲在列表中的下标（请读者注意此处传递的数据只是下标）传递给播放界面。需注意的是，此处所讲的播放界面仅含有 3 个 TextView，分别显示当前播放歌曲的存储路径、歌曲名和演唱者。本小节主要介绍在 Activity 跳转时如何传递数据的。

实现上述功能需执行以下步骤。

Step 1：创建名为 RealMp3Player3_3_2 工程，将 RealMp3Player3_3_1 工程里的 CustomBaseAdapter.java、item_layout.xml、song_list_item_menu_h.png 和 song_list_item_unlove.png 复制到 RealMp3Player3_3_2 工程对应的路径下。

Step 2：在 activity_main.xml 文件里添加 ListView 控件，本小节里的主界面和 3.3.1 节里的主界面很相似。布局中同样也只需要添加一个 ListView 类对象，使用同一个单元项布局文件

item_layout.xml，使用同一个适配器类 CustomBaseAdapter，只是数据源的内容不同。

Step 3：在 chapter03.com.example.administrator.realmp3player3_3_2 包下创建一个 Blank Activity，并将其命名为 PlayMusicActivity.java，在"\src\main\res\layout\activity_play_music.xml"文件里添加上述的 3 个 TextView 控件。

Step 4：在 chapter03.com.example.administrator.realmp3player3_3_2 包下创建一个 Java Class，将其命名为 SongObject.java 并编写该类的具体方法。该类表示歌曲对象，其类成员有歌曲标题、歌曲在 Android 系统里的存储路径、歌曲的演唱者。

Step 5：在 MainActivity.java 里编写实现初始化播放列表数据的 initData 方法。

Step 6：在 MainActivity.java 里编写播放列表里单元项的单击事件，实现跳转至播放界面。

Step 7：运用 MainActivity.java 里的 onCreate 方法实现获取控件、调用 initData 方法、绑定 ListView 对象和适配器、ListView 注册单击单元项的监听事件。

Step 8：在 PlayMusicActivity.java 里获取上界面传入的数据并显示到对应的控件上。

接下来详细介绍上述步骤。

Step 2 实现的相关代码如下。

Chapter03\RealMp3Player3_3_2\src\main\java\chapter03.com.example.administrator.realmp3player3_3_2\MainActivity.java

```
<ListView
    android:id="@+id/lv_song_list"
    android:layout_width="fill_parent"
    android:layout_height="wrap_content"
    android:layout_marginTop="20dp"
```

Step 3 创建的 activity_play_music.xml 文件中控件布局的关系如图 3-23 所示。

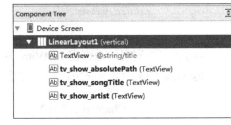

图 3-23 播放界面布局内控件间的关系图

LinearLayout1 布局方向是垂直方向的，相信读者可以独立完成其布局代码。如需帮助可参考提供的案例源程序。

Step 4 中对应的代码如下。

Chapter03\RealMp3Player3_3_2\src\main\java\chapter03.com.example.administrator.realmp3player3_3_2\SongObject.java

```
public class SongObject implements Serializable{
    private String absolutePath;//歌曲的绝对路径
    private String songTitle;//歌曲名
    private String artist;//演唱者
    public String getAbsolutePath() {
        return absolutePath;
    }
    public void setAbsolutePath(String absolutePath) {
        this.absolutePath = absolutePath;
    }
    public String getSongTitle() {
        return songTitle;
    }
    public void setSongTitle(String songTitle) {
        this.songTitle = songTitle;
```

```
        }
        public String getArtist() {
            return artist;
        }
        public void setArtist(String artist) {
            this.artist = artist;
        }
    }
```

需注意的是上述代码的黑体部分,该类需要实现 Serializable 接口。因为在本小节工程中需要将 ArrayList<SongObject>类型的数据传递给下一个 Activity,在 Android 里没有哪个传递数据方法是专门针对该类型的实现,因此在此采用 java 提供的通用数据保存和读取的接口 Servializable 来实现。

Step 5 主要初始化播放列表需要显示的数据和歌曲列表动态数组 songList 变量里的数据。相关变量定义的类型如下。

```
//歌曲名
private List<String> headlines;
//歌手
private List<String> subtitles;
//ListView 对象里单选项里的左边图标
private List<Integer>   leftIconIds;
//ListView 对象里单选项里的右边图标
private List<Integer>   rightIconIds;
//当前播放列表
private ArrayList<SongObject> songList;
//一首歌曲对象
private SongObject songObject;
//当前播放列表里的歌曲数
private final int songListLength=3;
```

对应的核心代码如下。

Chapter03\RealMp3Player3_3_2\src\main\java\chapter03.com.
example.administrator.realmp3player3_3_2\MainActivity.java

```
//初始化播放列表的数据
    private void initData()
    {
        songList=new ArrayList<SongObject>();
        headlines=new ArrayList<String>();
        subtitles=new ArrayList<String>();
        leftIconIds=new ArrayList<Integer>();
        rightIconIds=new ArrayList<Integer>();

        for(int i=0;i<songListLength;i++)
        {
            songObject=new SongObject();
            songObject.setAbsolutePath("/storage/sdcard0/example"+i+".mp3");
            songObject.setSongTitle("歌曲"+i);
            songObject.setArtist("歌手"+i);
            songList.add(songObject);
            headlines.add(songObject.getSongTitle());
```

```
            subtitles.add(songObject.getArtist());
            leftIconIds.add(R.drawable.song_list_item_unlove);
            rightIconIds.add(R.drawable.song_list_item_menu_h);
        }
    }
```

Step 6 的实现是本小节的重点。几个 Activity 之间进行跳转,一般是通过 Intent 来实现的。Intent 是一个界面到另一个界面的引路者,它描述了起点(当前 Activity)和终点(目标 Activity)。

设置起点和终点时经常要用到 Intent 的 setClass(Context packageContext, Class<?> cls)方法。参数一 packageContext 是 Context 型,来自于当前的 Activity,也可理解为上述提到的起点;参数二 cls 是将要去往的 Activity。

以下提供一个从 Activity1 跳转到 Activity2 的简单实例。

```
Intent  intent =new Intent();
//在这里this表示Activity1界面,用Activity2.class表示Activity2界面
intent.setClass(this , Activity2.class);
//开始跳转
startIntent(intent);
```

需要注意的是,目标 Activity 必须是在 AndroidManifest.xml 注册过的,一般情况下,新建 Activity 时会自动注册,但有时开发人员可能会将已经注册好的×××Activity.java 剪切到其他的包后就不去更改注册文件里对应的包名,如果这样使用 setClass 方法的话,会使得程序运行崩溃。

此外,有时候在界面跳转的时候,需要将一些数据从源 Activity 传递给目标 Activity。在这里介绍两种方案来解决界面跳转时数据传递的问题:

方案一:通过 Intent 自身携带数据;

方案二:通过 Bundle 类对象来实现。

为了更好地理解数据传递这一过程,我们可以把 Intent 看成一个信封,在这个信封上我们需要写上寄信人的信息(当前 Activity)和收件人信息(目标 Activity),Bundle 可看成装在信封里的信纸。

该步骤还需要解决的是如何在主界面中单击列表中的 item 对象即可跳转到对应的界面。Android 为 ListView 控件提供了一种单击事件监听器 OnItemClickListener,实现该接口需要重写 public void onItemClick(AdapterView<?> arg0, View arg1, int arg2, long arg3) {}方法。

参数 arg0 为当前单击的 adapterview,这个参数是系统自动传入的,我们也不用调用,一般常用第二个和第三个参数。

参数 arg1 为单击 item 所在的 View 对象,可以用这个 View 来获取其他的控件。

参数 arg2 为在适配器里的位置。

参数 arg3 为在 listview 里的行位置,一般的情况下,参数三和参数四相同。

看完上述的介绍,接下来理解下面 Step 6 的核心代码应该很轻松了。

Chapter03\RealMp3Player3_3_2\src\main\java\chapter03.com.
example.administrator.realmp3player3_3_2\MainActivity.java

```
public class MainActivity extends  ActionBarActivity implements OnItemClickListener{
    /********/
    protected void onCreate(Bundle savedInstanceState) {
        /********/
```

```
        lvSongList.setOnItemClickListener(this);
    }
    public void onItemClick(AdapterView<?> arg0, View arg1, int arg2, long arg3) {
intent=new Intent();
```

使用上述方案一传递数据，可以调用的方法是：

```
//public intent putExtra(String name, Serializable value)
```

实现时利用字符串"songList"作为提取播放列表 songList 变量的索引值，实现代码为：

```
    intent.putExtra("songList", songList);
```

使用上述方案二传递数据时也需要调用 putExtra 方法，实现代码如下：

```
    bundle=new Bundle();
    bundle.putInt("currentIndex", arg2);
    //将 bundle 装进 intent，并用字符串"bundle"作为获取变量 bundle 的索引值
    intent.putExtra("bundle", bundle);
    //设置跳转对象为 PlayMusicActivity.java 对应的界面
    intent.setClass(MainActivity.this, PlayMusicActivity.class);
    //开始跳转
    startActivity(intent);
    }
}
```

Step 6 实现中的 ListView 对象绑定适配器的方法可参考 3.3.1 节内容，在此不做介绍。此步骤对应的核心代码如下。

Chapter03\RealMp3Player3_3_2\src\main\java\chapter03.com.
example.administrator.realmp3player3_3_2\MainActivity.java

```
//获取控件
lvSongList=(ListView)findViewById(R.id.lv_song_list);
initData();
adapter=new CustomBaseAdapter(getLayoutInflater(), R.layout.item_layout,
        headlines, subtitles, leftIconIds, rightIconIds);
lvSongList.setAdapter(adapter);
//注册单击单元项的监听事件
lvSongList.setOnItemClickListener(this);
```

Step 7 实现的核心代码如下。

Chapter03\RealMp3Player3_3_2\src\main\java\chapter03.com.
example.administrator.realmp3player3_3_2\MainActivity.java

```
public void onItemClick(AdapterView<?> arg0, View arg1, int arg2, long arg3) {
    //获取跳转至当前 Activity 使用的 Intent 对象
    intent=getIntent();
    //使用"songList"为索引值从 intent 携带的数据中获取歌曲列表 songList
    songList=(ArrayList<SongObject>)intent.getSerializableExtra("songList");
    //使用"bundle"为索引值从 intent 携带的数据中获取 bundle
    bundle=intent.getBundleExtra("bundle");
    //使用"currentIndex"为索引值从 bundle 携带的数据中获取 currentIndex
    currentIndex=bundle.getInt("currentIndex");
    //在 3 个 TextView 中显示当前播放歌曲的相关信息
    tvShowAbsolutePath.setText("当前播放歌曲的路径："+songList.get(currentIndex).
```

```
getAbsolutePath());
    tvShowSongTitle.setText("当前播放歌曲的歌曲名："+songList.get(currentIndex).
getSongTitle());
    tvShowArtist.setText("当前播放歌曲的演唱者："+songList.get(currentIndex).
getArtist());
}
```

本小节提供的案例运行后的效果如图 3-24 所示。

单击第二个单选项后跳转后的播放界面如图 3-25 所示。

图 3-24 运行后的主界面

图 3-25 单击"歌曲 1"所在的单元项跳转后的界面

3.3.3 ListView 的使用

在本小节中将介绍如何在"我的最爱"下自定义列表，从"本地音乐"中添加音乐至"我的最爱"列表，以及从"我的最爱"列表中移除对应的歌曲。

实现上述功能需执行以下步骤。

Step 1：创建名为 RealMp3Player3_3_3 的工程，在 activity_main.xml 里添加一个 ListView 控件，用于显示"我的最爱"的列表。

Step 2：在 chapter03.com.example.administrator.realmp3player3_3_3 包下创建一个 Java Class 文件，命名为 Conmon.java。该类主要用于存储本地音乐的列表和当前"我的最爱"的列表。

Step 3：在"\RealMp3Player3_3_3\src\main\res\layout"下创建一个布局文件，命名为 item_favorite.xml，该布局应用于 ListView 里的单元项。

Step 4：在 chapter03.com.example.administrator.realmp3player3_3_3 包下创建一个 Java Class 文件，命名为 CustomBaseAdapterFavo.java。该类是自定义的 ListView 的适配器类。

Step 5：在 MainActivity.java 下编写 private boolean songExist(String songName)，该方法主要用于判断 songName 对应的歌曲是否曾已被添加至"我的最爱"，避免重复添加至"我的最爱"列表中。

Step 6：在 MainActivity.java 下实现监听单击【添加】按钮事件。

Step 7：在 MainActivity.java 下实现长按"我的最爱"中 ListView 的单选项，弹出是否确定移除的对话框。

Step 8：在 MainActivity.java 的 onCreate 中进行相关的调用。

接下来详细介绍上述步骤。

Step 2 对应的代码如下。

Chapter03\RealMp3Player3_3_3\src\main\java\chapter03.com.
example.administrator.realmp3player3_3_3\Con com.java

```java
public static String[] allSong=new String[]
{   "example1.mp3","example2.mp3","example3.mp3"    };
//最爱歌曲
public static ArrayList<String> favoriteSongList=new ArrayList<String>();
```

需注意的是，favoriteSongList 在定义时需构造对象。

Step 3 对应的布局文件很简单，只含有一个 TextView 控件用来显示歌曲名即可。

Step 4 中的适配器是继承 BaseAdapter 的，前面已经介绍过了，在这里直接提供如下代码。

Chapter03\RealMp3Player3_3_3\src\main\java\chapter03.com.
example.administrator.realmp3player3_3_3\CustomBaseAdapterFavo.java

```java
private List<String> listFavoSongName;
    private LayoutInflater inflater;
    private View view;
    private TextView tv;
    public CustomBaseAdapterFavo(List<String> listData,LayoutInflater layoutInflater) {
        this.listFavoSongName=listData;
        this.inflater=layoutInflater;
    }
    public int getCount() {
        return listFavoSongName.size();
    }
    public Object getItem(int arg0) {
        return listFavoSongName.get(arg0);
    }
    public long getItemId(int arg0) {
        return arg0;
    }
    public View getView(int position, View convertView, ViewGroup parent) {
        view=inflater.inflate(R.layout.item_favorite, null);
        tv=(TextView)view.findViewById(R.id.item_favor);
        tv.setText(listFavoSongName.get(position));
        return view;
    }
```

Step 5 的实现思路：遍历当前 Conmon.favoriteSongList 里的每一个元素，如果检测到某个元素和入口参数（某歌曲名）相匹配，立即返回真；当遍历完后没有匹配成功，则返回假。相关的代码请读者参考提供的源程序。

Step 6 实现的是当单击【添加】按钮，则会弹出一个多选对话框，显示当前的"本地音乐"里的列表，选择需要添加至"我的最爱"列表的对象后，单击确定，界面上立即更新 ListView 类对象里的数据。相关的代码如下。

Chapter03\RealMp3Player3_3_3\src\main\java\chapter03.com.
example.administrator.realmp3player3_3_3\MainActivity.java

```java
View.OnClickListener btnAddListener=new OnClickListener() {
```

```java
public void onClick(View v) {
    AlertDialog ad=new AlertDialog.Builder(MainActivity.this)
        .setMultiChoiceItems(Conmon.allSong, null,
//第三个参数必须制定单击事件对象，不能为null
            new DialogInterface.OnMultiChoiceClickListener() {
                public void onClick(DialogInterface dialog, int which, boolean isChecked) {
                }
            })
        .setPositiveButton("确定", new DialogInterface.OnClickListener() {
            public void onClick(DialogInterface dialog, int which) {
                boolean doAddSongs=false;
                for(int i=0;lv!=null&&i<Conmon.allSong.length;i++)
                {
                    //判断第 i 个单元是否被选中，且对应的歌曲曾未被添加
                    if(lv.getCheckedItemPositions().get(i)&&!songExist(Conmon.allSong[i]))
                    {
                        //先判断一下是否未构造对象
                        if(Conmon.favoriteSongList==null)
                            Conmon.favoriteSongList=new ArrayList<String>();
                        //将选中的歌曲添加到"我的最爱"
                        Conmon.favoriteSongList.add(Conmon.allSong[i]);
                        doAddSongs=true;
                    }
                    if(doAddSongs)
                    {
                        //添加后，更新布局，更新数据源
                        adapter.notifyDataSetChanged();
                    }
                }
            }
        })
        .setNegativeButton("取消", null)
        .setTitle("请添加歌曲")
        .create();
    //返回多选框所在的列表
    lv=ad.getListView();
    //显示对话框
    ad.show();
    }
};
```

需注意对话框先创建再显示是为了在创建后可以返回多选对话框所在的列表，为监听哪个选项被选中提供了 ListView 对象。因此要在调用 ad.create()并且已经获取 lv 后才调用 ad.show()方法。

Step 7 的实现是对"我的最爱"里的 ListView 对象进行 OnItemLongClickListener 的监听。关于监听的知识，如需帮助请读者参考 3.1.4 节的内容。

Step 8 的核心代码如下。

Chapter03\RealMp3Player3_3_3\src\main\java\chapter03.com.
example.administrator.realmp3player3_3_3\MainActivity.java

```java
adapter=new CustomBaseAdapterFavo(Conmon.favoriteSongList, getLayoutInflater());
```

```
//绑定数据适配器
lvFavoList.setAdapter(adapter);
//监听长按 ListView 的单元项事件
lvFavoList.setOnItemLongClickListener(lvLongClickListerner);
//监听按钮单击事件
btnAddSongs.setOnClickListener(btnAddListener);
```

运行后进行添加歌曲的效果如图 3-26 所示。

单击【添加】后弹出待添加的歌曲，如图 3-27 所示。

在上图中选中 example1.mp3 和 example2.mp3，并单击【确定】后，添加成功的效果如图 3-28 所示。

图 3-26　添加歌曲的主界面

图 3-27　选择添加歌曲的效果图

图 3-28　添加成功的效果图

本小节介绍的自定义播放列表是针对 UI 而言的，在实际的播放器中，播放列表的相关数据是需要存入到数据库的。

3.3.4　使用 Service

之前向读者介绍的音乐播放都是放在 Activity 里实现的，但是有一个问题，当退出当前的界面时，音乐也就自行停止了，这是因为 Activity 中的播放器对象的生命周期与 Activity 的生命周期"同步"，当 Activity 被摧毁之后，系统也就会随时对其未释放的资源进行回收。在"天天动听""酷狗"等音乐播放器中，都是将音乐播放在 Service 里实现，而不是在 Activity 里。Service 可理解为没有界面的 Activity，它是在后台运行的，也就是说，只要不关闭 Service，跳转至其他的界面，后台的音乐不会被终止播放。

本小节主要介绍如何在 Service 里控制音乐的播放，并且能够让 Service 与 Activity 进行通信。在此之前先介绍 Service 的一些知识。

Service 同样也有生命周期。启动 Service 有两种不同的方式，针对这两种不同的方式，其生命周期也是不一样的。

使用 startService()启动 Service，生命周期为 context.startService()-->onCreate()-->onStart()-->Service running-->context.stopService-->onDestroy()-->Service 被停止。如果 Service 还没有运行，则

会先调用 onCreate 方法然后再调用 onStart 方法；如果已经运行，则只会调用 onStart 方法，也就是说 onCreate 只会执行一次，而 onStart 可能会被执行多次。当 Service 停止之时，系统将会对其销毁。如果调用者退出并没有销毁 Service 的话，那么 Service 将一直在后台运行。这种方式启动的 Service 与调用者传递数据是很困难的。

使用 bindService 启动 Service，其生命周期为 context.bindService()-->onCreate()-->onBind-->Service running-->context.unBindService-->onUnbind()-->onDestroy()-->Service 被停止。onBind 将返回给客户端一个 IBind 接口实例，IBind 允许客户端回调服务的方法，比如得到 Service 运行的状态或其他操作。这时会把调用者和 Service 绑定在一起，当调用者被摧毁后，Service 也就调用 onUnbind() 和 onDestroy() 相应的退出，有一种 "同生共死" 的感觉。在这里需注意的是，onBind 只会执行一次，不可多次绑定。

而在本小节中，为了使 Service 与 Activity 更好地通信，选取以上两者启动 Service 的混合方式之一，先绑定再 startService。在绑定成功后，Activity 将当前播放列表等信息传给 Service。当绑定的 Activity 退出的时候，因为 startService 调用过，所以 Service 不会执行 onDestroy()。当再次绑定的时候，只会绑定一个已经存在的 Service，即之前未退出的 Service。

了解上述知识之后，接下来将上述知识运用到实例中来。实现案例需执行的步骤如下。

Step 1：创建名为 RealMp3Player3_3_4 的工程，将提供的 example1.mp3、example2.mp3 和 example3.mp3 3 个文件复制到测试机内存卡的根目录下。

Step 2：在 activity_main.xml 文件里添加【显示当前音乐路径】的 TextView、【上一曲】按钮、【下一曲】按钮、【关闭后台】按钮。

Step 3：将 "Chapter03\MP3Player3_2_8\src\main\java\chapter03.com.example.administrator.mp3player3_2_8\MainActivity.java" 里的 allFilesExist 方法复制到 "Chapter03\RealMp3Player3_3_4\src\main\java\chapter03.com.example.administrator.realmp3player3_3_4\MainActivity.java" 文件中。

Step 4：在 chapter03.com.example.administrator.realmp3player3_3_4 包下创建一个 Java Class 文件，命名为 PlayMusicService.java。该类继承 Service，主要实现后台播放音乐。

Step 5：在 MainActivity.java 里编写 updateUI 方法，该方法主要是接收后台发送的消息来完成更新界面显示内容。如后台一首歌曲播放完之后，就会通知 Activity 更新【显示当前音乐路径】的 TextView 控件里的内容。

Step 6：在 MainActivity.java 里编写 startToPlayMusic 方法，该方法主要实现启动和绑定 Service 以及为 Activity 注册广播接收器。

Step 7：在 MainActivity.java 里实现单击【上一曲】、【下一曲】和【关闭后台】3 个按钮的单击事件。

Step 8：在 MainActivity.java 里的 onCreate 方法里进行相关的调用。

接下来详细介绍上述步骤。

Step 2 布局里的各个控件之间的关系如图 3-29 所示。

Step 3 的实现在此不做介绍。

Step 4 中需要在 PlayMusicService.java 里编写一个继承 Binder 的自定义类。该类主要实现将当前播放的一些信息传给 Activity 或者从 Activity 获取一些信息。其对应的代码如下。

图 3-29　各控件之间的关系图

Chapter03\Section3.3\RealMp3Player3_3_4\src\com.
example.realmp3player3_3_4\PlayMusicService.java

```java
//继承 Binder，使用该类对象来响应 activity 的单击事件等
    public class MyBinder extends Binder{
        public MediaPlayer  getMediaPlayer()
            {return myPlayer;   }
        //返回当前音乐是否可正常播放，可正常播放才能让 Activity 执行相关操作
        public boolean getFlagAudioCanPlay()
        {
            return audioCanPlay;//audioCanPlay 是 Service 的内部变量
        }
                    //返回当前播放音乐在列表中的下标
        public int getCurrentIndex()
            {  return currentIndex; }

        //设置当前播放哪首歌曲
        public void setCurrentIndex(int index)
            {    currentIndex=index;}
    //设置播放列表
        public void setSongList(String[] list)
            {songList=list; }
    //重新开始播放音乐
        public boolean  startPlaying(int index )
        {
            //若下标不越界
            if(index>=0&&index<songList.length)
            {
                if(new File(songList[index]).exists()&&myPlayer!=null)
                {
                    try
                    {   myPlayer.reset();
                        myPlayer.setDataSource(songList[index]);
                        myPlayer.prepare();
                        myPlayer.start();
                    }
                    catch (Exception e) {
                        e.printStackTrace();
                        }
                    //若音乐文件正常播放
                    if(myPlayer.isPlaying())
                    {
                        audioCanPlay=true;
                        return true;
                    }
                }
            }
            return false;
        }
    //Activity 调用，播放上一曲
        public boolean prePlaying()
        {
```

```
                int tempIndex=changeCurrentInex(true, false, currentIndex);
                if(startPlaying(tempIndex))
                {
                    currentIndex=tempIndex;
                    audioCanPlay=true;
                    return true;
                }
                audioCanPlay=false;
                return   false;
            }
            //被Activity调用,播放下一曲
            //返回是否可播放,以便通知Activity重新布局
            public boolean nextPlaying()
            {
                int tempIndex=changeCurrentInex(true, true, currentIndex);
                if(startPlaying(tempIndex))
                {
                    currentIndex=tempIndex;
                    audioCanPlay=true;
                    return true;
                }
                audioCanPlay=false;
                return   false;
            }
        }
```

需注意的是,在Service的onBind方法里要返回MyBinder 对象。
对应的代码如下。

>Chapter03\RealMp3Player3_3_4\src\main\java\chapter03.com.
>example.administrator.realmp3player3_3_4\PlayMusicService.java

```
@Override
    public IBinder onBind(Intent intent) {
        return myBinder;
    }
```

Service在执行onCreate方法时,需要构造相关的对象及为MediaPlayer对象实现监听播放完一首歌的监听器,该监听器主要是Service内部换歌并且发送广播告诉Activity要更新界面。对应的核心代码如下。

>Chapter03\RealMp3Player3_3_4\src\main\java\chapter03.com.
>example.administrator.realmp3player3_3_4\PlayMusicService.java

```
/***new 对象****/
myPlayer=new MediaPlayer();
myBinder=new MyBinder();
/******监听:一首歌曲播放完之后******/
myPlayer.setOnCompletionListener(new OnCompletionListener() {
        public void onCompletion(MediaPlayer mp) {
int tempIndex=changeCurrentInex(false, true, currentIndex);
    if(myBinder.startPlaying(tempIndex))
        {
            currentIndex=tempIndex;
```

```
                intentSendBroadcast = new Intent(MUSIC_COMPLETED);
                sendBroadcast(intentSendBroadcast);
            }
        }
});
```

上述的 MUSIC_COMPLETED 定义如下。

```
public static String MUSIC_COMPLETED="music_completed"
```

需注意的是，Service 的发送广播内容和 Activity 过滤器的内容需一致。停止后台时会执行 Service 里的 onDestroy 方法，在该方法里需要停止当前的音乐并释放 MediaPlayer 对象。Service 里播放模式是采用"顺序播放"，读者可参考 3.2.8 节的相关内容。

由于 PlayMusicService 类继承 Service，所以如果读者是通过创建一个 Java Class 文件后再继承 Service，请记得手动在 AndroidManifest.xml 文件里进行相关的注册，注册的位置在<application></application>内部，任意一对<activity></activity>标签的外部。对应的代码如下：

```
<service   android:name="chapter03.com.example.administrator.realmp3player3_3_4.Play
MusicService">
</service>
```

如果读者是直接创建一个 Service 文件，则 Android Studio 会自动在 AndroidManifest.xml 里注册 Service，无需开发人员手动注册。

Step 5 的实现难度不大，以下是对应的代码。

Chapter03\RealMp3Player3_3_4\src\main\java\chapter03.com.
example.administrator.realmp3player3_3_4\MainActivity.java

```
private void updateUI(int index)
    {
        //更新 tvSongPath
        if(index>=0&&index<audioPaths.length)
            tvSongPath.setText("当前播放:"+audioPaths[index]);
        else
            tvSongPath.setText("当前无音乐播放");
    }
```

针对非法入口参数也要做对应的处理，可以避免不必要的麻烦。

Step 6 的实现中的 Activity 要接收 IBinder，必须要先创建一个 ServiceConnection 的实例并作为 bindService 方法中的入口参数传给 Service。ServiceConnnection 包含一个回调方法 onServiceConnected()，系统调用这个方法来传递要返回的 IBinder。除了要重写上述的回调方法之外，还需要重写另一个回调方法 onServiceDisconnectted()，Android 系统在同 Service 的连接意外丢失时调用这个。

Step 6 对应的核心代码如下。

Chapter03\RealMp3Player3_3_4\src\main\java\chapter03.com.
example.administrator.realmp3player3_3_4\MainActivity.java

```
//绑定 Service 与 Activity
    private void startToPlayMusic()
```

```java
        {
            con=new ServiceConnection() {
            public void onServiceDisconnected(ComponentName name) {
            }
            public void onServiceConnected(ComponentName name, IBinder service) {
                //成功绑定之后
                iBinder=(MyBinder)service;
                /**传送数据给 Service**/
                iBinder.setCurrentIndex(currentIndex);
                iBinder.setSongList(audioPaths);
                /**播放音乐**/
                songCanPlay=iBinder.startPlaying(currentIndex);
                    if(songCanPlay)
                    {
                        //更新界面显示
                        updateUI(currentIndex);
                        myPlayer=iBinder.getMediaPlayer();
                    }
                    else
                    {
                        updateUI(-1);
Toast.makeText(MainActivity.this, "当前音乐无法播放", Toast.LENGTH_SHORT).show();
                    }
                }
            };
            //绑定 Service 与 Activity
            servicePlayMusic=new Intent();
            servicePlayMusic.setClass(this, PlayMusicService.class);
            bindService(servicePlayMusic, con, BIND_AUTO_CREATE);
            startService(servicePlayMusic);
            //注册广播接收器
            filter = new IntentFilter(PlayMusicService.MUSIC_COMPLETED);
            receiver = new MusicReceiver();
            registerReceiver(receiver, filter);
        }
```

bindService()方法里的 3 个参数解析如下。

参数 servicePlayMusic 是一个明确指定了要绑定的 Service 的 Intent。

参数 con 是 Service 与 Activity 之间的 ServiceConnection 对象。

参数 BIND_AUTO_CREATE 是一个标志,它表明绑定中的操作。它一般应是 BIND_AUTO_CREATE,这样就会在 Service 不存在时创建一个。其他可选的值是 BIND_DEBUG_UNBIND 和 BIND_NOT_FOREGROUND,不想指定时设为 0 即可。

当接收到匹配成功的广播后,Activity 要主动去调用 MyBinder 的 getCurrentIndex()方法。对应的代码如下。

Chapter03\RealMp3Player3_3_4\src\main\java\chapter03.com.
example.administrator.realmp3player3_3_4\MainActivity.java

```java
    //广播接收器
    private class MusicReceiver extends BroadcastReceiver {
        public void onReceive(Context arg0, Intent arg1) {
```

```
                    String action = arg1.getAction();
                    if (action.equals(PlayMusicService.MUSIC_COMPLETED)) {
                      currentIndex=iBinder.getCurrentIndex();
                        updateUI(currentIndex);
                    }
                }
            }
```

Step 7 中单击【上一曲】和【下一曲】按钮分别调用 iBinder.prePlaying()和 iBinder.nextPlaying()即可。单击【关闭后台】执行 stopService(servicePlayMusic)、调用 MediaPlayer 对象的 stop 方法停止播放音乐、调用 release 方法释放 MediaPlayer 所占的资源。

对应的代码如下。

Chapter03\RealMp3Player3_3_4\src\main\java\chapter03.com.
example.administrator.realmp3player3_3_4\MainActivity.java

```
private void startBtnListener()
    {
        View.OnClickListener btnListener=new View.OnClickListener() {
            @Override
            public void onClick(View v) {
                if(!bolMusicStoped)
                {
                    switch (v.getId())
                    {
                        case R.id.btn_last:
                            songCanPlay=iBinder.prePlaying();
                            if(songCanPlay)
                            {
                                currentIndex=iBinder.getCurrentIndex();
                                updateUI(currentIndex);
                            }
                            else
                            {
                                updateUI(-1);
                            }
                            break;
                        case R.id.btn_next:
                            songCanPlay=iBinder.nextPlaying();
                            if(songCanPlay)
                            {
                                currentIndex=iBinder.getCurrentIndex();
                                updateUI(currentIndex);
                            }
                            else
                            {
                                updateUI(-1);
                            }
                            break;
                        case R.id.btn_stop_playing:
                            stopPlaying();
                            bolMusicStoped=true;
                        }
                    }
                }
            };
```

```
        btnLast.setOnClickListener(btnListener);
        btnNext.setOnClickListener(btnListener);
        btnStop.setOnClickListener(btnListener);
    }
    private void stopPlaying()
    {
        stopService(servicePlayMusic);
        if(myPlayer!=null)
        {
            myPlayer.stop();
            myPlayer.release();
        }

    }
```

Step 8 中对应的核心代码如下。

Chapter03\RealMp3Player3_3_4\src\main\java\chapter03.com.
example.administrator.realmp3player3_3_4\MainActivity.java

```
//获取控件
tvSongPath=(TextView)findViewById(R.id.tv_song_path);
btnLast=(Button)findViewById(R.id.btn_last);
btnNext=(Button)findViewById(R.id.btn_next);
btnStop=(Button)findViewById(R.id.btn_stop_playing);
if(allFilesExist(audioPaths))
{
    //启动后台播放音乐
    startToPlayMusic();
    //监听三个按钮单击事件
    startBtnListener();
}
else
Toast.makeText(this,"列表里某些音乐文件不存在", Toast.LENGTH_SHORT).show();
```

图 3-30 所示是本小节案例运行之后的效果图。

程序运行后按下手机的返回键，会发现 Service 仍在执行，如图 3-31 所示。

图 3-30　运行后的效果图　　　　　　　　图 3-31　后台进程图

3.3.5 电话状态的监听

本节实现的是当音乐播放器播放音乐时，如果有来电或拨打电话则立即暂停播放音乐，当通话结束后，音乐从暂停处继续播放，注意音乐是在后台播放的。

实现上述功能需执行以下步骤。

Step 1：创建名为 RealMp3Player3_3_5 的工程，将提供的 example.mp3 文件放置到测试机内存卡的根目录下。

Step 2：在 activity_main.xml 文件里添加控件，图 3-32 是布局之后的控件之间的关系图。

图 3-32 控件之间的关系图

Step 3：在 chapter03.com.example.administrator.realmp3player3_3_5 包下新建一个 Java Class 文件，并命名为 CallStateListener.java。该类是继承 Service，用于后台播放音乐，并且实现电话状态的监听。

Step 4：将 3.2.8 提供的案例工程里的 private boolean autoPlayMusic(String audioFilePath)方法复制到 CallStateListener.java，并编写电话监听的 private void telListener()方法。

Step 5：在 CallStateListener.java 的 onCreate 中调用相关的方法，在 onDestroy()中取消电话监听。

Step 6：在 MainActivity.java 的 onCreate 方法中实现【btn_banding】和【btn_jiebang】按钮的单击监听。

接下来详细介绍上述步骤。

Step 3 实现的过程中需注意的是，请检查在 AndroidManifest.xml 文件里是否已经注册 Service。如需手动注册 Service 可参考 3.3.4 节的 Step 4 的相关介绍。

Step 4 实现对电话状态的监听工作，主要依靠 Android 提供的 TelephonyManager 和 PhoneStateListener 的两个类来解决该问题。

TelephonseManger 提供了取得手机基本服务信息的一种方式，因此应用程序可以使用 TelephonyManager 来探测手机基本服务的情况，还可以注册 listener 来监听电话状态的改变。我们不能对 TelephonyManager 进行实例化，只能通过 getSystemService 的方法来获取。如：Context.getSystemService(Context.TELEPHONY_SERVICE)。

PhoneStateListener 主要用来监听电话的状态，监听的 3 种常见状态如下。

（1）CALL_STATE_IDLE 为空闲状态，没有任何活动。

（2）CALL_STATE_OFFHOOK 为摘机状态，至少有个电话活动。该活动或是拨打（dialing），或是通话，或是 on hold。（没有电话是 ringing or waiting）

（3）CALL_STATE_RINGING 为来电状态，电话铃声响起的那段时间或正在通话又来新电，新来电话不得不等待的那段时间。

上述 3 个静态变量对应都是 int 型，通常将 PhoneStateListener 里的 onCallStateChanged 第一个入口参数 state 变量与上述三静态变量匹配，匹配成功后进行相应的处理。

监听电话状态还需要注意的是，必须要在 AndroidManifest.xml 文件里为该工程申请可读取电话状态的权限，如下是相应的代码。

```xml
<uses-permission android:name="android.permission.READ_PHONE_STATE"/>
```

Step 4 对应的核心代码如下。

Chapter03\RealMp3Player3_3_5\src\main\java\chapter03.com.
example.administrator.realmp3player3_3_5\CallStateListener.java

```java
private void telListener()
    {
        /**电话监听**/
        telManager=(TelephonyManager)getSystemService(TELEPHONY_SERVICE);
        stateListener=new PhoneStateListener(){
            public void onCallStateChanged(int state, String incomingNumber) {
                //此方法需要手动添加进来
                super.onCallStateChanged(state, incomingNumber);
                if(mediaPlayer.isPlaying()&&(state==TelephonyManager.CALL_STATE_OFFHOOK||state==TelephonyManager.CALL_STATE_RINGING))
                {
                    //音乐正在播放时需要接听电话或者打电话
                    mediaPlayer.pause();
                    flagListenerToStopPlay=true;
                }
                else if(flagListenerToStopPlay&&state==TelephonyManager.CALL_STATE_IDLE)
                {
                    //先前的音乐因接电话或者打电话而被暂停
                    mediaPlayer.start();
                    //一定要记得还原标记位
                    flagListenerToStopPlay=false;
                }
            }
        };
        //注册监听事件
        telManager.listen(stateListener, PhoneStateListener.LISTEN_CALL_STATE);
    }
```

Step 5 对应的代码如下。

Chapter03\RealMp3Player3_3_5\src\main\java\chapter03.com.
example.administrator.realmp3player3_3_5\CallStateListener.java

```java
mediaPlayer=new MediaPlayer();
    //调用自定义的播放音乐的方法
    if(autoPlayMusic(audioPath))
    {
        //电话监听
        telListener();
    }
```

在 onDestroy()中取消监听代码并停止播放音乐，可调用如下代码。

```java
mediaPlayer.stop();
mediaPlayer.release();
telManager.listen(stateListener, PhoneStateListener.LISTEN_NONE);
```

需注意的是，记得构造 MediaPlayer 对象。

Step 6 中利用 StartService 启动后台播放一首音乐，实现的核心代码如下。

Chapter03\RealMp3Player3_3_5\src\main\java\chapter03.com.
example.administrator.realmp3player3_3_5\MainActivity.java

```
intent=new Intent();
intent.setClass(this, CallStateListener.class);
btnBang.setOnClickListener(new OnClickListener() {
            public void onClick(View v) {
                MainActivity.this.startService(intent);
            }
        });
btnJie.setOnClickListener(new OnClickListener() {
            public void onClick(View v) {
                MainActivity.this.stopService(intent);
            }
        });
```

图 3-33　运行后的效果图

本小节工程运行后效果如图 3-33 所示。

3.4　手机拍照

现在的手机一般都会提供相机功能，有些相机的镜头都支持 500 万以上的像素，有些还可以支持光学变焦，这些手机已经成为了专业数码相机。为了充分利用手机上的拍照功能，Android应用可以控制手机上的摄像头进行拍照，并将拍摄的照片交给其他 APP 使用。

如在音乐播放器中，若当前播放的歌曲中没有对应歌手的照片，可以使用手机拍照功能对歌手图像进行拍照，并同步至播放器中以实现歌曲播放时显示歌手的照片或头像。

3.4.1　自动打开手机摄像头

本小节主要介绍如何打开摄像头，实现需执行以下步骤。

Step 1：创建名为 Camera3_4_1 工程。

Step 2：在 activity_main.xml 文件中添加 SurfaceView 控件。

Step 3：在 AndroidMainfest.xml 文件中申请使用系统自带的摄像头权限。

Step 4：在 AndroidMainfest.xml 里设置 Activity 的属性，将界面设置为横屏，为了和预览的方向一致。

Step 5：在 MainActivity.java 中实现 SurfaceHolder.Callback 对应的功能。

Step 6：在 MainActivity.java 的 onCreate 中进行相关的调用。

接下来详细介绍上述步骤。

Step 2 的实现只需在 activity_main.xml 文件里添加 SurfaceView 控件即可。以下是相关的代码。

Chapter03\Camera3_4_1\src\main\res\layout\activity_main.xml

```
<SurfaceView
    android:id="@+id/sView"
```

```
android:layout_width="fill_parent"
android:layout_height="wrap_content"
android:layout_weight="1" />
```

想要知道什么是 SurfaceView，最好先了解什么是 Surface。在 SDK 文档中，对 Surface 的描述是说它是有屏幕显示内容合成器所管理的原生缓冲器的句柄。通过 Surface 就可以获得原生缓冲器以及其中的内容，就像 C 语言中，通过一个文件的句柄，就可以获得文件的内容一样。可以认为 Surface 就是一个用来画图像或图形的句柄。

SurfaceView 就是 Surface 的 View，通过 SurfaceView 就可以看到 Surface 的部分或者全部的内容。此外，SurfaceView 是 Android 中 View 的子类。

Step 3 对应的代码如下。

Chapter03\Camera3_4_1\src\main\AndroidManifest.xml

```
<uses-permission  android:name="android.permission.CAMERA"/>
```

Step 4 中需注意的是，如果不设置界面为横向，则会使得通过摄像头采集到的图像显示时与手机屏幕垂直。相关的设置如下黑体部分代码。

```
<activity
        android:name=".MainActivity"
        android:label="@string/app_name"
        android:screenOrientation="landscape"  >
</activity>
```

Step 5 的实现是本小节的重点。SurfaceHolder 是一个接口，其作用就像一个关于 Surface 的监听器。提供访问和控制 SurfaceView 背后的 Surface 相关的方法，它通过 3 个回调方法，让我们可以感知到 Surface 的创建、销毁和改变，这 3 个方法分别如下。

（1）public void surfaceCreated(SurfaceHolder holder)。

（2）public void surfaceDestroyed(SurfaceHolder holder)。

（3）public void surfaceChanged(SurfaceHolder holder, int format, int width, int height)。

摄像头被打开需在 Surface 被创建时执行。以下是本工程里对应 Step5 的相关代码。

Chapter03\Camera3_4_1\src\main\java\chapter03.com.
example.administrator.camera3_4_1\MainActivity.java

```
SurfaceHolder.Callback holderCallback=new SurfaceHolder.Callback() {
        public void surfaceDestroyed(SurfaceHolder holder) {
        }
        public void surfaceCreated(SurfaceHolder holder) {
            try
            {
                //打开摄像头
                //调用静态方法
                camera=Camera.open();
//将摄像头捕获的画面通过 SurfaceHolder 变量 holder 输送到 surfaceView 控件
// holder 变量在该工程里实际上就是 sHolder
//sHolder 和 surfaceView 两变量的初始化请读者见 Step 6 的相关内容
                camera.setPreviewDisplay(holder);
                //开始预览，如果没有这句话，是看不到画面的
                camera.startPreview();
```

```
            }
            catch (Exception e) {
            }
        }
        public void surfaceChanged(SurfaceHolder holder, int format, int width,
                int height) {
        }
    };
```

需注意的是，调用 open()的方法并不意味着就可以看到捕获到的图像，若想实现该功能，还需要调用 camera 对象的预览方法 startPreview()。

Step 6 对应的核心代码如下。

Chapter03\Camera3_4_1\src\main\java\chapter03.com.
example.administrator.camera3_4_1\MainActivity.java

```
setContentView(R.layout.activity_main);
surfaceView=(SurfaceView)findViewById(R.id.sView);
sHolder=surfaceView.getHolder();
sHolder.addCallback(holderCallback);
```

在 SurfaceView 中有一个方法 getHolder，可以很方便地获得 SurfaceView 所对应的 Surface 所对应的 SurfaceHolder。

3.4.2 实现拍照并显示

3.4.1 节只是实现打开摄像头预览捕捉到的画面，本小节将介绍如何实现拍照并将最终捕获到的画面显示出来。在上一节显示的界面上，新增【拍照】按钮和【自动对焦】按钮。

实现上述功能需执行如下步骤。

Step 1：复制 3.4.1 节提供的案例并改名为 Camera3_4_2。

Step 2：在 activity_main.xml 中添加【拍照】和【自动聚焦】按钮。

Step 3：在 MainActivity.java 里实现单击按钮的监听事件。

Step 4：在 Surface 被摧毁时释放摄像头。

接下来详细介绍上述步骤。

Step 2 中布局后的效果如图 3-34 所示。

各控件之间的关系如图 3-35 所示。

图 3-34　布局后的效果图

图 3-35　各控件之间的关系图

Step 3 中进行拍照需要调用 takePicture 的方法，该方法的详解如下。

```
camera.takePicture(shutterCallback  shutter ,rawCallback  raw ,pictureCallback  jpeg)
```

参数 shutter 是按下快门时的回调。
参数 raw 是需要得到未压缩处理的源数据对象时可用的回调。
参数 jpeg 是需要得到压缩处理之后数据时可用的回调。
当不需要进行上述 3 种回调时可直接传入 null。
Step 3 对应的核心代码如下。

Chapter03\Camera3_4_2\src\main\java\chapter03.com.
example.administrator.camera3_4_2\MainActivity.java

```java
View.OnClickListener btnClickListener=new View.OnClickListener() {
        public void onClick(View v) {
            switch (v.getId()) {
            case R.id.btn_auto_focus:
                //参数表示聚焦好之后的回调
                camera.autoFocus(null);
                break;
            case R.id.btn_take_picture:
                camera.takePicture(null, null,null);
                break;
            }
        }
    };
btnTakePicture.setOnClickListener(btnClickListener);
btnAutoFocus.setOnClickListener(btnClickListener);
```

在进行拍照之前有时需要自己调节摄像头参数，camera.getParameters()可返回一个 Parameters 对象。以下是 3 种常用的方法。

（1）setPictureFormat(int pixel_format)：设置相片格式。
（2）setPreviewSize(int width , int height)：指定 preview 屏幕大小。
（3）setPictureSize(int width , int height)：设置屏幕分辨率大小。
设置完参数之后必须要调用 setParameters(Parameters　params)将其再传给摄像头。

不同的设备可能有着不同的相机功能，在配置参数时必须要满足是在该设备可配置的允许的范围之内。Parameters 对象的 flatten()方法可返回当前设备可设置的一些信息，将其打印到 LogCat 窗口，可更加清楚地了解该如何配置参数。在本小节提供的案例中并没有设置摄像头参数。

Step 4 的实现，Camera 是一个共享的硬件资源，所以你的程序必须非常小心地管理它，以便不和其他程序发生冲突。不再需要使用时最好调用 release()方法释放掉。以下是相关的代码。

Chapter03\Camera3_4_2\src\main\java\chapter03.com.
example.administrator.camera3_4_2\MainActivity.java

```java
public void surfaceDestroyed(SurfaceHolder holder) {
        if(camera!=null)
        {
            camera.release();
            camera=null;
```

3.4.3 操作 SD 卡上的文件

本节实现的是在 3.4.2 节的基础上利用输出流将摄像头捕捉到的画面以照片的形式保存至 SD 卡上，并以当前系统的时间作为照片的文件名。

具体的实现很简单，需执行以下步骤。

Step 1：复制 3.4.1 节提供的案例并改名为 Camera3_4_3。

Step 2：在 AndroidMainfest.xml 文件中申请在 SD 卡上创建、删除文件和写入数据的权限。

Step 3：实现 camera.takePicture 的第 3 个参数，进行保存图片。

接下来详细介绍上述步骤。

Step 2 相关的代码如下。

Chapter03\Camera3_4_3\src\main\AndroidManifest.xml

```xml
<!-- 创建创建、删除文件的权限 -->
    <uses-permission android:name="android.permission.MOUNT_UNMOUNT_FILESYSTEMS"/>
<!-- 写入数据的权限 -->
    <uses-permission  android:name="android.permission.WRITE_EXTERNAL_STORAGE"/>
```

Step 3 对应的代码如下。

Chapter03\Camera3_4_3\src\main\java\chapter03.com.
example.administrator.camera3_4_3\MainActivity.java

```java
camera.takePicture(null, null, new PictureCallback() {
    public void onPictureTaken(byte[] data, Camera camera) {
    // data 就是已经压缩好的数据图像,camera 是当前拍照的摄像头
    try
    {            File file=new File(Environment.getExternalStorageDirectory(),
                System.currentTimeMillis()+".jpg");
            FileOutputStream outStream=new FileOutputStream(file);
                    outStream.write(data);
                    outStream.close();
            //camera 一次只能做一件事情，所以要重新预览才会不使得画面停止
                    camera.startPreview();
        }
        catch (Exception e) {
            e.printStackTrace();
        }
    }
});
```

提供的案例将图片最终保存在内存卡的根目录下，3.4.4 节将介绍用户如何将这些照片用在音乐播放器中。

3.4.4 BitmapFactory 的使用

用户在使用音乐播放器时，可能对其提供的歌手图片不太满意，假如此时手上正好有一张珍

藏版的海报,利用像素高达 1300 万的手机把心爱的海报拍下来并立即作为当前歌曲播放时对应的背景,是不是一件让人很开心的事情呢?

本小节介绍的案例基于 3.3.4 节和 3.4.3 节里的案例,有着前几节的铺垫,实现该功能其实是件很简单的事。实现本小节的案例需执行以下步骤。

Step 1:复制 RealMp3Player3_3_4 工程并命名为 Camera3_4_4,采用 RealMp3Player3_3_4 已实现的功能作为本节里的 MP3 播放器。将提供的 example.mp3 文件复制到测试机内存的根目录下,将提供的播放器默认的背景图片 bg_default.png 复制到 "Chapter03\Camera3_4_4\src\main\res\drawable-hdpi" 文件夹下。

Step 2:在 activity_main.xml 里给布局的父容器添加唯一标识 id,并添加一个【拍照自定义背景】按钮,单击该按钮实现跳转到类似 3.4.3 节的主界面,打开摄像头进行拍照后将拍好的照片保存到安卓机上的指定的路径下。

Step 3:由于本节采用 Camera3_4_3 工程来实现拍照并保存图片,所以在此步骤需完成一些复制工作。在 chapter03.com.example.administrator.camera3_4_4 包下创建一个 Blank Activity,命名为 TakePicActivity。将 Camera3_4_3 工程对应的 activity_main.xml 里的代码复制到\Camera3_4_4 的对应位置。将\Camera3_4_3 工程对应的 MainActivity.java 里的代码复制到 TakePicActivity.java 文件的对应位置。

Step 4:在 chapter03.com.example.administrator.camera3_4_4 包下创建一个 Java Class,并命名为 Conmon.java,在该文件里定义 audioBgPath 变量,该变量是 String[]型,用来保存播放列表里每首歌曲对应的背景图片的存储路径。

Step 5:在 TakePicActivity.java 里的 camera.takePicture 的第三个参数里 onPictureTaken 方法添加将保存图片的存储路径赋给 Conmon.java 里的变量。

Step 6:在 MainActivity.java 里编写 setBg 方法并在合适的位置调用该方法,该方法用于设置播放器播放音乐时界面的背景,与 3.2.3 节里介绍的内容很相似。

Step 7:在 MainActivity.java 里编写监听【拍照自定义背景】按钮对应的单击事件。当单击该按钮时跳转至 TakePicActivity 拍照界面,完成拍照等操作后返回到 MainActivity 界面。

接下来详细介绍上述步骤。

Step 2 中对应的添加代码如下。

      Chapter03\Camera3_4_4\src\main\res\layout\activity_main.xml

```
<LinearLayout
    **此处代码省略**
    android:id="@+id/layout">
    **此处代码省略**
<Button
    android:id="@+id/btn_set_bg"
    android:layout_width="fill_parent"
    android:layout_height="wrap_content"
    android:text="@string/set_bg"/>
</LinearLayout>
```

Step 3 中完成复制文件的工作后,需注意的是:TakePicActivity.java 里的 setContentView 里的入口参数不再是 R.layout.activity_main,而是 R.layout.activity_take_pic。如 3.4.1 节的 Step 4 一样,将 TakePicActivity 同样设置为横屏显示。本小节同样需要在 SD 卡上创建、删除文件和写入数据,

因此记得为应用程序申请权限,读者可参考 3.4.3 节的 Step 2 相关介绍来实现。

Step 4 中变量定义的相关代码如下。

Chapter03\Camera3_4_4\src\main\java\chapter03.com.
example.administrator.camera3_4_4\Conmon.java

```
public static String[] audioBgPath=new String[3];
```

需注意的是,本小节中的播放列表中只含有 3 首歌曲,所以 audioBgPath 数组的大小被定义为 3。

Step 5 的实现中必须要知道拍好的照片是对应哪首歌曲的,所以必须要获取从 MainActivity 传递过来的 currentIndex 整型值,currentIndex 表示单击【拍照自定义按钮】时正在播放的音乐在播放列表中的下标。在此节里的传递数据是采用 Intent 对象自身携带数据的方法来实现的。获取数据对应的代码如下。

Chapter03\Camera3_4_4\src\main\java\chapter03.com.
example.administrator.camera3_4_4\TakePicActivity.java

```
intentTakePic=getIntent();
currentIndex=intentTakePic.getIntExtra("currentIndex", -1);
```

camera.takePicture 第 3 个参数里 onPictureTaken 方法对应的代码如下。

Chapter03\Camera3_4_4\src\main\java\chapter03.com.
example.administrator.camera3_4_4\TakePicActivity.java

```
public void onPictureTaken(byte[] data, Camera camera) {
    try
    {
            String audioBgPath=Environment.getExternalStorageDirectory()+"/"+
                    System.currentTimeMillis()+".jpeg";
            File file=new File(audioBgPath);
            FileOutputStream outStream=new FileOutputStream(file);
            outStream.write(data);
            outStream.close();
            if(currentIndex>=0&&
                currentIndex<Conmon.audioBgPath.length)
                Conmon.audioBgPath[currentIndex]=audioBgPath;
                //将照片存储路径纪录到 audioBgPath 变量中去
                camera.release();//释放摄像头
                TakePicActivity.this.finish();//关闭当前拍照界面
    }
    catch (Exception e) {
                    e.printStackTrace();
                }
}
```

Step 6 中 setBg 方法利用 BitmapFactory.decodeFile 方法从指定的存储路径下的照片中解析出 Bitmap 对象,当得到的 Bitmpa 对像不为 null 时,将其转为对应的 BitmapDrawable 对象,再将 BitmapDrawable 对象设置为指定控件的背景。如果从指定的存储路径下的照片中解析出 Bitmap 对象为 null,则将提供的 bg_default.png 设为指定控件的背景。具体的代码实现如下。

Chapter03\Camera3_4_4\src\main\java\chapter03.com.
example.administrator.camera3_4_4\MainActivity.java

```java
// 设置背景
private void setBg(View layout, String picPath) {
    // 获取指定照片资源
    bitmap = BitmapFactory.decodeFile(picPath);
    if (bitmap == null) {
        //设置默认背景
        bgDefault=getResources().getDrawable(R.drawable.bg_default);
        layout.setBackground(bgDefault);
    } else {
        bd = new BitmapDrawable(null, bitmap);
        layout.setBackground(bd);
    }
}
```

在编写 setBg 方法可能会出现创建工程选取的最小 SDK 版本低于可调用 public void setBackground(Drawable background)方法的最低版本的错误,解决办法同样和 3.2.3 节里一样,需要手动更改 AndroidManifest.xml 里的相关配置信息,具体更改方法请读者参考 3.2.3 节中的 Step 2 中的介绍。

需调用 setBg 方法有两处,其一是 MainActivity.java 里的 private void updateUI(int index)方法体内。对应的代码如下。

Chapter03\Camera3_4_4\src\main\java\chapter03.com.
example.administrator.camera3_4_4\MainActivity.java

```java
private void updateUI(int index) {
    if (index >= 0 && index < audioPaths.length) {
        tvSongPath.setText("当前播放: " + audioPaths[index]);
        //设置背景
        setBg(layout, Conmon.audioBgPath[index]);
    } else
        tvSongPath.setText("当前无音乐播放");
}
```

其二是重写 MainActivity.java 的 protected void onResume() 方法。对应的代码如下。

Chapter03\Camera3_4_4\src\main\java\chapter03.com.
example.administrator.camera3_4_4\MainActivity.java

```java
protected void onResume() {
    super.onResume();
    setBg(layout, Conmon.audioBgPath[currentIndex]);
}
```

需注意的是 layout 在此表示 MainActivity 对应界面的父布局。获取 layout 对应的代码如下。

Chapter03\Camera3_4_4\src\main\java\chapter03.com.
example.administrator.camera3_4_4\MainActivity.java

```java
private View layout = null;// 界面的父容器
layout = (View) findViewById(R.id.layout);
```

Step 7 的实现需要先获取【拍照自定义背景】按钮，对应的代码如下。

Chapter03\Camera3_4_4\src\main\java\chapter03.com.cxample.administrator.camera3_4_4\MainActivity.java

```
private Button btnTakePic;
btnTakePic= (Button) findViewById(R.id.btn_set_bg);
```

监听该按钮单击的事件只需在 private void startBtnListener()方法里添加如下代码。

Chapter03\Camera3_4_4\src\main\java\chapter03.com.example.administrator.camera3_4_4\MainActivity.java

```
private void startBtnListener()
    {
        View.OnClickListener btnListener=new View.OnClickListener() {
            public void onClick(View v) {
                switch (v.getId()) {
***处理【上一曲】、【下一曲】等按钮的单击事件所对应的代码在此省略****
                case R.id.btn_set_bg://单击【拍照自定义背景】
                    intentTakePic=new Intent();
                    intentTakePic.setClass(MainActivity.this, TakePicActivity.class);
                    intentTakePic.putExtra("currentIndex", currentIndex);
                    startActivity(intentTakePic);
                    break;
                }
            }
        };
        btnTakePic.setOnClickListener(btnListener);
****【上一曲】、【下一曲】等按钮的单击事件的注册在此省略****
    }
```

本节案例运行后的效果如图 3-36 所示。

图 3-36 运行后的效果图

3.5 小　　结

本章主要以 MP3 播放器为例来介绍 Android 开发中使用的多媒体技术，从在 3.1 节创建了一个最为简单的 MP3 播放器开始；到 3.2 节介绍的具有可以读取存储设备上的 MP3 文件，对应的歌词文件、歌手照片、滑动歌词同步播放和播放模式的选择等功能的复杂的 MP3 播放器；再到 3.3 节介绍的如何实现一个可用的 MP3 播放器的需要具备的知识；最后介绍了手机拍照功能，并将拍得的照片用在 MP3 播放器中。

经过本章节的学习，读者该对 Android 开发中使到的多媒体技术有了初步的认识和了解，尤其是对开发一个可用的 MP3 播放器有了进一步的认识。读者可尝试着将每个章节的功能组合起来，完成一个综合的简单的音乐播放器。

习 题 3

1. 请修改简单 MP3 播放器，增加一个 Button，实现音乐播放的【暂停】。
2. 请修改简单 MP3 播放器，将【播放】和【暂停】在一个 Button 上实现，即默认为播放状态，但 Button 上显示的文字为【暂停】；若按下【暂停】后，播放器变为暂停状态，同时 Button 上显示的文字变为【播放】。
3. 请修改简单 MP3 播放器，增加【退出】Button，实现播放器的退出。
4. 修改【播放存储设备上的 MP3 音乐文件】对应的源程序，实现读取存储设备上所有 MP3 格式的文件。
5. 请修改【播放存储设备上的 LRC 歌词文件】对应的源程序，实现读取存储设备上所有 MP3 格式的文件对应的 LRC 歌词文件并显示，若 MP3 格式的文件无对应的 LRC 歌词文件，需提示用户。
6. 请修改【读取存储设备上的歌手照片】对应的源程序，实现读取当前正在播放的 MP3 格式的文件对应的歌手照片信息，并作为播放器的背景图片显示。
7. 请修改【实现歌词自动滚动】对应的源程序，实现让用户自定义歌词的字体、大小、颜色和当前正在播放中歌词的字体、大小、颜色。
8. 请修改【实现歌词自动滚动】对应的源程序，实现让用户自定义当前正在播放中歌词的样式（可以由系统自定义几种样式，如三角形，弧形，S 形和波浪形等）。
9. 请修改【实现拖动条同步】对应的源程序，实现由用户指定从某一时刻播放。
10. 请修改【播放模式的选择】对应的源程序，实现将存储设备中的 MP3 音乐文件读取出来，并可以在顺序、随机、单曲和循环 4 种播放模式中任意切换。
11. 请增加【系统设置】功能，实现用户自定义存放 MP3 文件的路径及默认搜索 MP3 文件的路径，用户设置路径成功后，返回到播放音乐主界面，将这路径下的 MP3 音乐增加到主界面的列表中。注意，MP3 文件名称与播放列表中相同的不用重复添加。
12. 请修改【自定义播放列表】，实现播放器启动时自动将自定义的播放列表读入音乐播放器主界面，若用户对这一列表进行了修改，也需保存用户的修改。
13. 请在 MP3 播放器中监听电话的状态，实现电话接入时播放器暂停，结束通话后恢复音乐播放。
14. 若当前播放的音乐无歌手图片，而手上有歌手的纸质海报，请实现用手机拍照这一海报并自动将这一海报设置为当前播放音乐的背景。
15. 请开发一个可用的 MP3 播放器。

第 4 章
数据库开发入门：用户管理实例

Android 操作系统中集成了一个嵌入式关系型数据库 SQLite，在进行 Android 开发时如果需要存储数据，SQLite 数据库是一个很好的选择。本章重点介绍基于 Android 的 SQLite 数据库创建、打开和关闭，数据表的创建和删除，并以用户管理的实例来讲解 SQLite 的使用。

用户管理实例包括 3 个部分：用户注册，用户登录和用户信息管理。用户按类别分为普通用户和管理员用户，普通用户注册登录后可以修改自己的密码；系统管理员登录后可以看到所有的普通用户，可以删除一个或多个普通用户。

4.1 SQLite 简介

4.1.1 SQLite 的历史

SQLite 的官方网站是 http://www.sqlite.org/，按照官网上的介绍，它是一个软件库，实现了自给自足的、无服务器的、零配置的、事务性的 SQL 数据库引擎。SQLite 是在世界上最广泛部署的 SQL 数据库引擎，它的源代码不受版权限制。如今，SQLite 已经被多种软件和产品使用，在官网上可以看到 Bentley、Oracle、Mozilla、Bloomberg 和 Adobe 都是此产品的联盟成员。

从某种程度上说，SQLite 最初的构思是在一条军舰上进行的。当时在通用动力工作的 D. Richard Hipp 正在为美国海军编制一种使用在导弹驱逐舰上的程序。那个程序最初运行在 Hewlett-Packard UNIX（HPUX）上，后台使用 Informix 数据库。对那个应用来说 Informix 有点过于强大。即便是一个有经验的数据库管理员（DBA）安装或升级 Informix 也可能需要一整天，若是没经验的程序员，这个工作可能永远也无法完成。这种在导弹驱逐舰上的程序真正需要的只是一个自我包含的数据库，它易使用并能由程序控制传导，另外，不管其他软件是否安装，它都可以运行。

2000 年 1 月，Hipp 开始和一个同事讨论关于创建一个简单的嵌入式 SQL 数据库的想法，这个数据库将使用 GNU DBM 哈希库（gdbm）作为后台，同时它将不需要安装和管理支持。Hipp 一有空闲时间就开始实施这项工作，终于在 2000 年 8 月发布了 SQLite 1.0 版。

按照原定计划，SQLite 1.0 用 gdbm 作为存储管理器。然而，Hipp 不久就用自己实现的能支持事务和记录按主键存储的 B-tree 替换了 gdbm。随着第一次重要升级的进行，SQLite 有了稳定的发展，功能和用户也在增长。2001 年中期，很多开源的或商业的项目都开始使用 SQLite。在随后的几年中，开源社区的其他成员开始为他们喜欢的脚本语言和程序库编写 SQLite 扩展。目前已经为 Perl、Python、Ruby、Java 和其他主流的程序设计语言编写了扩展接口，新的扩展如 SQLite 的 ODBC 接口出现为 SQLite 的广泛应用奠定了基础。

2004 年，SQLite 从版本 2 升级到版本 3，这是一次重大升级。这次升级的主要目标是增强国际化，支持 UTF-8、UTF-16 及用户定义字符集。虽然 3.0 版最初计划在 2005 年夏季发布，但美国在线提供了必要的支持，希望其务必在 2004 年 7 月发布。除国际化功能外，版本 3 也带来很多其他新特性，例如更新的 API、更紧凑的数据库文件格式（比原来节省 25%的空间）、弱类型、二进制大对象（BLOB）的支持、64-bit 的 ROWID、自动清理未使用空间和改进了的并发控制等，总的程序库依然小于 240 KB。版本 3 的另一个改善是重新审视并重写了代码，丢弃了 2.x 系列中堆积的无关元素。SQLite 持续增加新特性并依然坚守其最初的设计目标：简单、灵活、紧凑、速度和整体上的易用。

4.1.2 SQLite 的基本用法

本节将介绍 SQLite 的基本用法，包括如何创建、打开、删除和关闭数据，如何创建和删除表。请读者注意本节代码在本章 Section 4.1 下。

1．创建和打开数据库

在 Android 中，创建和打开有多种方法，在本章中只介绍使用 openOrCreateDatabase 方法来实现一个数据库打开或创建，因为它会自动在私有数据库目录检测是否存在待打开的这个数据库，如果存在则直接打开此数据库，否则创建这个数据库。创建成功则返回一个 SQLiteDatabase 对象，否则抛出异常 FileNotFoundException。openOrCreateDatabase()方法的官方说明如下。

public abstract SQLiteDatabase openOrCreateDatabase (String name, int mode, SQLiteDatabase.CursorFactory factory)

此方法有 3 个参数，其含义如表 4-1 所示。

表 4-1　　　　　　　　openOrCreateDatabase 的 3 个参数含义

序号	参 数 类 型	参数名	含　　义
1	String	name	数据库名字
2	int	mode	其取值和含义如下表
3	SQLiteDatabase.CursorFactory	factory	当 query 方法被调用时，用来实例化 cursor，通常为 null

第二个参数 mode 的取值和含义如表 4-2 所示。

表 4-2　　　　　　　　　　　mode 的取值和含义

常　　量	含　　义
MODE_PRIVATE	默认模式，值为 0，文件只可以被调用该方法的应用程序访问
MODE_WORLD_READABLE	所有的应用程序都具有对该文件读的权限
MODE_WORLD_WRITEABLE	所有的应用程序都具有对该文件写的权限

下面的代码就是使用 openOrCreateDatabase 方法创建一个名称为 dbUser.db 的数据库，并返回一个 SQLiteDatabase 对象 db。

Chapter04\Section4.1\psqlitebasic\src\main\java\com\example\psqlitebasic\DBBasic.java
```
db = openOrCreateDatabase("dbUser.db", MODE_PRIVATE, null);
```

若通过 openOrCreateDatabase(String path, SQLiteDatabase.CursorFactory factory)方法创建数据库，则参数 path 需要指定为文件系统中绝对路径，参数 factory 则只需要设置为 null 就可以。

2. 创建表

在成功创建或打开数据库之后，我们就可以在该数据库里创建一张或多张表用于保存用户所需的数据。创建表可以通过 execSQL 方法来执行一条 SQL 语句，execSQL 能够执行大部分的 SQL 语句。execSQL(String sql)方法的官方说明如下：

```
public void execSQL(String sql)
```

参数 sql 为 String 类型，通常为可执行的 SQL 语句。

下面我们在 dbUser.db 里创建一个名为 tuserinfo 的表。该表包括自动增长的整型字段 id，字符型用户名称字段 username，字符型用户密码字段 userpwd，整型用户类型字段 usertype，具体代码如下。

Chapter04\Section4.1\psqlitebasic\src\main\java\com\example\psqlitebasic\DBBasic.java
```
db.execSQL("CREATE TABLE IF NOT EXISTS tuserinfo (_id INTEGER PRIMARY KEY AUTOINCREMENT,
username VARCHAR, userpwd VARCHAR, usertype INTEGER)");
```

数据库中的表名是不可以重复的，为了避免因创建同名的数据表而产生的错误，上述建表语句还判断了 tuserinfo 表是否已经在 dbUser.db 数据库中存在，只有此表不存在时，才会创建该表。

3. 删除表

当不需要数据库中的某张表时，就可以使用 execSQL 的方法来实现删除这张表，如果我们想要删除刚刚创建的 tuserinfo 表，只需如下代码即可实现。

Chapter04\Section4.1\psqlitebasic\src\main\java\com\example\psqlitebasic\DBBasic.java
```
db.execSQL("DROP TABLE IF EXISTS tuserinfo ");
```

仅当该表在数据库在存在时，才可以完成删除表的操作。

4. 关闭数据库

对数据库操作完毕之后，就要关闭数据库，否则会抛出 SQLiteException 异常。关闭的方法很简单，直接使用 SQLiteDatabase 的 close() 方法，其函数原型为：public void close ()。关闭 db 的具体代码如下。

Chapter04\Section4.1\psqlitebasic\src\main\java\com\example\psqlitebasic\DBBasic.java
```
db.close();
```

只有在数据库被打开的前提下，关闭数据库才有意义。

5. 删除数据库

要删除一个数据库，可直接使用 deleteDatabase 方法即可，此方法的官方说明如下。

```
public abstract boolean deleteDatabase(String name);
```

此方法的功能为删除私有数据库目录内文件名为 name 的数据库。

如下代码可实现删除 dbUser.db 数据库。

Chapter04\Section4.1\psqlitebasic\src\main\java\com\example\psqlitebasic\DBBasic.java
```
deleteDatabase("dbUser.db");
```

4.1.3 SQLite 的常用语句

本节将介绍 SQLite 中对数据库中的数据表最为常用的数据操作语句，包括向数据表中增加记录，从数据表中删除记录，修改数据表中的记录和在数据表在查询记录。

1. 向表中增加数据

可以使用 insert 方法来添加数据，其官方说明的原型如下。

```
public long insert(String table, String nullColumnHack, ContentValues values);
```

此方法的 3 个参数含义如表 4-3 所示。

表 4-3　　　　　　　　　　　insert 的 3 个参数含义

序号	参数类型	参 数 名	含　　义
1	String	table	表示要插入数据的表的名称
2	String	nullColumnHack	表示数据表指定的列名。当 values 参数为空或者里面没有内容的时候，我们 insert 是会失败的（底层数据库不允许插入一个空行），为了防止这种情况，我们要在这里指定一个列名，到时候如果发现将要插入的行为是空行时，就会将你指定的这个列名的值设为 null，然后再向数据库中插入
3	ContentValues	values	这个参数必须是 ContentValues 对象。insert 方法要求把数据都打包到 ContentValues 中，通过 ContentValues 的 put(String key, Object value)方法就可以把数据放到 ContentValues 中，然后插入到表中去。ContentValues 其实就是一个 Map，String 类型的 key 值是字段名称，Object 类型的 Value 值是字段的值

下面向 dbUser.db 数据库的 tuserinfo 表增加一条记录，包括用户名称、用户密码和用户类型，具体实现如下。

Chapter04\Section4.1\psqliteoper\src\main\java\com\example\psqliteoper\DBOperation.java
```
ContentValues cvRUserInfo = new ContentValues();
String strUserName= "guanghezhang@163.com";
String strUserPwd= "1";
int iUserType=1;
cvRUserInfo.put("username", strUserName);
cvRUserInfo.put("userpwd", strUserPwd);
cvRUserInfo.put("usertype", iUserType);
lRInsert=db.insert("tuserinfo", null, cvRUserInfo);
```

我们同样可以使用 execSQL 方法来执行一条"插入数据"的 SQL 语句，这一方法的实现代码如下。

Chapter04\Section4.1\psqliteoper\src\main\java\com\example\psqliteoper\DBOperation.java
```
db.execSQL("insert into tuserinfo(username, userpwd, usertype) values('guanghezhang
@163.com','1' ,1)");
```

2. 从表中删除数据

要删除数据可以使用 delete 方法，该方法返回受此 delete 子句影响的记录的条数。其原型为：

```
public int delete(String table, String whereClause, String[] whereArgs);
```

此方法的 3 个参数含义如表 4-4 所示。

表 4-4　　　　　　　　　　　　delete 的 3 个参数含义

序号	参数类型	参数名	含义
1	String	table	代表要删除的表名
2	String	whereClause	表示满足该 whereClause 子句的记录将会被删除
3	String	whereArgs	用于为 whereClause 子句传入参数

下面我们删除字段 "usertype" 等于 1 的数据，具体代码如下。

Chapter04\Section4.1\psqliteoper\src\main\java\com\example\psqliteoper\DBOperation.java
```
iRDelete=db.delete("tuserinfo", "usertype =1", null);
```

通过 execSQL 方法执行 SQL 语句删除字段 "usertype" 等于 1 的数据的实现代码如下。

Chapter04\Section4.1\psqliteoper\src\main\java\com\example\psqliteoper\DBOperation.java
```
db.execSQL("DELETE FROM tuserinfo WHERE usertype =1");
```

3. 修改表中的数据

如果发现数据表中的数据有误，就需要修改这个数据，此时可以使用 update 方法来更新数据，该方法返回受此 update 语句影响的记录条数。该方法的原型为：

```
public int update(String table, ContentValues values, String whereClause, String[]
whereArgs);
```

此方法的参数含义如表 4-5 所示。

表 4-5　　　　　　　　　　　　update 的 3 个参数含义

序号	参数类型	参数名	含义
1	String	table	代表要删除的表名
2	String	whereClause	表示满足该 whereClause 子句的记录将会被删除
3	String	whereArgs	用于为 whereClause 子句传入参数
4	String[]	whereArgs	用于为 whereClause 子句传入参数

下面来修改 "usertype" 值为 1 的用户密码，将其密码修改为 2，具体代码如下。

Chapter04\Section4.1\psqliteoper\src\main\java\com\example\psqliteoper\DBOperation.java
```
ContentValues cv = new ContentValues();
cv.put("userpwd", "2");
iRUpdate=db.update("tuserinfo", cv, "usertype =1", null);
```

通过 execSQL 方法执行 SQL 语句修改字段"usertype"等于 1 的用户密码的实现代码如下。

Chapter04\Section4.1\psqliteoper\src\main\java\com\example\psqliteoper\DBOperation.java
```
db.execSQL("update tuserinfo set userpwd ='2' where usertype=1");
```

4. 从表中查询数据

在 Android 中,查询数据是通过 Cursor 类来实现的,SQLiteDatabase 的 rawQuery() 用于执行 select 语句,会得到一个 Cursor 对象,Cursor 指向的就是每一条数据。rawQuery()的方法原型如下。

public Cursor rawQuery (String sql, String[] selectionArgs);

此方法的参数含义如表 4-6 所示。

表 4-6　　　　　　　　　　rawQuery 的 3 个参数含义

序号	参数类型	参数名	含义
1	String	sql	带占位符的 SQL 查询语句
2	String[]	selectionArgs	通常指定为占位符参数的值,如果第一个参数 SQL 查询语句没有使用占位符,该参数可以设置为 null

下面就是用 Cursor 来查询数据库中的数据,返回 tuserinfo 表中所有普通用户(即用户类别为 0),具体代码如下。

Chapter04\Section4.1\psqliteoper\src\main\java\com\example\psqliteoper\DBOperation.java
```
Cursor cursor=db.rawQuery("select * from tuserinfo",null);
```

更多有关 Cursor 的方法如表 4-7 所示。

表 4-7　　　　　　　　　　Cursor 的常用方法

序号	方法	说明
1	close()	关闭游标,释放资源
2	move(int offset)	以当前的位置为参考,将 Cursor 移动到指定的 offset 位置,成功返回 true,失败返回 false
3	moveToPosition(int pos)	将 Cursor 移动到指定的 pos 位置,成功返回 true,失败返回 false
4	moveToNext()	将 Cursor 向后移动一个位置,成功返回 true,失败返回 false
5	moveToLast()	将 Cursor 移动到最后一行,成功返回 true,失败返回 false
6	movetoFirst()	将 Cursor 移动到第一行,成功返回 true,失败返回 false
7	isBeforeFirst()	返回 Cursor 是否指向第一项数据之前
8	isAfterLast()	返回 Cursor 是否指向最后一项数据之后
9	isClosed()	返回 Cursor 是否关闭
10	isFirst()	返回 Cursor 是否指向第一项数据

续表

序号	方法	说明
11	isLast()	返回 Cursor 是否指向最后一项数据
12	isNull(int columnIndex)	返回指定 columnIndex 位置的值是否为 null
13	getCount()	返回总的数据项数
14	getInt	返回当前行中指定的索引数据

除了使用 rawQuery()的方法，我们还可以使用 SQLiteDatabase.query()方法进行数据查询，该方法的原型如下。

```
public Cursor query(boolean distinct, String table, String[] columns, String selection, String[] selectionArgs, String groupBy, String having, String orderBy, String limit) ;
```

此方法的参数含义如表 4-8 所示。

表 4-8　　　　　　　　　　　query 9 个参数的含义

序号	参数类型	参数名	含义
1	boolean	distinct	用于指定是否去除重复记录
2	String	table	用于指定查询数据的表名,相当于 select 语句 from 关键字后面的部分。如果是多表联合查询，可以用逗号将两个表名分开
3	String[]	columns	指定要查询的列名，相当于 select 语句 select 关键字后面的部分
4	String	selection	相当于 select 语句 where 关键字后面的部分，在条件子句允许使用占位符 "?"
5	String[]	selectionArgs	对应于 selection 语句中占位符的值，值在数组中的位置与占位符在语句中的位置必须一致，否则就会有异常
6	String	groupBy	用于控制分组，相当于 select 语句 group by 关键字后面的部分
7	String	having	表示分组过滤，相当于 select 语句 having 关键字后面的部分
8	String	orderBy	用于排序，相当于 select 语句 order by 关键字后面的部分，如 desc 或 asc
9	String	limit	进行分页，指定偏移量和获取的记录数，相当于 select 语句 limit 关键字后面的部分

SQLiteDatabase.query()方法的另一种原型如下，也可对数据表执行查询。

```
public Cursor query(String table, String[] columns, String selection, String []
selectionArgs, String groupBy, String having, String orderBy);
```

此方法的参数含义如表 4-9 所示。

表 4-9　　　　　　　　　　　query 7 个参数的含义

序号	参数类型	参数名	含义
1	String	table	用于指定查询数据的表名,相当于 select 语句 from 关键字后面的部分。如果是多表联合查询，可以用逗号将两个表名分开

续表

序号	参数类型	参数名	含义
2	String[]	columns	指定要查询的列名，相当于 select 语句 select 关键字后面的部分
3	String	selection	相当于 select 语句 where 关键字后面的部分，在条件子句允许使用占位符 "?"
4	String[]	selectionArgs	对应于 selection 语句中占位符的值，值在数组中的位置与占位符在语句中的位置必须一致，否则就会有异常
5	String	groupBy	用于控制分组，相当于 select 语句 group by 关键字后面的部分
6	String	having	表示分组过滤，相当于 select 语句 having 关键字后面的部分
7	String	orderBy	用于排序，相当于 select 语句 order by 关键字后面的部分，如 desc 或 asc

下面的代码就是使用 7 个参数 SQLiteDatabase.query()方法将 tuserinfo 表中的数据取出来，即返回所有的用户，包括普通用户和管理员用户。

Chapter04\Section4.1\psqliteoper\src\main\java\com\example\psqliteoper\DBOperation.java
```
Cursor cursor = db.query ("tuserinfo",null,null,null,null,null,null);
```

4.2 用户注册

在本节学习之前，请先按照第 1 章的例子新建项目名称为 PUserReg 的工程。因为对于一个可用的系统而言，所有普通用户都该是先注册，然后才能通过用户登录的界面进入系统的，因此，首先实现普通用户注册的功能。请读者注意本节代码均在本章 Section 4.2 下。

4.2.1 用户注册界面布局

用户注册的界面运行效果如图 4-1 所示。

从效果图可以看到，用户注册界面包括输入用户名、密码和确认密码的 3 个文本输入框，【确定】和【取消】按钮，用户注册、用户名、密码和确认密码文本等，表 4-10 列出了这些控件的基本情况，包括控件的类型、名称和用途。

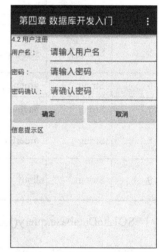

图 4-1 用户注册界面效果图

表 4-10　　　　　　　　　　用户注册界面控件简介

序号	控件名称	控件类型	说　明
1	@+id/container	Container(FrameLayout)	布局
2		LinearLayout(vertical)	布局
3		LinearLayout(horizontal)	布局

续表

序号	控件名称	控件类型	说明
4	@+id/tvURTitle	TextView	显示"4.2 用户注册"文本
5	@+id/tvURUserName	TextView	显示"用户名："文本
6	@+id/etURUserName	EditText	Hint 值为请输入邮箱 InputType 值为 textEmailAddress
7	@+id/tvURPwd	TextView	显示"密码："文本
8	@+id/etURPwd	EditText	Hint 值为请输入密码 InputType 值为 textPassword
9	@+id/tvURRePwd	TextView	显示"密码确认："文本
10	@+id/etURRePwd	EditText	Hint 值为请确认密码 InputType 值为 textPassword
11	@+id/btnUROk	Button	显示"确定"文本
12	@+id/btnURCancel	Button	显示"取消"文本
13	@+id/tvURShowInfo	TextView	显示提示信息

这些控件的布局及关系如图 4-2 所示。

图 4-2 用户注册界面控件布局

完成了上述页面布局后，可以使用模拟器或真机运行，看是否能得到图 4-1 所示的运行效果，若不一致，仔细思考一下是什么原因。下面的页面布局文件用于帮助开发者找到问题所在。

Chapter04\Section4.2\PUserReg\res\layout\activity_user_reg.xml

```xml
<FrameLayout xmlns:android="http://schemas.android.com/apk/res/android"
    xmlns:tools="http://schemas.android.com/tools"
    android:id="@+id/container"
    android:layout_width="match_parent"
    android:layout_height="match_parent"
    tools:context="com.example.puserlogin.UserReg"
```

```xml
        tools:ignore="MergeRootFrame">

<LinearLayout
    android:layout_width="match_parent"
    android:layout_height="match_parent"
    android:orientation="vertical" >

    <LinearLayout
        android:layout_width="match_parent"
        android:layout_height="wrap_content" >

        <TextView
            android:id="@+id/tvURTitle"
            android:layout_width="match_parent"
            android:layout_height="wrap_content"
            android:text="4.2 用户注册"/>

    </LinearLayout>

    <LinearLayout
        android:layout_width="match_parent"
        android:layout_height="wrap_content" >

        <TextView
            android:id="@+id/tvURUserName"
            android:layout_width="80dp"
            android:layout_height="wrap_content"

            android:text="用户名: " />

        <EditText
            android:id="@+id/etURUserName"
            android:layout_width="wrap_content"
            android:layout_height="wrap_content"
            android:layout_weight="1"
            android:hint="请输入用户名"
            android:inputType="textEmailAddress" />

    </LinearLayout>

    <LinearLayout
        android:layout_width="match_parent"
        android:layout_height="wrap_content" >

        <TextView
            android:id="@+id/tvURPwd"
            android:layout_width="80dp"
            android:layout_height="wrap_content"

            android:text="密码: " />

        <EditText
            android:id="@+id/etURPwd"
            android:layout_width="wrap_content"
            android:layout_height="wrap_content"
```

```xml
            android:layout_weight="1"
            android:ems="10"
            android:hint="请输入密码"
            android:inputType="textPassword" />
    </LinearLayout>

    <LinearLayout
        android:layout_width="match_parent"
        android:layout_height="wrap_content" >

        <TextView
            android:id="@+id/tvURRePwd"
            android:layout_width="80dp"
            android:layout_height="wrap_content"
            android:text="密码确认: " />

        <EditText
            android:id="@+id/etURRePwd"
            android:layout_width="wrap_content"
            android:layout_height="wrap_content"
            android:layout_weight="1"
            android:hint="请确认密码"
            android:inputType="textPassword" />
    </LinearLayout>

    <LinearLayout
        android:layout_width="match_parent"
        android:layout_height="wrap_content"
        android:orientation="vertical" >

        <LinearLayout
            android:layout_width="match_parent"
            android:layout_height="match_parent" >

            <Button
                android:id="@+id/btnOk"
                android:layout_width="wrap_content"
                android:layout_height="wrap_content"
                android:layout_weight="1"
                android:text="确定" />

            <Button
                android:id="@+id/btnCancel"
                android:layout_width="wrap_content"
                android:layout_height="wrap_content"
                android:layout_weight="1"
                android:text="取消" />
        </LinearLayout>

        <TextView
            android:id="@+id/tvURShowInfo"
            android:layout_width="match_parent"
            android:layout_height="wrap_content"
            android:text="信息提示区" />
```

```
        </LinearLayout>

    </LinearLayout>

</FrameLayout>
```

4.2.2 创建数据库

完成了上一节的学习，接下来就要学习本章最为关键的知识点，如何创建数据库。我们在 4.1 节已经简要介绍了 SQLite 的基本用法和常用语句，在本节我们就是使用 SQLite 来实现数据库的创建。

首先在 MainActivity 类的最开始处定义一个字符型变量 DB_NAME，同时申明一个 SQLiteDatabase 对象 db，代码如下。

```
private static final String DB_NAME="dbUser.db";
private SQLiteDatabase db;
```

运行时需要添加 import android.database.sqlite.SQLiteDatabase;

接下来，将在 UserReg 类中实现一个打开或创建数据库的私有函数，代码如下。

Chapter04\Section4.2\PUserReg\src\com\example\puserreg\UserReg.java
```
private void OpenCreateDB()
{
    try
    {
        db = openOrCreateDatabase(DB_NAME, this.MODE_PRIVATE, null);
    }
    catch (Throwable e)
    {
        Log.e("tag","openDatabase error:" + e.getMessage());
        db=null;
    }
    try
    {
        db.execSQL("CREATE TABLE IF NOT EXISTS tuserinfo (_id INTEGER PRIMARY KEY AUTOINCREMENT, username VARCHAR, userpwd VARCHAR, usertype INTEGER)");
    }
    catch (SQLException se)
    {
        String msg = "doInstall.error:[%s].%s";
        Log.d("tag",String.format(msg, se.getClass(),se.getMessage()));
    }
}
```

上述代码最关键的两行分别使用了 openOrCreateDatabase 和 execSQL 方法，这两种方法在 4.1.2 节中已经介绍过了，另外，在本方法中用到了 try{...} catch{...}，其完整形式如下。

```
try
{
```

```
...
}
catch
{
...
}
finally
{
...
}
```

在这个语法中，try...catch...必须成对出现，finally...可以不出现。首先运行 try{...}中的代码，如果没有发生任何异常，执行完毕 try{...}中的代码后，执行 finally{...}中的全部代码；

如果执行 try{...}中的代码时发生异常，在发生异常的语句处停止继续执行，进入 catch{...}语句块，执行其中的全部代码，执行完毕后，接着执行 finally{...}中的全部代码。

无论任何情况，都会执行 finally{...}中的代码。

现在读者可以在 protected void onCreate(Bundle savedInstanceState)函数中添加下面这一行代码，在模拟器或真机上运行之后即可实现创建 dbUser.db 数据库，并在此数据库下创建 tuserinfo 表。

```
OpenCreateDB();
```

一定要添加 import android.database.SQLException;
　　　　　　 import android.util.Log

打开 Android Device Monitor，找到 DDMS，在 File Explorer 面板上找到 data 文件夹，单击文件夹展开其子文件夹，找到 data 子文件夹，再依次找到子文件夹 com.example.puserreg 下的 databases 文件夹，就能找到成功创建的 dbUser.db 数据库，如图 4-3 所示。

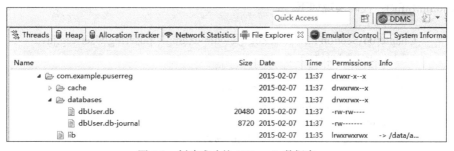

图 4-3　创建成功的 dbUser.db 数据库

至此就成功实现了数据库的创建，可以继续往下学习。

4.2.3　在 OnCreate 函数中写入管理员用户

分析：本节要实现在 OnCreate 函数中写入管理员用户，即向 tuserinfo 表中写入用户类型（usertype）为 1 记录。假定在本节例子中，最多只允许 tuserinfo 表中有一个管理员，因此在 OnCreate 函数中写入管理员用户的流程如下。

Step 1：先判断 tuserinfo 表中是否已经存在管理员用户，若无则执行 Step 2；

Step 2：向 tuserinfo 表写入一条管理员用户的记录。

为了判断 tuserinfo 表中是否已经存在一个管理员用户，在 UserReg 类中添加一个 boolean 类型的私有方法 isExistAdmin()，代码实现如下。

Chapter04\Section4.2\PUserReg\src\com\example\puserreg\UserReg.java

```java
private boolean isExistAdmin()
{
    Cursor cursor=db.rawQuery("select * from tuserinfo where usertype=1",null);
    //将 tuserinfo 表中的所有 usertype 为 1 的用户全部查找出来，并存入 cursor 中
    if(cursor.getCount()> 0)
    // cursor 的 getCount()方法是会返回 cursor 中总的数据项数，见表 4-1
    //如果 cursor 中的记录数大于 0 条，即存在 1 个管理员以上
    {
        cursor.close();//调用 close()方法关闭 cursor
        return true;//函数返回真值
    }
    else
    //如果 cursor 中的记录数不大于 0 条，即小于或等于 0 条，因此 tuserinfo 表中不存在
    //管理员
    {
        cursor.close();//调用 close()方法关闭 cursor
        return false;  //函数返回假值
    }
}
```

运行时需要添加 import android.database.Cursor;

为了实现向 tuserinfo 表中写入一个管理员用户，在 UserReg 类中添加一个 void 类型的私有方法 insertAdminInfo()，代码实现如下。

Chapter04\Section4.2\PUserReg\src\com\example\puserreg\UserReg.java

```java
private void insertAdminInfo()
{
    String strUserName= "guanghezhang@163.com";
    //定义一个字符型变量 strUserName 存放用户邮箱
    String strUserPwd="1";
    //定义一个字符型变量 strUserPwd 存放用户密码
    int iUserType=1;
    //定义整型变量 iUserType 存放用户类别
    if(isExistAdmin()==false)   //判断 tuserinfo 表中是否存在管理员用户
    {
        //下面代码用于向表中增加数据
        //新建一个 ContentValues 对象 cvRUserInfo
        ContentValues cvUserInfo = new ContentValues();
        //将 strUserName 写入到 cvRuserInfo 中
        cvUserInfo.put("username", strUserName);
```

```
            //将 strUserPwd 写入到 cvRuserInfo 中
            cvUserInfo.put("userpwd", strUserPwd);
            //将 iUserType 写入到 cvRuserInfo
            cvUserInfo.put("usertype", iUserType);
            if(db!=null)//判断数据库是否被打开处于可操作状态
            {
                db.insert("tuserinfo", null, cvUserInfo);
                //向 tuserinfo 表中插入数据
                Log.d("msg","插入结束");   //提示插入结束
                Toast.makeText(UserReg.this, "注册成功! ",
                Toast.LENGTH_SHORT).show(); //提示用户注册成功
                tvShowInfo.setText("用户名: "+strUserName+"\n"+"密码: "+strUserPwd+"\n"+"
类别: "+iUserType);
            }
        }
        else
        {
            tvShowInfo.setText("已存在系统管理员\n用户名: "+strUserName+"\n"+"密码: "+strUserPwd+"\n");
        }
    }
```

运行时需要添加 import android.widget.Toast;

import android.content.ContentValues;

现在读者可以在 protected void onCreate(Bundle savedInstanceState)函数中 OpenCreateDB();代码的下一行添加下面这一行代码。

```
insertAdminInfo();
```

使用真机或模拟器运行此程序，启动后若用户见到"注册成功"的提示，说明系统管理员用户已经成功写入 tuserinfo 表，如图 4-4 所示。

若系统管理员用户成功写入 tuserinfo 表，则需将 insertAdminInfo();语句注释掉，否则再次运行时会显示如图 4-5 所示界面。

图 4-4 提示用户注册成功

图 4-5 不注释 insertAdminInfo();语句提示界面

4.2.4 监听确定 Button 写入普通用户

分析：本节将要实现普通用户的注册，即用户在输入用户名、密码和确认密码之后，单击【确定】按钮，程序该按以下流程执行。

Step 1：首先判断此用户输入的用户名、密码和确认密码是否为空，若三者均不为空，则执

行 Step 2；否则提示这些信息不可为空。

Step 2：继续判断密码和确认密码是否相同，若相同执行 Step 3；否则提示两者密码需要一致。

Step 3：判断此用户是否在 tuserinfo 表中，若此用户名不在 tuserinfo 表中，则将该用户信息写入数据库完成普通用户注册；否则提示用户名已经存在。

为了判断用户输入的用户名、密码和确认密码是否为空，需要一个通用的方法来判断输入的 String 类型的数据是否为空，在这个通用的方法中，把用户名、密码和确认密码都作为输入参数。

在 UserReg 类中添加一个 boolean 类型的私有方法 isStrEmpty()来实现上述功能，代码实现如下。

Chapter04\Section4.2\PUserReg\src\com\example\puserreg\UserReg.java

```java
//输入参数为String类型的strInput, strInput代表需要判断是否为空的字符
private boolean isStrEmpty(String strInput)
{
    //判断String类型的输入参数strInput是否为空
    if(strInput.equals(""))
    {
        //若为空，返回真
        return true;
    }
    else
    {
        //否则返回假
        return false;
    }
}
```

为了实现判断密码和确认密码是否相同，在 UserReg 类中添加一个 boolean 类型的私有方法 isPwdSame ()来实现上述功能，代码实现如下。

Chapter04\Section4.2\PUserReg\src\com\example\puserreg\UserReg.java

```java
//输入参数为String类型的strUserPwd和strUserRePwd，其中strUserPwd代表密码，
//strUserRePwd代表确认密码。
```

Chapter04\Section4.2\PUserLogin\src\com\example\puserlogin\UserLogin.java

```java
private boolean isPwdSame(String strUserPwd,String strUserRePwd){
    //判断密码和确认密码是否相同
    if(strUserPwd.equals(strUserRePwd))
    {
        //若相同，返回真
        return true;
    }
    else
    {
        //否则返回假
        return false;
    }
}
```

为了判断此用户是否在 tuserinfo 表中，需要一个通用的方法来判断输入的 String 类型的用户名是否存在，由于用户名的唯一性，所以在这个方法中把用户名作为输入参数。

在 UserReg 类中添加一个 boolean 类型的私有方法 isExistUserName()来实现上述功能，代码实现如下。

Chapter04\Section4.2\PUserReg\src\com\example\puserreg\UserReg.java

```java
//输入参数为 String 类型的 strUserName, strUserName 代表用户名
private boolean isExistUserName(String strUserName)
{
    //使用 rawQuery 方法在 tuserinfo 表中进行查询，其中 strUserName 为参数
    Cursor cursor=db.rawQuery("select * from tuserinfo where username='"+strUserName+"'",null);
    //调用 getCount()方法返回总的数据项数，若其大于 0，
    //说明 tuserinfo 表中已经存在此用户名的用户，返回真。
    if(cursor.getCount()> 0)
    {
        cursor.close();    //关闭 cursor
        return true;
    }
    else
    {
        //否则返回假。
        cursor.close();    //关闭 cursor
        return false;
    }
}
```

为了将该用户信息写入数据库完成普通用户注册，需要一个方法来实现向 tuserinfo 表插入用户名、密码和用户类型。

在 UserReg 类中添加一个 void 类型的私有方法 insertUserInfo()来实现上述功能，代码实现如下。

Chapter04\Section4.2\PUserReg\src\com\example\puserreg\UserReg.java

```java
//输入参数为 String 类型的 strUserName 和 strUserPwd，其中 strUserName 代表用户名
//strUserPwd 代表用户输入的密码
private void insertUserInfo(String strUserName,String strUserPwd)
{
    //普通用户的类型值为 0
    int iUserType=0;
    //此处需判断用户名不重复
    if(isExistUserName(strUserName)==false)
    {
        ContentValues cvRUserInfo = new ContentValues();
        cvRUserInfo.put("username", strUserName);
        cvRUserInfo.put("userpwd", strUserPwd);
        cvRUserInfo.put("usertype", iUserType);
        if(db!=null)
        {
            db.insert("tuserinfo", null, cvRUserInfo);
            Toast.makeText(UserReg.this, "注册成功! ", Toast.LENGTH_SHORT).show();
        }
    }
    else
```

```
            {
                    Toast.makeText(UserReg.this, "您要注册的用户名已经存在! ", Toast.LENGTH_SHORT).show();
            }
    }
```

4.3 用户登录

4.3.1 用户登录界面布局

用户注册成功之后就可以使用注册过的用户名和密码进行登录，用户登录的界面运行效果如图 4-6 所示，和用户注册相比，输入框少了确认密码框，【取消】按钮变成了【注册】按钮（这是用于第一次使用该系统的未注册用户）。请读者注意本节代码均在本章 Section 4.3 下。

从效果图可以看到，用户登录界面包括输入用户名和密码两个文本输入框，【登录】和【注册】按钮，用户登录、用户名和密码文本，表 4-11 列出了这些控件的基本情况，包括控件的类型、名称和用途。

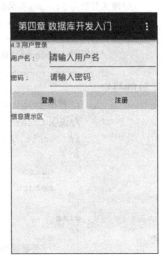

图 4-6　用户登录界面

表 4-11　　　　　　　　　　用户登录界面控件简介

序号	控件名称	控件类型	说　　明
1	@+id/container	Container(FrameLayout)	布局
2		LinearLayout(vertical)	布局
3		LinearLayout(horizontal)	布局
4	@+id/tvULTitle	TextView	显示"4.3 用户登录"文本
5	@+id/tvULUserName	TextView	显示"用户名："文本
6	@+id/etULUserName	EditText	Hint 值为请输入邮箱 InputType 值为 textEmailAddress
7	@+id/tvULPwd	TextView	显示"密码："文本
8	@+id/etULPwd	EditText	Hint 值为请输入密码 InputType 值为 textPassword
9	@+id/btnULLogin	Button	显示"登录"文本
10	@+id/btnULReg	Button	显示"注册"文本
11	@+id/tvULShowInfo	TextView	显示提示信息

这些控件的布局及关系如图 4-7 所示。

完成了上述页面布局后，可以使用模拟器或真机运行，看是否能得到图 4-6 所示的运行效果，若不一致，仔细思考一下是什么原因。下面的页面布局文件用于帮助开发者找到问题所在。

第4章 数据库开发入门：用户管理实例

图 4-7 用户登录界面控件布局

Chapter04\Section4.3\PUserLogin\res\layout\activity_user_login.xml

```
<FrameLayout xmlns:android="http://schemas.android.com/apk/res/android"
    xmlns:tools="http://schemas.android.com/tools"
    android:id="@+id/container"
    android:layout_width="match_parent"
    android:layout_height="match_parent"
    tools:context="com.example.puserlogin.UserLogin"
    tools:ignore="MergeRootFrame" >



    <LinearLayout
        android:layout_width="match_parent"
        android:layout_height="match_parent"
        android:orientation="vertical" >

        <TextView
            android:id="@+id/tvULTitle"
            android:layout_width="match_parent"
            android:layout_height="wrap_content"
            android:text="4.3 用户登录"/>

        <LinearLayout
            android:layout_width="match_parent"
            android:layout_height="wrap_content"
            >

            <TextView
                android:id="@+id/tvULUserName"
                android:layout_width="80dp"
                android:layout_height="wrap_content"
                android:text="用户名: " />

            <EditText
                android:id="@+id/etULUserName"
                android:layout_width="wrap_content"
                android:layout_height="wrap_content"
                android:layout_weight="1"
                android:hint="请输入用户名"
                android:inputType="textPersonName" >
```

155

```xml
            <requestFocus />
        </EditText>
    </LinearLayout>

    <LinearLayout
        android:layout_width="match_parent"
        android:layout_height="wrap_content" >

        <TextView
            android:id="@+id/tvULPwd"
            android:layout_width="80dp"
            android:layout_height="wrap_content"
            android:text="密码: " />

        <EditText
            android:id="@+id/etULPwd"
            android:layout_width="wrap_content"
            android:layout_height="wrap_content"
            android:layout_weight="1"
            android:hint="请输入密码"
            android:inputType="textPassword" />

    </LinearLayout>

    <LinearLayout
        android:layout_width="match_parent"
        android:layout_height="wrap_content" >

        <Button
            android:id="@+id/btnULLogin"
            android:layout_width="wrap_content"
            android:layout_height="wrap_content"
            android:layout_weight="1"
            android:text="登录" />

        <Button
            android:id="@+id/btnULReg"
            android:layout_width="wrap_content"
            android:layout_height="wrap_content"
            android:layout_weight="1"
            android:text="注册" />

    </LinearLayout>
    <TextView
        android:id="@+id/tvULShowInfo"
        android:layout_width="match_parent"
        android:layout_height="wrap_content"
        android:text="信息提示区" />

    </LinearLayout>

</FrameLayout>
```

4.3.2 监听登录 Button 按钮

分析：在本节我们将要实现用户的登录，即用户在输入用户名和密码之后，单击确定按纽，程序该按以下流程执行。

Step 1：首先判断此用户输入的用户名和密码是否为空，若二者均不为空，则执行 Step 2；否则提示这些信息不可为空。

Step 2：继续判断该用户名和密码是否存在于 tuserinfo 表中，若存在，则提示用户登录成功；否则提示用户名或密码不正确。

在判断用户输入的用户名和密码是否为空时，我们可以使用 4.2.4 节中的 isStrEmpty 方法。

我们需要一个方法来判断用户名和密码是否存在于 tuserinfo 表中，若存在，则返回真，否则返回假。

我们在 UserLogin 类中添加一个 boolean 类型的私有方法 isValidUser (String strUserName,String strUserPwd)来实现上述功能，代码实现如下。

Chapter04\Section4.3\PUserLogin\src\com\example\puserlogin\UserLogin.java

```java
/* 输入参数为 String 类型的 strUserName 和 strUserPwd,其中 strUserName 代表用户名，strUserPwd
代表用户输入的密码*/
private boolean isValidUser(String strUserName,String strUserPwd)
{
    //使用 rawQuery 方法在 tuserinfo 表中进行查询
    //其中 strUserName 和 strUserPwd 为参数
    Cursor cursor=db.rawQuery("select * from tuserinfo where username=
'"+strUserName+"' and userpwd='"+strUserPwd+"'",null);

    //调用 getCount()方法返回总的数据项数，若其等于 1
    //说明 tuserinfo 表中已经存在此用户名的用户，返回真
    if(cursor.getCount()== 1)
    {
        cursor.close();
        return true;
    }
    else
    {
        //否则返回假
        cursor.close();
        return false;
    }
}
```

监听【登录】Button 按纽的代码如下所示，在用户按下【登录】按纽之后，获取用户输入的用户名和密码之后，按上节流程处理。

Chapter04\Section4.3\PUserLogin\src\com\example\puserlogin\UserLogin.java

```java
Button.OnClickListener listener = new Button.OnClickListener(){
    @Override
    public void onClick(View v)
    {
        if(v.getId()==R.id.btnULLogin)
```

```java
                            {
                                strUserName=etUserName.getText().toString();
                                strPwd=etPwd.getText().toString();
                                if(isStrEmpty(strUserName)==false)
                                {
                                    if(isStrEmpty(strPwd)==false)
                                    {
                                        if(isValidUser(strUserName,strPwd)==true)
                                        {
                                            Toast.makeText(UserLogin.this, "用户登录成功！", Toast.LENGTH_SHORT).show();
                                            tvShowInfo.setText("用户登录成功");
                                        }
                                        else
                                        {
                                            Toast.makeText(UserLogin.this, "用户登录失败！", Toast.LENGTH_SHORT).show();
                                            tvShowInfo.setText("用户登录失败");
                                        }
                                    }
                                    else
                                    {
                                        Toast.makeText(UserLogin.this, "密码不可为空！", Toast.LENGTH_SHORT).show();
                                        tvShowInfo.setText("密码不可为空");
                                        etPwd.setFocusable(true);
                                    }
                                }
                                else
                                {
                                    Toast.makeText(UserLogin.this, "用户名不可为空！", Toast.LENGTH_SHORT).show();
                                    tvShowInfo.setText("用户名不可为空");
                                    etUserName.setFocusable(true);
                                }
                            }
                            else if(v.getId()==R.id.btnULReg)
                            {
                                …
                            }
                        }
                    };

            btnLogin.setOnClickListener(listener);
```

4.3.3 根据用户类别产生不同提示

分析：在上一节，我们只是成功实现了判断当前登录的用户信息是否存在于 tuserinfo 表中，即用户是否合法。然而在用户注册时，tuserinfo 表中存在两类不同的用户，即管理员用户和普通用户，我们在上一节的例子中并未区分用户的类别。

为了实现用户类别的区分，我们在执行上述方法时，该从 tuserinfo 表将 usertype 字段值读取出来，并判断其值以确定当前登录的用户是管理员用户还是普通用户，然后产生不同的提示，程序该按以下流程执行。

Step 1：根据当前用户输入的用户名和密码，在 tuserinfo 表中读取其用户类别信息，并返回用户类别值。

Step 2：根据用户的不同类别信息，提示当前用户为管理员用户或普通用户。

我们在 UserLogin 类中添加一个 int 类型的私有方法 getUserType (String strUserName,String strUserPwd)来实现 tuserinfo 表中读取其用户类别并返回，代码实现如下。

Chapter04\Section4.3\PUserLogin\src\com\example\puserlogin\UserLogin.java

```java
//输入参数为 String 类型的 strUserName 和 strUserPwd，其中 strUserName 代表用户名
//strUserPwd 代表用户输入的密码
private int getUserType(String strUserName,String strUserPwd)
{
    int igut=-1;
          //使用 rawQuery 方法在 tuserinfo 表中进行查询
          //其中 strUserName 和 strUserPwd 为参数
          Cursor cursor=db.rawQuery("select * from tuserinfo where username='"+strUserName+"' and userpwd='"+strUserPwd+"'",null);
          //调用 getCount()方法返回总的数据项数，若其等于 1
          //说明 tuserinfo 表中已经存在此用户名的用户，返回真
          if(cursor.getCount()== 1)
          {
              //将 Cursor 移动到第一行
              if(cursor.moveToFirst())
              {
                  //若成功，则使用 getColumnIndex("usertype")获取 usertype 列的索引值
                  //再使用 getInt 返回该索引对应的数据
                  igut =cursor.getInt(cursor.getColumnIndex("usertype"));
                  cursor.close();   //关闭 cursor
              }
          }
          else
          {
              //否则返回假
              cursor.close();//关闭 cursor
              igut =99; //此处表示同一个用户名和密码存在多条记录，这是异常的
          }
       return igut;
}
```

在 UserLogin 类中添加一个 void 类型的私有方法 showUserType (String strUserName,String strUserPwd)来实现根据用户的不同类别信息，提示当前用户为管理员用户或普通用户，代码实现如下。

Chapter04\Section4.3\PUserLogin\src\com\example\puserlogin\UserLogin.java

```java
private int iUT=-1;//用于存放用户类别信息，初始值为-1
//输入参数为 String 类型的 strUserName 和 strUserPwd，其中 strUserName 代表用户名
```

```
//strUserPwd 代表用户输入的密码
private void showUserType(String strUserName,String strUserPwd)
{
    iUT= getUserType(strUserName,strUserPwd);
    if(iUT==1)//当前登录用户为管理员
    {
        Toast.makeText(UserLogin.this, "您是系统管理员!", Toast.LENGTH_SHORT).show();
    }
    else if(iUT==0)// 当前登录用户为普通用户
    {
        Toast.makeText(UserLogin.this, "您是普通用户! ", Toast.LENGTH_SHORT).show();
    }
    else// 出现了异常情况
    {
        Toast.makeText(UserLogin.this, "异常情况! ", Toast.LENGTH_SHORT).show();
    }
}
```

4.3.4 监听注册 Button 按钮

对于未注册用户，可通过单击【注册】按钮，转到 4.3.3 节实现的用户注册的页面以完成用户注册功能。以下为监听源代码。

Chapter04\Section4.3\PUserLogin\src\com\example\puserlogin\UserLogin.java

```
Button.OnClickListener listener = new Button.OnClickListener()
{
            @Override
            public void onClick(View v)
            {
                if(v.getId()==R.id.btnULLogin)
                {
                …
                }
                else if(v.getId()==R.id.btnULReg)
                {
                    //定义一个 Intent
                    Intent intent=new Intent();
                    //表明要从目前的 activity 跳转到 UserReg 这个 activity 去
                    intent.setClass(UserLogin.this, UserReg.class);
                    //启动 UserReg 对应的 Activity
                    startActivity(intent);

                }
            }
};
btnReg.setOnClickListener(listener);
```

4.4 用户信息管理

4.4.1 普通用户密码修改界面布局

对于普通用户而言，我们在本节只为其设计并实现了密码修改的功能。对于更多的普通用户所该有的功能，如增加用户的姓名、性别、邮箱等基本信息都设计成作业让有兴趣的读者在课后完成。请读者注意本节代码均在本章 Section 4.4 下。

用户密码修改的界面运行效果如图 4-8 所示。

从效果图可以看到，用户密码修改界面与用户注册界面相比，增加了一行，包括输入用户名、原密码、新密码和确认密码 4 个文本输入框，【确定】和【取消】按钮，密码修改、用户名、原密码、新密码和确认密码文本，表 4-12 列出了这些控件的基本情况，包括控件的类型、名称和用途。

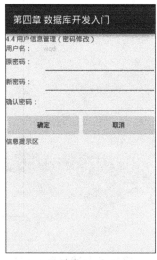

图 4-8 普通用户密码修改界面

表 4-12　　　　　　　　　　用户密码修改界面控件简介

序号	控件名称	控件类型	说明
1	@+id/container	Container(FrameLayout)	布局
2		LinearLayout(vertical)	布局
3		LinearLayout(horizontal)	布局
4	@+id/tvPCTitle	TextView	显示"4.4 用户信息管理（密码修改）"文本
5	@+id/tvPCUserName	TextView	显示"用户名："文本
6	@+id/tvPCCurrentUN	TextView	显示当前登录的普通用户名
7	@+id/tvPCOldPwd	TextView	显示"原密码："文本
8	@+id/etPCOldPwd	EditText	Hint 值为请输入原密码 InputType 值为 textPassword
9	@+id/tvPCNewPwd	TextView	显示"新密码："文本
8	@+id/etPCNewPwd	EditText	Hint 值为请输入新密码 InputType 值为 textPassword
9	@+id/tvPCRePwd	TextView	显示"密码确认："文本
10	@+id/etPCRePwd	EditText	Hint 值为请确认新密码 InputType 值为 textPassword
11	@+id/btnPCOK	Button	显示"确定"文本
12	@+id/btnPCCancel	Button	显示"取消"文本
13	@+id/tvPCShowInfo	TextView	显示提示信息

这些控件的布局及关系如图 4-9 所示。

图 4-9 普通用户密码修改界面布局

完成了上述页面布局后，可以使用模拟器或真机运行，看是否能得到图 4-9 所示的运行效果，若不一致，仔细思考一下是什么原因。下面的页面布局文件用于帮助开发者找到问题所在。

Chapter04\Section4.4\PUserManage\res\layout\activity_pwd_change.xml
```xml
<FrameLayout xmlns:android="http://schemas.android.com/apk/res/android"
    xmlns:tools="http://schemas.android.com/tools"
    android:id="@+id/container"
    android:layout_width="match_parent"
    android:layout_height="match_parent"
    tools:context="com.example.pusermanage.PwdChange"
    tools:ignore="MergeRootFrame" >
<LinearLayout
        android:layout_width="match_parent"
        android:layout_height="match_parent"
        android:orientation="vertical" >

        <LinearLayout
            android:layout_width="match_parent"
            android:layout_height="wrap_content" >

            <TextView
                android:id="@+id/tvPCTitle"
                android:layout_width="match_parent"
                android:layout_height="wrap_content"
                android:text="4.4 用户信息管理（密码修改）"/>
        </LinearLayout>

        <LinearLayout
            android:layout_width="match_parent"
            android:layout_height="wrap_content" >

            <TextView
                android:id="@+id/tvPCUserName"
```

```xml
            android:layout_width="80dp"
            android:layout_height="wrap_content"
            android:text="用户名: " />

        <TextView
            android:id="@+id/tvPCCurrentUN"
            android:layout_width="wrap_content"
            android:layout_height="wrap_content"
            android:layout_weight="1"
            android:text="zghcas@163.com" />
</LinearLayout>

<LinearLayout
    android:layout_width="match_parent"
    android:layout_height="wrap_content" >

    <TextView
        android:id="@+id/tvPCOldPwd"
        android:layout_width="80dp"
        android:layout_height="wrap_content"
        android:text="原密码: " />

    <EditText
        android:id="@+id/etPCOldPwd"
        android:layout_width="wrap_content"
        android:layout_height="wrap_content"
        android:layout_weight="1"
        android:inputType="textPassword" >

        <requestFocus />
    </EditText>

</LinearLayout>

<LinearLayout
    android:layout_width="match_parent"
    android:layout_height="wrap_content" >

    <TextView
        android:id="@+id/tvPCNewPwd"
        android:layout_width="80dp"
        android:layout_height="wrap_content"
        android:text="新密码: " />

    <EditText
        android:id="@+id/etPCNewPwd"
        android:layout_width="wrap_content"
        android:layout_height="wrap_content"
        android:layout_weight="1"
        android:inputType="textPassword" />

</LinearLayout>

<LinearLayout
    android:layout_width="match_parent"
    android:layout_height="wrap_content" >
```

```xml
        <TextView
            android:id="@+id/tvPCRePwd"
            android:layout_width="80dp"
            android:layout_height="wrap_content"
            android:text="确认密码: " />

        <EditText
            android:id="@+id/etPCRePwd"
            android:layout_width="wrap_content"
            android:layout_height="wrap_content"
            android:layout_weight="1"
            android:inputType="textPassword" />

    </LinearLayout>

    <LinearLayout
        android:layout_width="match_parent"
        android:layout_height="wrap_content" >

        <Button
            android:id="@+id/btnPCOK"
            android:layout_width="wrap_content"
            android:layout_height="wrap_content"
            android:layout_weight="1"
            android:text="确定" />

        <Button
            android:id="@+id/btnPCCancel"
            android:layout_width="wrap_content"
            android:layout_height="wrap_content"
            android:layout_weight="1"
            android:text="取消" />

    </LinearLayout>
        <TextView
            android:id="@+id/tvPCShowInfo"
            android:layout_width="match_parent"
            android:layout_height="wrap_content"
            android:text="信息提示区" />
    </LinearLayout>

</FrameLayout>
```

4.4.2　普通用户密码修改

对于普通用户而言，登录后通过判断其用户类别，自动转入密码修改页面。密码修改页最上方会显示自己的用户名，但这一信息是不可以更改的。在用户密码修改页面，用户输入原密码、新密码和确认密码之后，单击【确定】进行密码修改，该按以下流程进行。

Step 1：首先判断此用户输入的原密码、新密码和确认密码是否为空，若三者均不为空，则执行 Step 2；否则提示这些信息不可为空。

Step 2：继续判断 tuserinfo 表中是否存在该用户名和密码的唯一用户，若存在执行 Step 3。

否则提示原密码错误。

Step 3：继续判断新密码和确认密码一致，若相同执行 Step 4；否则提示新密码和确认密码不同。

Step 4：开始更新密码操作，若成功返回真，失败返回假。

上述流程的前 3 步，在之前的章节中都提供了相应的方法和详尽的注释，并做了必要的解释和说明，接下来我们只讨论如何实现第 4 步。

为了实现修改密码，我们在 PwdChange 类中添加一个 boolean 类型的私有方法 updatePwd () 来实现上述功能，代码实现如下。

/*输入参数为 String 类型的 strUserName 和 strUserRePwd，其中 strUserName 代表需要修改密码的用户名，strUserRePwd 代表确认密码*/

Chapter04\Section4.4\PUserManage\src\com\example\pusermanage\PwdChange.java

```java
private boolean updatePwd(String strUserName,String strNUserPwd)
{
        //根据用户名的唯一，来执行修改密码的 SQL 语句
        String sql = "update [tuserinfo] set userpwd = '"+strNUserPwd+"' where username='"+strUserName+"'";
        try{
        db.execSQL(sql);            //执行修改
        return true;                //修改成功返回 true
        }
        catch (SQLException e)
        {
            return false; //修改失败返回 false

        }
}
```

4.4.3 系统管理员删除用户界面布局

对于系统管理员而言，我们在本节只为其设计并实现了显示所有普通用户并可删除一个或多个用户的功能。对于更多的系统管理员所该有的功能，如修改某一普通用户的用户名等功能设计成作业让有兴趣的读者在课后完成。

系统管理员界面运行效果如图 4-10 所示。

从效果图可以看到，用户登录界面包括一个 ListView 列表框、删除和退出 Button，表 4-13 列出了这些控件的基本情况，包括控件的类型、名称和用途。

图 4-10　系统管理员页面运行效果图

表 4-13　　　　　　　　　　系统管理员界面控件简介

序号	控件名称	控件类型	说　　明
1	@+id/container	Container(FrameLayout)	布局
2		LinearLayout(vertical)	布局
3		LinearLayout(horizontal)	布局
4	@+id/tvUMTitle	TextView	显示"4.4 用户信息管理（删除用户）"文本

续表

序号	控件名称	控件类型	说明
5	@+id/lvUMShowItem	ListView	将由 TextView 和 CheckBox 组成 item 作为 lvShowItem 的 item，TextView 用于显示"用户名："文本，CheckBox 用于表示该用户名是否被选中。
6	@+id/btnUMDelete	Button	显示"删除"文本
7	@+id/btnUMExit	Button	显示"退出"文本
8	@+id/tvUMShowInfo	TextView	信息提示区，用于显示多少用户被选中

这些控件的布局及关系如图 4-11 所示。

图 4-11 系统管理员页面控件布局图

列表框内包括一个 RelativeLayout 控件、一个 TextView 和一个 CheckBox。TextView 用于显示用户名称，CheckBox 用于是否选中当前用户。其布局关系如图 4-12 所示。

完成了上述页面布局后，可以使用模拟器或真机运行，由于还未编写任何代码，因此无法得到图 4-10 所示的运行效果，而只是会显示如图 4-13 所示的界面。

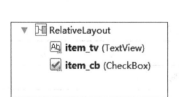

图 4-12 列表框内项目布局图

图 4-13 系统管理员页面初始效果图

若不一致，仔细思考一下是什么原因。系统管理员页面的布局文件和列表框布局文件用于帮助开发者找到问题所在。

Chapter04\Section4.4\PUserManage\res\layout\activity_user_manage.xml

```xml
<FrameLayout xmlns:android="http://schemas.android.com/apk/res/android"
    xmlns:tools="http://schemas.android.com/tools"
    android:id="@+id/container"
    android:layout_width="match_parent"
    android:layout_height="match_parent">

    <LinearLayout
        android:layout_width="match_parent"
        android:layout_height="match_parent"
        android:orientation="vertical" >
<LinearLayout
        android:layout_width="match_parent"
        android:layout_height="wrap_content" >

        <TextView
            android:id="@+id/tvPCTitle"
            android:layout_width="match_parent"
            android:layout_height="wrap_content"
            android:text="4.4 用户信息管理（删除用户）"/>

    </LinearLayout>

    <ListView
        android:id="@+id/ lvUMShowItem"
        android:layout_width="match_parent"
        android:layout_height="300dp" >
    </ListView>

    <LinearLayout
        android:layout_width="match_parent"
        android:layout_height="wrap_content" >

        <Button
            android:id="@+id/btnUMDelete"
            android:layout_width="wrap_content"
            android:layout_height="wrap_content"
            android:layout_weight="1"
            android:text="删除" />

        <Button
            android:id="@+id/btnUMExit"
            android:layout_width="wrap_content"
            android:layout_height="wrap_content"
            android:layout_weight="1"
            android:text="退出" />

    </LinearLayout>

    <LinearLayout
        android:layout_width="match_parent"
        android:layout_height="wrap_content"
        android:orientation="vertical" >
```

```xml
        <TextView
            android:id="@+id/tvUMShowInfo"
            android:layout_width="match_parent"
            android:layout_height="wrap_content"
            android:text="信息提示区" />

    </LinearLayout>

</LinearLayout>

</FrameLayout>
```

listView 里面的内容是在程序运行时动态载入的,其页面布局文件 aum_listviewitem.xml 如下。

Chapter04\Section4.4\PUserManage\res\layout\aum_listviewitem.xml

```xml
<RelativeLayout  xmlns:android="http://schemas.android.com/apk/res/android"
    android:layout_width="fill_parent"
    android:layout_height="50dip"
    android:orientation="horizontal"
    android:layout_marginTop="20dip"
    >
    <TextView
        android:id="@+id/item_tv"
        android:layout_width="260dip"
        android:layout_height="40dip"
        android:textSize="10pt"
        android:gravity="center_vertical"
        android:layout_marginLeft="10dip"
        />
    <CheckBox
        android:id="@+id/item_cb"
        android:layout_width="wrap_content"
        android:layout_height="wrap_content"
        android:focusable="false"
        android:focusableInTouchMode="false"
        android:clickable="false"
        android:layout_toRightOf="@id/item_tv"
        android:layout_alignParentTop="true"
        android:layout_marginRight="5dip"

        />
</RelativeLayout >
```

4.4.4 所有用户信息管理

系统管理员可以管理所有普通用户,在本节我们仅实现以下功能:当系统管理员登录后,系统检测到当前用户是系统管理员时,自动转入系统管理员界面,将所有普通用户显示在列表框内,可以删除一个或多个普通用户。系统管理员可能需要其他的功能可以作为课后作业供有兴趣的同学去实现。

本节所要实现的功能,最为关键的流程如下。

Step 1:从数据库中找出所有普通用户信息。

Step 2：将所有普通用户显示在列表框里。

Step 3：实现选定一个或者多个用户名。

Step 4：实现从数据库中删除一个或者多个用户名，并保持列表框显示的同步更新。

对于 Step 1，有了前面章节的知识，实现并不困难，而在实现 Step 2 到 Step 4 时，需要用到 Android BaseAdapter(基础适配器）来辅助实现之。

为了实现从数据库中找出所有普通用户信息，在 UserManage 类中添加一个 boolean 类型的私有方法 getAllNUser()来实现上述功能，代码实现如下。

Chapter04\Section4.4\PUserManage\src\com\example\pusermanage\UserManage.java

```java
private boolean getAllNUser()
{
        //调用打开数据库的方法，获得 db
        OpenCreateDB();
    //在 tuserinfo 表中将所有用户类别为 0（即普通用户）的用户信息查找出来，（即普通用户）
        Cursor cursor=db.rawQuery("select * from tuserinfo where usertype=0",null);
        //获得符合条件的记录数，即普通用户的数量
        UNLen=cursor.getCount();
        if(UNLen>=0)  //若普通用户的数量大于或等于 0 个
        {
            //动态申请一个长度为 UNLen 的 String 数组 strUserName
            strUserName = new String[UNLen];
            //申明 iLen 为 String 数组 strUserName 的下标，并将其值初始为 0
            int iLen=0;
            //将 cursor 移动到第一行
            if(cursor.moveToFirst())
            {
    //若成功，则获取 username 列的值，并放入 strUserName 数组的第 iLen 个位置
            strUserName[iLen]=cursor.getString(cursor.getColumnIndex("username"));
                //将 iLen 加 1
                iLen=iLen+1;
                //当 cursor 向前移动一个位置时仍有数据，并且 iLen 不大于总的用户数
                while (cursor.moveToNext() && iLen<=UNLen)
                {
                    //获取 username 列的值，并放入 strUserName 数组的第 iLen 个位置
strUserName[iLen]=cursor.getString(cursor.getColumnIndex("username"));
                    //将 iLen 加 1
                    iLen=iLen+1;
                }
                //关闭 cursor
                cursor.close();
                //返回真值
                return true;
            }
            else
            {
                //若 cursor 移动到第一行不成功，返回假值
                return false;
            }
        }
}
```

```
        else
        {
            //若普通用户的数量小于 0 个，返回假值
            return false;
        }
    }
```

为了实现将所有普通用户显示在列表框里、选定一个或者多个用户名、并能从数据库中删除一个或者多个用户名，并保持列表框显示的同步更新，接下来开始介绍 Android BaseAdapter，BaseAdapter 就 Android 应用程序中经常用到的基础数据适配器，它的主要用途是将一组数据传到 ListView、Spinner、Gallery 及 GridView 等 UI 显示组件，它是继承自接口类 Adapter，使用 BaseAdapter 时需要重写很多方法。

在本节实例中，使用 BaseAdapter 按下述步骤操作。

Step 1：从 BaseAdapter 中派生出一个用于处理 ListView 中数据的类 MyAdapter。

Step 2：为此类实现构造函数，并重写 getCount()、getItem()、getItemId()、getView()方法。

Step 3：为了辅助实现 ListView 中的所有 CheckBox 在初始时来被选择，我们实现了 setCheckBoxValue(boolean bCheck)方法。

Step 4：在实现 ListView 中选中多个用户删除时，每删除一个用户时，就需要更新 ListView，因此我们实现了 syncListInt 方法来保证删除多个用户时在 ListView 中位置的正确性。

上述步骤的实现代码如下。

Chapter04\Section4.4\PUserManage\src\com\example\pusermanage\UserManage.java
```
public static class MyAdapter extends BaseAdapter
{
    //定义静态 HashMap 类型对象，用于记录 ListView 中的每一项中的 CheckBox 的值。
    public static HashMap<Integer, Boolean> isSelected;
    //定义 Context 类型对象，用于接收构造函数中的 context 对象
    private Context context = null;
    //定义 LayoutInflater 类型对象用于 xml 布局文件的实例化
    private LayoutInflater inflater = null;
    //定义 List 类型对象用于存放 ListView 中的每一项对应的用户名和是否选中
    //用户名和是否选中分别对应于 listviewitem.xml 布局文件中的 TextView 和 CheckBox
    private List<HashMap<String, Object>> listAdapter = null;
    // keyString 数组用于记录 ListView 中每个 item 中 Textview 和 CheckBox 的值
    private String keyString[] = null;
    // itemString 用于记录每个 item 中 textview 的值
    private String itemString = null;
    // idValue 用于记录 listviewitem.xml 布局文件中的 TextView 和 CheckBox 的 R.id 值
    private int idValue[] = null;

    //构造函数，包括 5 个参数。
    //Context 对象 context 用调用此方法的 this 代替；
    //List 的 list 对象为存放 ListView 中每个 item 中 Textview 和 CheckBox 的值；
    //resource 为 listviewitem.xml 布局文件对应的 R.listviewitem 值；
    //字符串数组 from 存储每个 item 中 Textview 和 CheckBox 的值；
    //整型数组 to 存储 TextView 和 CheckBox 的 R.id 值
```

```
    public MyAdapter(Context context, List<HashMap<String, Object>> list,
            int resource, String[] from, int[] to)
    {
        this.context = context;
        this.listAdapter = list;
        keyString = new String[from.length];
        idValue = new int[to.length];
        //实现 from 数组中所有数据到 KeyString 数组的复制
        System.arraycopy(from, 0, keyString, 0, from.length);
        //实现 to 数组中所有数据到 idValue 数组的复制
        System.arraycopy(to, 0, idValue, 0, to.length);
        // 使用 LayoutInflater.from 从 context 中动态载入页面布局文件
        inflater = LayoutInflater.from(context);
        //将 ListView 中的所有 CheckBox 设为未选中
        setCheckBoxValue(false);
    }
```

对于构造函数特别需要说明的是 System.arraycopy 和 LayoutInflater.*from*(context),我们使用 System.arraycopy 来实现数组之间的复制，其函数原型是：

public static void arraycopy(Object src, int srcPos, Object dest, int destPos, int length)，各参数含义如下。

src：源数组；

srcPos：源数组要复制的起始位置；

dest：目的数组；

destPos：目的数组放置的起始位置；

length：复制的长度。

参数 src 和 dest 必须是同类型或者可以进行转换类型的数组。

获得 LayoutInflater 实例的 3 种方式如下。

（1）LayoutInflater inflater = getLayoutInflater()。

（2）LayoutInflater inflater = LayoutInflater.from(context)。

（3）LayoutInflater inflater = (LayoutInflater)context.getSystemService(Context.LAYOUT_INFLATER_SERVICE)。

其实，这 3 种方式本质是相同的，都是调用的 Context.getSystemService()。

LayoutInflater 的静态函数 from(Context context)，其函数原型如下。

```
static LayoutInflater from(Context context);
```

一般在 activity 中通过调用 setContentView(int layoutResID)方法，只需将 layout 文件夹下的页面布局 xml 文件作为参数传入，即可将界面显示出来，但是如果在非 activity 中对控件布局设置操作，这需要使用 LayoutInflater 动态加载。LayoutInflater.inflate()方法将 Layout 文件转换为 View，虽然 Layout 也是 View 的子类，但在 android 中如果想将 xml 中的 Layout 转换为 View 放入代码中操作，只能通过 Inflater，而不能通过 findViewById()。inflate 会把 Layout 形成一个以 view 类实现成的对象，有需要时再用 setContentView(view) 显示出来。

　　　　Chapter04\Section4.4\PUserManage\src\com\example\pusermanage\UserManage.java
```
//syncListInt 方法将 listInt 中 start 之后（不包括 start）的 len 个元素值减去 1
//此方法用于在删除多个用户时，每删除一个用户之后，
//这个用户之后的序号（均存储在 listInt 中）自动前移一位。
public void syncListInt(int start,int len)
{
    for(int i=start+1;i<len;i++)
    {
        listInt.set(i,listInt.get(i)-1);
    }
}
// setCheckBoxValue 方法将 isSelected 中的所有值设置成 bCheck,
//这一方法实现了将 ListView 中的每一个 item 中的 CheckBox 设置成选中或未选中
public void setCheckBoxValue(boolean bCheck)
{
    isSelected = new HashMap<Integer, Boolean>();
    for (int i = 0; i < listAdapter.size(); i++)
    {
        isSelected.put(i, bCheck);
    }
}
// getCount 方法返回列表中元素个数
public int getCount()
{
    return listAdapter.size();
}

// getItem 方法返回列表中某一项值
public Object getItem(int arg0)
{
    return listAdapter.get(arg0);
}

// getItemId 方法返回某一项目的 ID 值
public long getItemId(int arg0)
{
    return arg0;
}

// getView 方法是返回位置为 position 的 View 对象
// position 是指示所要在 ListView 中显示数据在界面上的位置
//view 用于显示界面上的 item,若此 item 即将移出屏幕，需要将新进来的 item 中重用
//arg2 用于指示此视图最终会被附加到的父级视图
public View getView(int position, View view, ViewGroup arg2)
{
    ViewHolder holder = new ViewHolder();

    if (view == null)
    {
        // inflate()方法将 R.layout.listviewitem 转换为 View
```

```java
            view = inflater.inflate(R.layout.listviewitem, null);
        }
        //将view中的TextView放到holder.tv中
        holder.tv = (TextView) view.findViewById(R.id.item_tv);
        //将view中的CheckBox放到holder.cb中
        holder.cb = (CheckBox) view.findViewById(R.id.item_cb);
        //表示给View添加一个带holder标志的数据,之后可以用getTag()取出数据。
        view.setTag(holder);
        //获得position位置上的item
        HashMap<String, Object> map = listAdapter.get(position);
        if (map != null)
        {
            //此处用get方法获得了用户名
            itemString = (String) map.get(keyString[0]);
            //将用户名放在TextView上
            holder.tv.setText(itemString);
        }
        //获得isSelected中position位置的值(选中或未选中),并对CheckBox进行设定
        holder.cb.setChecked(isSelected.get(position));
        return view;
    }
}
```

在创建了 MyAdapter 之后,需要将数据库中的普通用户名全部显示为 ListView 的 item,并且在第一次显示时,需要将所有的 CheckBox 设置为未选中。为了实现初始显示,我们使用了以下方法。

Chapter04\Section4.4\PUserManage\src\com\example\pusermanage\UserManage.java

```java
public void showCheckBoxListView() {
    list = new ArrayList<HashMap<String, Object>>();
    // 此处提醒一下: strUserName存储了getAllNUser()方法返回的所有用户名
    for (int i = 0; i < strUserName.length; i++)
    {
        //进入循环后,每次产生一个item
        HashMap<String, Object> map = new HashMap<String, Object>();
        //将一个用户名映射到"item_tv"上
        map.put("item_tv", strUserName[i]);
        //将一个false映射到"item_cb"上,即表示初始时未选中
        map.put("item_cb", false);
        //把由一个用户名和布尔值构成的map加入list中。
        list.add(map);

        //调用构造函数
        adapter = new MyAdapter(this, list, R.layout.listviewitem,
                new String[] { "item_tv", "item_cb" }, new int[] {
                        R.id.item_tv, R.id.item_cb });
        //为ListView对象lvShowItem绑定MyAdapter对象adapter
        lvShowItem.setAdapter(adapter);
        listStr = new ArrayList<String>();
        listInt = new ArrayList<Integer>();
```

```java
            //监听 ListView 中的 ItemClick 事件
            lvShowItem.setOnItemClickListener(new OnItemClickListener() {

                //@Override
                public void onItemClick(AdapterView<?> arg0, View view,
                        int position, long arg3)
                {
                    //使用 getTag()的方法获取带 holder 标志的数据
                    ViewHolder holder = (ViewHolder) view.getTag();
                    // 在每次获取单击的 item 时改变 checkbox 的状态
                    holder.cb.toggle();
                    // 同时修改 map 的值保存状态
                    MyAdapter.isSelected.put(position, holder.cb.isChecked());
                    //如果 checkbox 被选中
                    if (holder.cb.isChecked() == true)
                    {
                        //在 listStr 中存入被选中 item 的用户名
                        listStr.add(strUserName[position]);
                        //在 listInt 中存入被选中 item 的屏幕位置
                        listInt.add(Integer.valueOf(position));
                    }
                        //如果 checkbox 未选中
                    else
                    {
                        //从 listStr 中移去被选中 item 的用户名
                        listStr.remove(strUserName[position]);
                        //从 listInt 中移去被选中 item 的屏幕位置
                         listInt.remove(Integer.valueOf(position));
                    }
                    //将 listStr 中的用户数（即选中的用户总数）存入 iSelectedUser
                    iSelectedUser=listStr.size();
                    //提示有多少用户被选中
                    tvShowInfo.setText("共选中"+iSelectedUser+"个用户");
                }

            });
        }
    }
```

在 usermanage 类的 onCreate 方法中，实现界面的初始化，显示所有的普通用户，分别监听【删除】和【退出】按钮。当系统管理员选中一个或多个用户，并单击【删除】按钮时，被选中的按钮从 ListView 中被移走，数据库中这些用户数据也被删除；若单击【退出】按钮时，直接转回到用户登录界面。

Chapter04\Section4.4\PUserManage\src\com\example\pusermanage\UserManage.java
```java
public void onCreate(Bundle savedInstanceState)
{
    //调用父类的构造函数
    super.onCreate(savedInstanceState);
```

```java
//加载 usermanage.xml 文件，并将其控件显示出来
setContentView(R.layout.activity_user_manage);
//lvShowItem 用于载入用户名和是否选中的 item
lvShowItem=(ListView)findViewById(R.id.lvUMShowItem);
//btnDelete 为删除一个或多个用户的按钮
btnDelete=(Button)findViewById(R.id.btnUMDelete);
//btnExit 为退出此界面并返回到用户登录界面的按钮
btnExit=(Button)findViewById(R.id.btnUMExit);
//tvShowInfo 用于显示多少个用户被选中的信息或提示未找到任何用户
tvShowInfo=(TextView)findViewById(R.id.tvUMShowInfo);

//若取出所有普通用户成功
if(getAllNUser()==true)
{
    //将所有的普通用户作为 item 显示在名为 lvShowItem 的 ListView 中，
    //初始时每一用户的 CheckBox 均未选中
    showCheckBoxListView();
}
else
{
    //若取出所有普通用户失败，lvShowItem 的 ListView 无任何 item 显示
    // tvShowInfo 中显示"未找到任何用户"
    tvShowInfo.setText("未找到任何用户");
}

//监听【删除】按钮
btnDelete.setOnClickListener(new OnClickListener(){
    // @Override
    public void onClick(View arg0)
    {
        //listStr 中存储了所有被选中的用户，用 for 循环依次读出每一个用户
        for(int i=0;i<listStr.size();i++)
        {
            //获取一个用户名
            String strTUN=listStr.get(i).toString();
            //删除这个用户
            deleteSUN(strTUN);
            //获取这个用户在屏幕中的显示位置
            int position = listInt.get(i).intValue();
            //从列表中将删除的用户移除
            list.remove(position);
            //因为上一语句，使被删除用户之后的用户自动前移一个位置
            //syncListInt 用于修改被删除用户之后所有用户在屏幕上显示的编号
            adapter.syncListInt(i,listStr.size());
            //通知列表中的项目更新
            adapter.notifyDataSetChanged();
            //将更新之后的列表中的项目全部设置为未选中
            adapter.setCheckBoxValue(false);
        }
        //清空提示信息
```

```
                tvShowInfo.setText("");
                //显示有多少个用户被删除
                 Toast.makeText(UserManage.this, " 共 删 除 "+iSelectedUser+" 个 用 户 ",
Toast.LENGTH_SHORT).show();
                //将记录总共被删除用户数量的变量 iSelectedUser 清零
                iSelectedUser=0;
                //清空选中用户的存储列表
                listStr.removeAll(listStr);
                //清空选中用户在屏幕上显示顺序的存储列表
                listInt.removeAll(listInt);

            }
        });

        //监听【退出】按钮
        btnExit.setOnClickListener(new OnClickListener(){
            //@Override
            public void onClick(View v)
            {
                //定义一个 Intent
                Intent intent=new Intent();
                //表明要从目前的 activity 跳转到 UserLogin 这个 activity 去
                intent.setClass(UserManage.this, UserLogin.class);
                //启动 Activity
                startActivity(intent);
            }
        });
    }
    //删除指定用户,输入参数为用户名
    private void deleteSUN(String strUserName)
    {
        //因为之前插入用户时已经保证了用户名的唯一性,所以删除时直接根据传入的用户名,
        //在 tuserinfo 表中删除掉用户名为 strUserName 的用户
        db.execSQL("delete from tuserinfo where username='"+strUserName+"'");

    }
```

本节案例相对复杂,我们在书中只讲解了关键代码,若想运行,请看完整工程文件。

4.5 小 结

本章主要介绍了数据库开发入门类的知识,包括 SQLite 的历史,基本用法和常用语句。为了让读者更加容易理解本章所介绍的知识,本章的各小节均为独立的工程。

4.1 节介绍了 SQLite 的基本操作;4.2 节的用户注册实例实现了创建数据库,创建用户信息表,对数据库中用户信息表的查询和插入;4.3 节的用户登录实例实现了根据用户的不同类别做出相应

提示；4.4节的用户信息管理则实现了对用户信息表的更新和删除。

本章所涉及的均为数据库基本操作，均只对单表进行，并且未使用可视化管理工具。理解本章所有实例，能更好地帮助读者完成数据库开发入门这一过程。

习 题 4

1. 在【用户注册】时，要求用户名为邮箱，对其有效性进行检测，若为无效邮箱，提示用户使用有效邮箱。

2. 在【用户注册】时，要求密码必须为6位，并且密码中包括字母和数字。

3. 在【用户登录】输入用户名和密码时，请实现若用户连续输入错误3次锁定该用户。

4. 在【用户信息管理】中，请实现增加对普通用户的信息修改，包括用户姓名、电话、邮箱等资料。

5. 在【用户信息管理】中，实现系统管理员能对某一用户的用户名进行修改。

6. 请将【用户注册】和【用户登录】模块中均用到的 isStrEmpty 放在一个公共模块里以实现代码的重用，而不是像现在这样在每一个类里面都有这个方法。

7. 请将【用户注册】、【用户登录】和【用户信息管理】这3个模块中均用到的 OpenCreateDB 放在公共模块中实现代码重用。

8. 请将数据库关闭的代码放在公共模块中实现代码重用。

9. 请将【用户注册】中的 isExistAdmin() 和 isExistUserName() 方法抽象，实现重用。

10. 请按用户界面、数据处理、公用函数的形式来重新设计并实现本节实例。

11. 请实现一个通讯录APP，要求可以增加、修改和删除用户的基本信息，可以自定义的格式导出通讯录。

12. 请实现一个日常生活开支的APP，要求能记录每天的支出和收入，能按指定时间统计和查询。

13. 请实现一个日程管理APP，可以记录和查询每天自己什么时间要上什么课程，课余时间都有什么安排，重要的事情可设置提醒。

14. 请实现一个教室使用情况查询APP，用于帮助去教室自习的同学快速找到空余教室。

15. 请实现一个考勤APP，用于代替目前的纸质的考勤方式。

第 5 章
数据库开发实战：英语听力测试

在第 4 章已经学习了基于 Android 的数据库开发的基本知识，并实现了用户的注册、登录和管理。本章将使用 2013 年 6 月英语四级听力试题及 mp3 文件作为原始数据，实现英语听力测试实例。由于本章案例是一个相对完整的项目，因此在介绍本章实例时，根据整章的内容创建了一个完整的项目 PLCet，以便让读者了解从零开始开发项目的流程，完整项目在实现听力的播放、试题及答案的显示、用户答题操作及判断时，无论是用户界面，还是处理代码，均是根据实际需求按阶段逐步增加。此外，在 5.2 节和 5.3 节保留了分小节独立创建 Android 项目的方式，让读者在学习每一小节的过程中都能检验自己是否真的学会了教材中所介绍的知识，具体方式是通过自己动手编写出教材中讲解的代码并运行这些代码，对比其与教材中图示的运行效果，以激发读者的学习兴趣。

5.1 准备数据库

上一章我们学习了如何使用代码创建或打开数据库、关闭数据库和删除数据库，并学习了如何使用代码在数据库中创建和删除表。本节将介绍如何使用可视化工具来进行数据库的创建和删除，以及在数据库中创建和删除表。

5.1.1 SQLite 可视化管理工具

目前网络上已经有很多成熟的 SQLite 可视化管理工具供开发人员下载，如：SQLiteSpy (http://www.yunqa.de/delphi/doku.php/products/sqlitespy/index)；SQLiteStudio(http://sqlitestudio.pl/)；SQLite Manager(https://addons.mozilla.org/zh-cn/firefox/addon/sqlite-manager/)；SQLiteExpert(http://www.sqliteexpert.com/)。

本章将使用 SQLiteExpert 3.5.65（http://www.sqliteexpert.com/download.html）进行数据库及表的创建。

1．SQLiteExpert 的安装

打开上述下载页面，如图 5-1 所示。

单击【DOWNLOAD】，开始安装源文件的下载，完成下载之后，双击安装源文件，将启动图 5-2 所示的安装程序欢迎界面。

第 5 章 数据库开发实战：英语听力测试

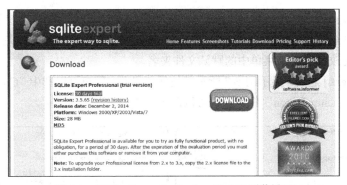

图 5-1　SQLite Expert Professional 3.5.65 下载界面

在安装的欢迎界面中单击【Next】，进入软件许可协议界面，如图 5-3 所示，默认选中"I do not accept the agreement"，此时无法继续安装，即【Next】按钮不可用。

图 5-2　欢迎界面　　　　　　　　图 5-3　软件许可界面

为了使安装继续，请在软件许可界面选择"I accept the agreement"，这样【Next】按钮变为可用状态，如图 5-4 所示。

接受软件许可协议之后，单击【Next】，进入图 5-5 所示的界面，用户在此界面可以选择软件的安装的位置，其中默认路径为"C:\Program Files (x86)\SQLite Expert\Professional 3"，注意最下方的一行提示"At least 197.9MB of free disk space is required"。建议第一次使用本软件的用户不要去单击【Browse】修改默认的软件安装路径。

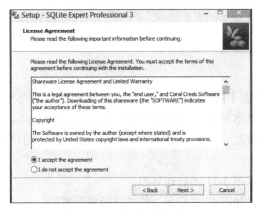

图 5-4　接受软件许可　　　　　　　　图 5-5　选择软件安装路径

179

用户设定安装路径之后直接单击【Next】，进入图 5-6 所示开始菜单文件夹选择界面。默认开始菜单中文件夹的名称为 SQLite Expert，单击 Browse 可以选择不同的文件夹，但不建议初次使用本软件的用户更改其在起始菜单中的默认文件夹名。

用户单击【Next】之后，显示图 5-7 所示其他任务界面，用户可以选中 "Create a desktop icon" 或 "Create a Quick Launch icon" 任务，也可以两个都选中。

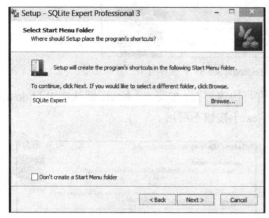

图 5-6　选择开始菜单文件夹名

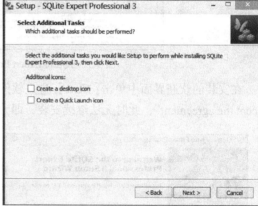

图 5-7　选择其他任务

建议用户不要选择 "Create a desktop icon" 或 "Create a Quick Launch icon" 任务，直接单击【Next】，进入图 5-8 所示界面，准备开始安装。该界面会将本软件安装的目标位置，启动菜单文件夹显示出来，用户可单击【Back】进行修改。

用户确认上述信息之后，单击【Install】按钮，显示如图 5-9 所示安装界面。

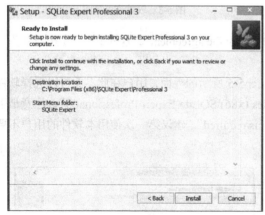

图 5-8　准备安装界面

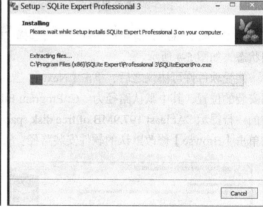

图 5-9　安装界面

软件安装完成后，如图 5-10 所示，用户单击【Finish】可结束本软件的安装，退出安装程序。但请注意若用户不打算在安装结束后启动本软件，请取消图中 "Launch SQLite Expert Professional" 复选框选中状态，否则软件在安装结束后，用户单击【Finish】时会自动启动。

2. SQLiteExpert 的启动

在【开始】菜单中单击 SQLite Expert，将显示图 5-11 的启动界面。

启动该软件完成之后，显示该软件的主界面，如图 5-12 所示，软件启动界面消失。

图 5-10 软件安装完成

图 5-11 软件启动界面

图 5-12 软件主界面

5.1.2 创建 Conversation 表

为了实现在数据库中存储四级听力 Conversation 的试题，我们需要创建与之相对应的表。在创建表之前，需要先创建相应地数据库。在 SQLite Expert 主界面上单击【File】，如图 5-13 所示。

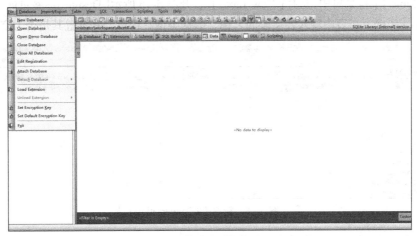
图 5-13 【File】下拉菜单

在【File】下拉菜单中选择【New Database】，弹出图 5-14 所示新建数据库界面。

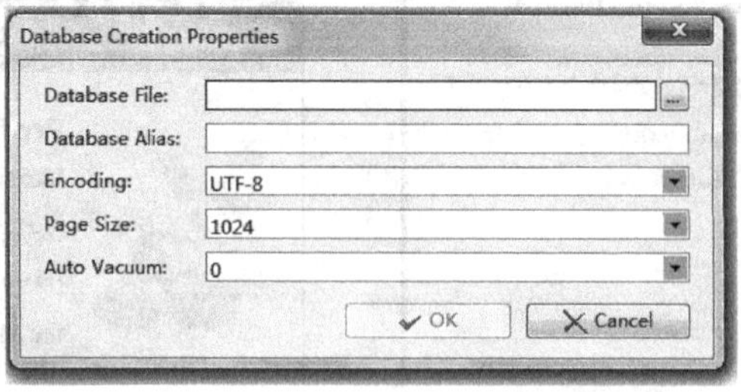

图 5-14 【Database Creation Properties】对话框

在【Database File】之后文本框输入数据库文件名"dbcet4l"，接受系统推荐的【Database Alias】，单击【OK】完成数据库的创建。

在主窗口的左边选中【dbcet4l】，并选择【Table】菜单，如图 5-15 所示。

图 5-15 【Table】下拉菜单

在【Table】下拉菜单中，选择【New Table】，打开图 5-16 所示【Design】标签页面。【Table name】为 TConversation，在表中输入各字段的名称、数据类型、精度，并设置其是否为空。

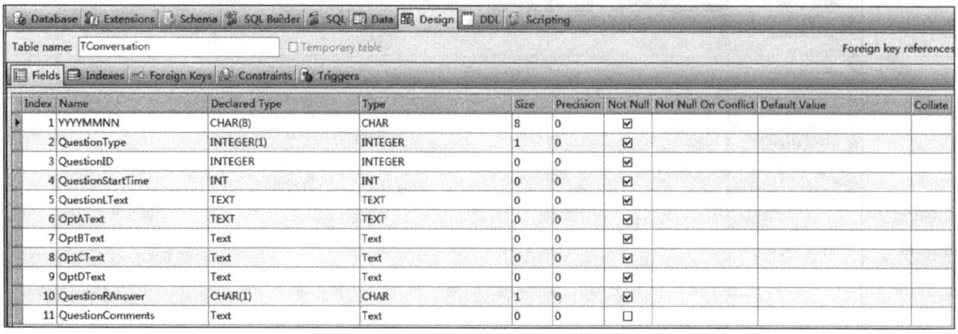

图 5-16 新建【TConversation】表

为了更好地理解此表的设计思想，将每一字段的释义列出（见表 5-1）。

表 5-1　　　　　　　　　　　　TConversation 表的各字段释义

序号	字段名字	字段释义
1	YYYYMMNN	年月次，YYYY 表示四位年份，MM 表示两位月份，不足两位的月份第一位置 0，由于最新的四级考试每一次都有多套试题，因此用 NN 表示第几套试题。此字段默认值的格式为 20140601
2	QuestionType	试题类型，事实上听力选择题分为短对话、长对话和听力短文，只有短对话满足一段对话对应一道试题的形式，长对话和听力短文均为一段对话对应多道试题。为了简化设计，我们对长对话和听力短文作了相应的处理，并通过试题类型字段取不同的值来区分短对话，长对话和听力短文
3	QuestionID	试题编号，表示试题在试卷中的题号
4	QuestionStartTime	听力文件播放起始时间，由于听力部分是一个完整的 mp3 文件，此字段用于记录每一题对应的听力文本在 mp3 音频文件中的开始时间
5	QuestionLText	听力文本，听力考试时，听力文本及试题是在听力文件中，试卷上只印有四个选项。此字段用于记录听力文本及试题文本
6	OptAText~OptDText	对应 A~D 各选项内容
7	QuestionRAnswer	每道试题对应的正确答案
8	QuestionComments	注释

5.1.3　创建 Compound Dictation 表

按照上面介绍的方法在数据库【dbcet4l】中为 Compound Dictation 创建 TCompoundDictation 表，如图 5-17 所示【Design】标签页面，TCompoundDictation 表中每一字段的释义可参考 TConversation 表的各字段释义。

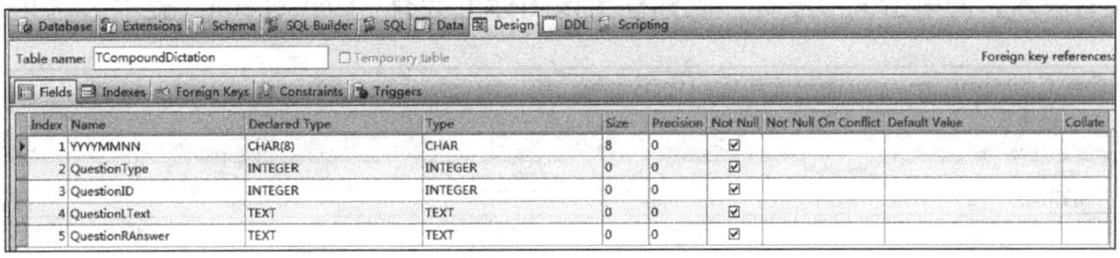

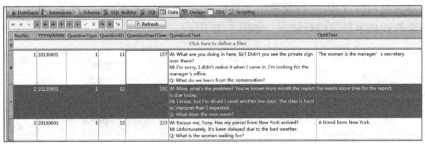

图 5-17　新建【TCompoundDictation】表

5.1.4　数据表的基本操作

对于数据表的操作，既包括插入数据、编辑数据和删除数据等基本操作，也包括上一条记录、下一条记录和上一页或下一页记录等数据浏览常用功能，如图 5-18 所示的【Data】标签页面。接下来以 TConversation 为例，来介绍如何完成数据的增加、修改和删除操作。

图 5-18　数据操作界面

1. 数据的增加

通过单击工具栏中的加号图标（鼠标移至该图标上会有"Insert record"提示），会在图 5-18 的最上方新增一行，每一字段值默认为 null，如图 5-19 所示，用户可以按照每一字段对数据的要求将相应的数据手工录入或复制到该字段中。

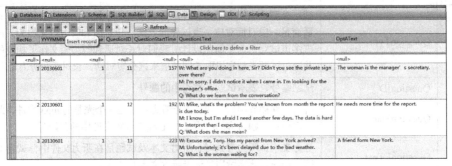

图 5-19　插入数据界面

数据录入完毕后，进入数据保存界面，如图 5-20 所示，需单击勾号图标（鼠标移至该图标上会有"Post edit"提示）完成对录入数据的保存。

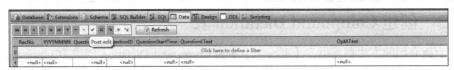

图 5-20　数据保存界面

若想取消录入，需单击叉号图标（鼠标移至该图标上会有"Cancel edit"提示），如图 5-21 所示。

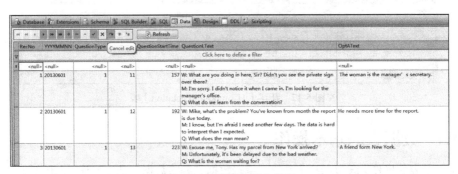

图 5-21　取消数据录入界面

2. 数据的修改

数据的修改有两种方式，一种是单击三角形图标（鼠标移至该图标上会有"Edit record"提示），然后选中所要修改的字段值进行修改，如图 5-22 所示。

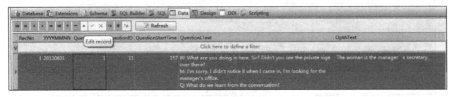

图 5-22　修改数据界面

第二种是双击待修改的记录，在图 5-23 所示【Record Editor】中会显示出每一字段名及对应这一记录的值，用户可对字段对应的记录值进行修改并保存之。

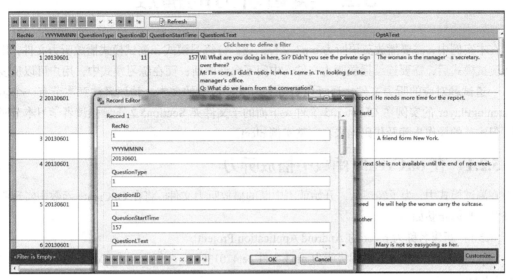

图 5-23 修改数据界面

3. 数据的删除

选中待删除记录，可单击减号图标（鼠标移至该图标上会有"Delete record"提示），如图 5-24 所示。

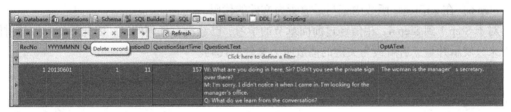

图 5-24 删除数据界面

若用户单击减号图标，则弹出图 5-25 所示删除记录确认对话框，用户单击【OK】即完成记录删除。

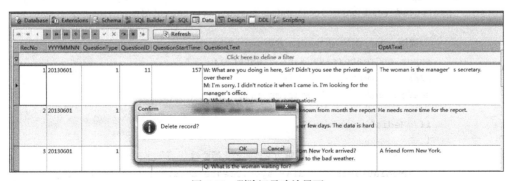

图 5-25 删除记录确认界面

5.2 英语听力的播放

在本实例中，需要播放英语听力 mp3 文件。我们分练习模式和测试模式播放听力文件，用户进入测试模式后，需要连续播放听力文件，中间不允许中断；而在练习模式中，用户可以反复播放某一道试题对应的听力文件，还可以查看听力文件对应的文本。请读者注意本节有一个名为 PListeningPlayer 的实例在 Chapter05 文件夹下面的子文件夹 Section5.2 下，供读者学习本节时使用，但本节的操作步骤及代码均来自完整实例 plcet。

5.2.1 在 onCreate 函数中播放听力

在测试模式中，为了实现从一开始就不中断的播放听力文件，将在 OnCreate 函数中实现听力的播放。具体步骤如下。

Step 1：新建名称为 plcet 的 Android Application Project。

Step 2：将 2013 年 6 月的四级听力 mp3 文件 cet4201306.mp3 复制到 PLCet 下的 res 文件夹的 raw 子文件夹下面。

Step 3：在 plcett 下的 src 文件夹下的 com.example.plcet 下新建 SingleTest.java 类，建议此类从 ActionBarActivity 中派生。

Step 4：在 plcet 下的 res 文件夹的 layout 子文件夹中新建 activity_st.xml 文件。

Step 5：在 activityTest 类中添加 onCreate 函数。

Step 6：在 onCreate 函数中编写播放听力文件的代码。

对于 Step 1 到 Step 4，相信经过前面章节的学习，已经没有任何问题，因此不做具体的讲解。接下来只展示并重点讲解最为关键的播放听力文件的代码。

\Chapter05\plcet\src\main\java\com\example\plcet\SingleTest.java

```java
//SingleTest 从 ActionBarActivity 中派生
public class SingleTest extends ActionBarActivity
{
//定义一个 MediaPlayer 对象 mMediaPlayer，并将其初始化为空
    private MediaPlayer mMediaPlayer=null;
    @Override
        protected void onCreate(Bundle savedInstanceState)
        {
            //调用 super 类的 onCreate 方法
            super.onCreate(savedInstanceState);
            //载入 activity_st 布局文件
            setContentView(R.layout.activity_st);

            if(mMediaPlayer==null)
            {
                //用 2013 年 6 月的四级听力文件初始化播放器
                mMediaPlayer = MediaPlayer.create(this,R.raw.cet4201306);
            }
            //启动播放器
            mMediaPlayer.start();
```

    }
}

上述代码运行后会自动播放听力文件,界面效果如图 5-26 所示。

读者该不会奇怪图 5-26 所示的听力选择题的测试界面上什么也没有,因为到目前为止只是创建了一个空的页面文件 activity_st.xml,实现了在 onCreate 函数中播放听力。以下为 activity_st.xml 对应的源文件。

图 5-26 测试界面

\Chapter05\plcet\src\main\res\layout\activity_st.xml
```xml
<?xml version="1.0" encoding="utf-8"?>
<LinearLayout xmlns:android="http://schemas.android.com/apk/res/android"
    android:layout_width="match_parent"
    android:layout_height="match_parent"
    android:orientation="vertical" >
</LinearLayout>
```

5.2.2 从指定位置播放听力

在练习模式中,用户可以通过单击【播放听力】按钮实现反复播放某一道题的对应的听力文本。具体步骤如下。

Step 1:在 PLCet 下的 src 文件夹下的 com.example.plcet 下新建 SinglePractice.java 类,建议此类从 ActionBarActivity 中派生。

Step 2:在 PLCet 下的 res 文件夹的 layout 子文件夹中新建 activity_sp.xml 文件。

Step 3:在 SinglePractice.java 类中打开数据库 dbcet4l.db,获得数据库对象。

Step 4:使用数据库对象打开数据表,获取游标。

Step 5:在 onCreate 函数中创建播放器对象。

Step 6:利用游标获取待播放听力文件的起始位置,实现从指定位置播放听力的方法 playLis()。

Step 1 和 Step 2 可参照本书第 1 章的例子完成,对于 Step 3,可用 getDatabase()方法实现,具体代码如下。

\Chapter05\plcet\src\main\java\com\example\plcet\SinglePractice.java
```java
public SQLiteDatabase getDatabase()
{
    try
    {
        // 使用数据库文件的绝对路径 rootDirectory 初始化 dir 对象.
        File dir = new File(DBPATH);
        // 如果目录不存在,创建这个目录
        if (!dir.exists())
            dir.mkdir();
        // 如果在绝对路径中不存在数据库文件
        //则从 res\raw 目录中复制这个文件到该目录
        if (!(new File(DBPATHFN )).exists())
        {
            // 获得封装 dbcet4l.db 文件的 InputStream 对象 is
            InputStream is = getResources().openRawResource(R.raw.dbcet4l);
```

```java
                    //创建FileOutputStream对象fos
                    FileOutputStream fos = new FileOutputStream(DBPATHFN );
                    //新建buffer用于数据复制
                    byte[] buffer = new byte[100000];
                    int count = 0;
                    // 开始复制dbcet41.db文件
                    while ((count = is.read(buffer)) > 0)
                    {
                        fos.write(buffer, 0, count);
                    }
                    //关闭fos对象
                    fos.close();
                    //关闭is对象
                    is.close();
                    //打开dbcet41.db,获取db对象
                    SQLiteDatabase db = SQLiteDatabase.openOrCreateDatabase(DBPATHFN, null);
                    //返回db对象
                    return db;
                }
                //如果在绝对路径中存在数据库文件
                else
                {
                    //打开dbcet41.db,获取db对象
                    SQLiteDatabase db = SQLiteDatabase.openOrCreateDatabase(DBPATHFN, null);
                    //返回db对象
                    return db;
                }
            }
            //抛出异常
            catch (Exception e)
            {
                //返回空对象
                return null;
            }
        }
```

对于Step 4，可用getCursor()方法实现，具体代码如下。

\Chapter05\plcet\src\main\java\com\example\plcet\SinglePractice.java

```java
public Cursor getCursor()
{
    try
    {
        //获取数据库对象
        dbSP=getDatabase();
        //判断dbSP是否为空，若不为空，则执行下列查询
        if(dbSP!=null)
        {
            //查询TConversation并获得游标
            Cursor c = dbSP.query("TConversation",null,null,null,null,null,null);
```

```
                return c;
            }
            else
            {
                return null;
            }
        }
        //抛出异常
        catch (Exception e)
        {
            //返回空对象
            return null;
        }
    }
```

Step 5 可参照 5.2.1 节的例子初始化并启动 MediaPlayer 对象 mMediaPlayer，接下来介绍 Step 6 中涉及的从指定位置播放听力的方法 playLis()。

\Chapter05\plcet\src\main\java\com\example\plcet\SinglePractice.java

```
public void playLis()
    {
        //首先判断 mMediaPlayer 是否为空，若为空直接 return
        if(mMediaPlayer==null)
            return;
        //首先判断播放器是否处于播放状态
        if(mMediaPlayer.isPlaying()==true)
        {
            //若播放器处于播放状态，使其暂停
            mMediaPlayer.pause();
        }
        //调用 getCursor()方法获得游标
        cSP=getCursor();
        //判断游标是否不为空
        if(cSP!=null)
        {
            //若游标不为空，调用 moveToFirst()方法移到第一条记录
            if(cSP.moveToFirst())
            {
                //从数据库中获取起始时间，并进行单位换算变成毫秒
                iCurSec= cSP.getInt(cSP.getColumnIndex("QuestionStartTime"))*iPer;
            }
            else
            {
                //若游标未能成功移至第一条记录处，将起始时间设置为 0
                iCurSec=0;
            }

        }
        else
        {
            //若游标为空，将起始时间设置为 0
```

```
            iCurSec=0;
        }

        //让播放器转到将要播放的时刻
        mMediaPlayer.seekTo(iCurSec);
        //启动播放器
        mMediaPlayer.start();
    }
```

程序运行后，同 5.2.1 节一样会自动播放听力文件，用户单击【播放听力】，将会从指定位置开始播放听力，具体的播放位置由 TConversation 表中选中记录的 QuestionStartTime 决定，到目前为止单击【播放听力】默认是从第一题开始播放。程序运行的界面如图 5-27 所示。

为了更好地帮助大家上机调试程序，下面给出 activity_sp.xml 文件。

图 5-27　练习界面（从指定位置播放听力）

\Chapter05\plcet\src\main\res\layout\activity_sp.xml

```xml
<?xml version="1.0" encoding="utf-8"?>
<LinearLayout xmlns:android="http://schemas.android.com/apk/res/android"
    android:layout_width="match_parent"
    android:layout_height="match_parent"
    android:orientation="vertical" >

    <Button
        android:id="@+id/btnSPPlay"
        android:layout_width="wrap_content"
        android:layout_height="wrap_content"
        android:text="播放听力" />

</LinearLayout>
```

5.3　英语试题及答案的显示

英语听力试题分为单项选择题和复合式听写试题，这两种试题的显示界面是不一样的。对于单项选择题，只需使用 RadioButton 控件显示每道题目对应的 4 个选项的内容，用户答题时只需单击单选按钮就能完成；而对于复合式听写试题，则需要使用 TextView 显示，并使用 EditText 来让用户填写每一道题的答案。

在练习模式和测试模式下，单项选择题的界面是不一样的。在练习模式下，用户在答题过程中除了可以反复单击【播放听力】按钮以播放当前试题对应的听力文本，还可以单击【上一题】按钮以修改之前做过的试题；在测试模式下，单项选择对应的听力只放一遍，用户不可以重放听力，只能单击【判断正误】和【进入下一题】。

从理论上来说，在设计复合式听写试题界面时原本也该分为练习模式和测试模式，在练习模式中也该允许用户反复单击【播放听力】，但事实上我们知道，复合式听写试题在测试时一共被播放 3 次,反复单击【播放听力】按钮以实现听力全文的重复播放没有太大意义,因此,在实现复合式听写试题时,并未区分练习模式和测试模式,而是统一使用练习测试混合模式。

考虑到用户进行单项选择题的练习时,可以通过单击【上一题】或【下一题】修改答案,因此在练习模式下单项选择题的标准答案是在用户完成所有试题并提交答案后在一个界面里统一显示,这种显示答案的方式请读者课后完成;而进行单项选择题的测试时,在用户完成选择之后单击【判断正误】即显示答案,这将在下一节介绍。

复合式听写试题的答案显示是通过监听用户选择菜单实现的,我们将在本节介绍。

请读者注意本小节有一个名为 PQAShow 的实例在 Chapter05 文件夹下面的子文件夹 Section5.3 下,供读者学习本小节时使用,但本小节的操作步骤及代码均来自完整实例 plcet。

5.3.1 使用 RadioButton 显示选择题

在使用 RadioButton 显示选择题时,练习模式和测试模式的用户界面并不一样,因此我们分开介绍。

1. 测试模式下使用 RadioButton 显示选择题

在测试模式下,为了显示选择题的题干和选择支,需要在 5.2.2 节展示的页面上增加多个控件,对应的 activity_st.xml 页面文件如下。

\Chapter05\plcet\src\main\res\layout\activity_st.xml

```xml
<?xml version="1.0" encoding="utf-8"?>
<LinearLayout xmlns:android="http://schemas.android.com/apk/res/android"
    android:layout_width="match_parent"
    android:layout_height="match_parent"
    android:orientation="vertical" >

<LinearLayout
    android:layout_width="match_parent"
    android:layout_height="wrap_content" >

    <TextView
        android:id="@+id/tvSTQID"
        android:layout_width="70dp"
        android:layout_height="wrap_content"
        android:text="第11题" />

</LinearLayout>

<RadioGroup android:id="@+id/rgtST" android:contentDescription="选项"
android: layout_width="wrap_content" android:layout_height="wrap_content">

    <RadioButton
        android:id="@+id/rbtSTAText"
        android:layout_width="match_parent"
        android:layout_height="wrap_content"
        android:text="A. Children should be taught to be more careful." />

    <RadioButton
        android:id="@+id/rbtSTBText"
        android:layout_width="match_parent"
        android:layout_height="wrap_content"
```

```
            android:text="B. Children shouldn't drink so much orange juice." />

        <RadioButton
            android:id="@+id/rbtSTCText"
            android:layout_width="match_parent"
            android:layout_height="wrap_content"
            android:text="C. There is no need for the man to make such a fuss." />

        <RadioButton
            android:id="@+id/rbtSTDText"
            android:layout_width="match_parent"
            android:layout_height="wrap_content"
            android:text="D. Timmy should learn to do things in the right way." />
    </RadioGroup>

</LinearLayout>
```

activity_st.xml 页面的控件布局如图 5-28 所示。

activity_st.xml 运行的页面效果如图 5-29 所示。

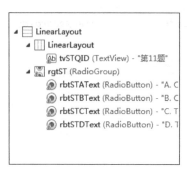

图 5-28 测试界面的控件布局

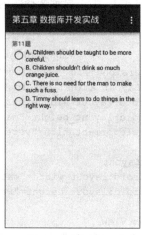

图 5-29 测试界面

2. 练习模式下使用 RadioButton 显示选择题

在练习模式下，为了显示选择题的题干和选择支，需要在 5.2.2 节展示的页面上增加多个控件，对应的 activity_sp.xml 页面文件如下。

\Chapter05\plcet\src\main\res\layout\activity_sp.xml

```
<?xml version="1.0" encoding="utf-8"?>
<LinearLayout xmlns:android="http://schemas.android.com/apk/res/android"
    android:layout_width="match_parent"
    android:layout_height="match_parent"
    android:orientation="vertical" >

    <LinearLayout
        android:layout_width="match_parent"
        android:layout_height="wrap_content" >

        <TextView
            android:id="@+id/tvSPQID"
```

```xml
            android:layout_width="70dp"
            android:layout_height="wrap_content"
            android:layout_weight="1.0"
            android:text="第11题" />

    <Button
        android:id="@+id/btnSPPlay"
        android:layout_width="120dp"
        android:layout_height="wrap_content"
        android:text="播放听力" />
</LinearLayout>

<RadioGroup android:id="@+id/rgtSP" android:contentDescription="选项"
android:layout_width="wrap_content" android:layout_height="wrap_content">
        <RadioButton
            android:id="@+id/rbtSPAText"
            android:layout_width="match_parent"
            android:layout_height="wrap_content"
            android:text="A. Children should be taught to be more careful." />

        <RadioButton
            android:id="@+id/rbtSPBText"
            android:layout_width="match_parent"
            android:layout_height="wrap_content"
            android:text="B. Children shouldn't drink so much orange juice." />

        <RadioButton
            android:id="@+id/rbtSPCText"
            android:layout_width="match_parent"
            android:layout_height="wrap_content"
            android:text="C. There is no need for the man to make such a fuss." />

        <RadioButton
            android:id="@+id/rbtSPDText"
            android:layout_width="match_parent"
            android:layout_height="wrap_content"
            android:text="D. Timmy should learn to do things in the right way." />
        </RadioGroup>

    <LinearLayout
        android:layout_width="match_parent"
        android:layout_height="wrap_content"
        android:orientation="vertical" >

    <TextView
        android:id="@+id/tvSPLText"
        android:layout_width="match_parent"
        android:layout_height="wrap_content"
        android:scrollbars="vertical"
        android:singleLine="false"
        android:visibility="invisible" />

    </LinearLayout>

    </LinearLayout>
```

activity_sp.xml 页面布局如图 5-30 所示。
activity_sp.xml 页面运行效果如图 5-31 所示。

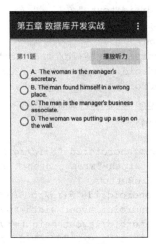

图 5-30　练习界面布局　　　　　　　图 5-31　练习界面

无论是测试模式，还是练习模式，使用 RadioButton 显示单项选择题的操作大致如下。

Step 1：打开数据库 dbcet4l.db，获得数据库对象。

Step 2：从数据表 TConversation 中将题号和 4 个选项内容取出，将其分别显示在 TextView 和 RadioButton 中。

Step 3：在 onCreate 函数中调用 Step 2 中的方法完成试题的显示。

此处以练习模式下显示单项选择题为例讲解上述操作，Step 1 可使用 5.2.2 节介绍的 getDatabase()方法完成，在成功返回数据库对象 dbSP 之后，可用以下代码实现 Step 2。

\Chapter05\plcet\src\main\java\com\example\plcet\SinglePractice.java

```
public void setRBText(SQLiteDatabase dbRbt)
{
    //若dbRbt 不为空
    if(dbRbt!=null)
    {
        //查询TConversation 表，返回表中所有字段，并获得游标
        cSP = dbRbt.query("TConversation",null,null,null,null,null,null);
        //将游标移至第一行，
        //若成功，则从游标中取出数据分别显示在TextView 和RadioButton 上
        if(cSP.moveToFirst())
        {
            //在TextView 上显示题号，即当前为"第几题"
            tvQuestionID.setText("第"
+cSP.getString(cSP.getColumnIndex("QuestionID")) +"题");
            //将选项 A 的内容显示在第一个RadioButton 上
            rbtQuestionAText.setText ("A.
"+cSP.getString(cSP.getColumnIndex("OptAText")));
            //将选项 B 的内容显示在第二个RadioButton 上
            rbtQuestionBText.setText ("B.
"+cSP.getString(cSP.getColumnIndex("OptBText")));
            //将选项 C 的内容显示在第三个RadioButton 上
```

```
                rbtQuestionCText.setText ("C.
                "+cSP.getString(cSP.getColumnIndex("OptCText")));
                //将选项 D 的内容显示在第四个 RadioButton 上
                rbtQuestionDText.setText ("D.
                "+cSP.getString(cSP.getColumnIndex("OptDText")));
                //将正确答案存在变量 strRightA 上
                strRightA=cSP.getString(cSP.getColumnIndex("QuestionRAnswer"));
        }
    }
}
```

Step 3 的实现代码如下所示。

\Chapter05\plcet\src\main\java\com\example\plcet\SinglePractice.java

```
protected void onCreate(Bundle savedInstanceState)
{
        ……
        //Step 1 获取数据库对象 dbSP
        dbSP=getDatabase();
        //Step 2 获取题号和选项并分别显示在 TextView 和 RadioButton 上
        setRBText(dbSP);
        ……
}
```

5.3.2 使用 TextView 显示听写题

对于听写题，可使用 TextView 显示其文本，并使用 EditText 让用户填写听写题对应的答案。为了实现上述功能，具体步骤如下。

Step 1：在 PLCet 下的 src 文件夹下的 com.example.plcet 下新建 CompoundDication.java 类，建议此类从 ActionBarActivity 中派生。

Step 2：在 PLCet 下的 res 文件夹的 layout 子文件夹中新建 activity_cd.xml 文件。

Step 3：在 CompoundDication.java 类中实现使用 TextView 显示听写题文本。

对于 Step 1 和 Step 2 的具体过程，读者若不明白可参考第 1 章。为了更好地帮助大家上机调试程序，下面直接给出 activity_cd.xml 文件、控件布局及运行后的界面。

\Chapter05\plcet\src\main\res\layout\activity_cd.xml

```xml
<?xml version="1.0" encoding="utf-8"?>
<LinearLayout xmlns:android="http://schemas.android.com/apk/res/android"
    android:layout_width="match_parent"
    android:layout_height="match_parent"
    android:orientation="vertical" >

    <ScrollView
        android:layout_width="fill_parent"
        android:layout_height="160dp" >

    <TextView
        android:id="@+id/tvCDQText"
        android:layout_width="match_parent"
        android:layout_height="142dp"
        android:ellipsize="none"
        android:scrollbars="vertical"
        android:singleLine="false"
        android:text="My favorite T.V. show? "The Twilight Zone." I (36)
```

```
         like the episode called "The Printer's Devil." It's about a newspaper editor who's being
     (37)           out of business by a big newspaper syndicate—you know, a group of papers (38)
              by the same people." />
        </ScrollView>

    </LinearLayout>
```

activity_cd.xml 控件布局如图 5-32 所示。

上述页面运行后的效果如图 5-33 所示。

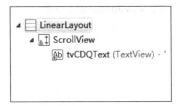

图 5-32 控件布局   图 5-33 听写题界面

如 5.3.1 节所介绍，欲实现使用 TextView 显示听写题文本，只需要完成以下 3 步。

Step 1：打开数据库 dbcet4l.db，返回数据库对象。

Step 2：从 TCompoundDictation 表中获取数据，并将听写题文本对应的字段内容显示在 TextView 上。

Step 3：在 onCreate 函数中调用 Step 2 中的方法。

完成 Step 1 的代码与 5.3.1 节完全相同，调用 getDatabase()方法即可完成，在此不再重复介绍，而完成 Step 2 的思路如下：先通过数据库对象使用 getCursor 方法获取游标，再通过游标使用 setTVText 方法将数据库中的内容显示出来，具体如下。

　　　　　　　　\Chapter05\plcet\src\main\java\com\example\plcet\CompoundDication.java
```
public Cursor getCursor(SQLiteDatabase dbTvt)
{
        //若数据库对象 dbTvt 不为空，进行查询
        if(dbTvt!=null)
        {
            //查询 TCompoundDictation 表并获得其游标
            cCD = dbTvt.query("TCompoundDictation",null,null,null,null,null,null);
            //返回游标
            return cCD;
        }
        //若数据库对象 dbTvt 为空
        else
        {
```

```
            //返回空
            return null;
        }
}

public void setTVText(Cursor cTV)
{
        //若游标不为空
        if(cTV!=null)
        {
            //将游标移至第一条记录,并判断是否成功
            if(cTV.moveToFirst())
            {
                //若成功将游标移至第一条记录处
                //将字段QuestionLText对应的听写题文本内容取出显示在TextView上
                tvQuestionLText.setText(cTV.getString(cTV.getColumnIndex("QuestionLText")));
            }
            else
            //若移动不成功给出提示
            {
                tvQuestionLText.setText("Cursor moveToFirst Failed");
            }
        }
        //若游标为空提示之
        else
        {
            tvQuestionLText.setText("Cursor is null");
        }
}
```

Step 3 的实现代码如下所示。

\Chapter05\plcet\src\main\java\com\example\plcet\CompoundDication.java

```
protected void onCreate(Bundle savedInstanceState)
{
        ……
        //Step 1 获取数据库对象dbCD
        dbCD=getDatabase();
        //Step 2 获取题号和选项并分别显示在TextView和RadioButton上
        cCD=getCursor(dbCD);
        setTVText(cCD);

        ……
}
```

5.3.3 监听菜单显示听写题答案

对于听写题的答案显示，我们通过监听用户选择菜单分别来实现返回用户答题界面或显示标准答案。这一过程大致可分为以下步骤。

Step 1：在 5.3.2 节 activity_cd.xml 里增加控件用于显示题号，用户答题和显示答案。

Step 2：在 PLCet/res/menu 下新建 showcdanswer.xml 用于菜单布局。

Step 3：通过 onCreateOptionsMenu(Menu menu)方法在听写题页面上将菜单加载并显示出来。

Step 4：在 onOptionsItemSelected(MenuItem item)方法中监听用户选择菜单事件，根据不同情况分别实现返回用户答题界面或显示标准答案。

Step 1 中 activity_cd.xml 如下。

\Chapter05\plcet\src\main\res\layout\activity_cd.xml

```xml
<?xml version="1.0" encoding="utf-8"?>
<LinearLayout xmlns:android="http://schemas.android.com/apk/res/android"
    android:layout_width="match_parent"
    android:layout_height="match_parent"
    android:orientation="vertical" >

    <ScrollView
        android:layout_width="fill_parent"
        android:layout_height="160dp" >

    <TextView
        android:id="@+id/tvCDQText"
        android:layout_width="match_parent"
        android:layout_height="142dp"
        android:ellipsize="none"
        android:scrollbars="vertical"
        android:singleLine="false"
        android:text="My favorite T.V. show? "The Twilight Zone." I (36)_____ like the episode called "The Printer's Devil." It's about a newspaper editor who's being (37)_____ out of business by a big newspaper syndicate—you know, a group of papers (38)_____ by the same people." />

    </ScrollView>

    <ImageView
        android:id="@+id/imgVCDSplit"
        android:layout_width="wrap_content"
        android:layout_height="wrap_content"
        android:src="@drawable/line" />

     <ScrollView
        android:layout_width="fill_parent"
        android:layout_height="match_parent" >

    <LinearLayout
        android:layout_width="match_parent"
        android:layout_height="wrap_content"
        android:layout_weight="0.33"
        android:orientation="vertical" >

        android:layout_width="fill_parent"
        android:layout_height="wrap_content" >
        <LinearLayout
            android:layout_width="match_parent"
            android:layout_height="wrap_content"
            android:layout_weight="1.02" >

            <TextView
```

```xml
            android:id="@+id/tvCD36"
            android:layout_width="20dp"
            android:layout_height="wrap_content"
            android:text="36" />

        <EditText
            android:id="@+id/etCDQOne"
            android:layout_width="150dp"
            android:layout_height="wrap_content"
            android:ems="10"
            android:text=""
            android:layout_weight="1" />
            <requestFocus />
        <TextView
            android:id="@+id/tvCD37"
            android:layout_width="20dp"
            android:layout_height="wrap_content"
            android:text="37" />

        <EditText
            android:id="@+id/etCDQTwo"
            android:layout_width="150dp"
            android:layout_height="wrap_content"
            android:ems="10"
            android:layout_weight="1"
            android:text="" >
        </EditText>

    </LinearLayout>

    <LinearLayout
        android:layout_width="match_parent"
        android:layout_height="wrap_content"
        android:layout_weight="1.02" >

        <TextView
            android:id="@+id/tvCD38"
            android:layout_width="20dp"
            android:layout_height="wrap_content"
            android:text="38" />

        <EditText
            android:id="@+id/etCDQThree"
            android:layout_width="150dp"
            android:layout_height="wrap_content"
            android:layout_weight="1"
            android:ems="10" />

        <TextView
            android:id="@+id/tvCD39"
            android:layout_width="20dp"
            android:layout_height="wrap_content"
            android:text="39" />

        <EditText
            android:id="@+id/etCDQFour"
```

```xml
            android:layout_width="150dp"
            android:layout_height="wrap_content"
            android:layout_weight="1"
            android:ems="10"
            android:text="" />

    </LinearLayout>

    <LinearLayout
        android:layout_width="match_parent"
        android:layout_height="wrap_content"
        android:layout_weight="1" >

        <TextView
            android:id="@+id/tvCD40"
            android:layout_width="20dp"
            android:layout_height="wrap_content"
            android:text="40" />
        <EditText
            android:id="@+id/etCDQFive"
            android:layout_width="150dp"
            android:layout_height="wrap_content"
            android:layout_weight="1"
            android:ems="10"
            android:text="" />

        <TextView
            android:id="@+id/tvCD41"
            android:layout_width="20dp"
            android:layout_height="wrap_content"
            android:text="41" />
        <EditText
            android:id="@+id/etCDQSix"
            android:layout_width="150dp"
            android:layout_height="wrap_content"
            android:layout_weight="1"
            android:ems="10"
            android:text="" />

    </LinearLayout>

    <LinearLayout
        android:layout_width="match_parent"
        android:layout_height="wrap_content"
        android:layout_weight="1.02" >

        <TextView
            android:id="@+id/tvCD42"
            android:layout_width="20dp"
            android:layout_height="wrap_content"
            android:text="42" />

        <EditText
            android:id="@+id/etCDQSeven"
            android:layout_width="150dp"
            android:layout_height="wrap_content"
```

```xml
            android:layout_weight="1"
            android:ems="10"
            android:text="" />

        <TextView
            android:id="@+id/tvCD43"
            android:layout_width="20dp"
            android:layout_height="wrap_content"
            android:text="43" />
        <EditText
            android:id="@+id/etCDQEight"
            android:layout_width="150dp"
            android:layout_height="wrap_content"
            android:layout_weight="1"
            android:ems="10"
            android:text="" />

    </LinearLayout>

    <LinearLayout
        android:layout_width="match_parent"
        android:layout_height="wrap_content"
        android:layout_weight="1.02" >

        <TextView
            android:id="@+id/tvCD44"
            android:layout_width="20dp"
            android:layout_height="wrap_content"
            android:text="44" />

        <EditText
            android:id="@+id/etCDQNine"
            android:layout_width="match_parent"
            android:layout_height="wrap_content"
            android:ems="10"
            android:singleLine="false"/>

    </LinearLayout>

    <LinearLayout
        android:layout_width="match_parent"
        android:layout_height="wrap_content"
        android:layout_weight="1.02" >

        <TextView
            android:id="@+id/tvCD45"
            android:layout_width="20dp"
            android:layout_height="wrap_content"
            android:text="45" />

        <EditText
            android:id="@+id/etCDQTen"
            android:layout_width="match_parent"
            android:layout_height="wrap_content"
            android:layout_weight="1"
            android:ems="10"
```

```
                android:singleLine="false"/>

        </LinearLayout>

        <LinearLayout
            android:layout_width="match_parent"
            android:layout_height="wrap_content"
            android:layout_weight="1.02" >

            <TextView
                android:id="@+id/tvCD46"
                android:layout_width="20dp"
                android:layout_height="wrap_content"
                android:text="46" />

            <EditText
                android:id="@+id/etCDQEleven"
                android:layout_width="match_parent"
                android:layout_height="wrap_content"
                android:layout_weight="1"
                android:ems="10"
                android:singleLine="false"/>

        </LinearLayout>

    </LinearLayout>
    </ScrollView>

</LinearLayout>
```

为了帮助大家更好的理解 Step 2，将 showcdanswer.xml 文件展示如下：

\Chapter05\plcet\src\main\res\menu\showcdanswer.xml

```
<menu xmlns:android="http://schemas.android.com/apk/res/android"
    xmlns:v7="http://schemas.android.com/apk/res-auto"  >

    <item
        android:id="@+id/give_cdanswer"
        android:icon="@drawable/bublelight"
        v7:showAsAction="ifRoom" />

</menu>
```

在 Step 3 的 onCreateOptionsMenu(Menu menu)方法中，使用了 inflate 方法将菜单加载并显示。

\Chapter05\plcet\src\main\java\com\example\plcet\CompoundDication.java

```
public boolean onCreateOptionsMenu(Menu menu)
{
        //调用 Activity 的 getMenuInflater()得到一个 MenuInflater,
        //使用 inflate 方法来把 R.menu.showcdanswer 布局文件中的定义的菜单加载给第二
        //各参数所对应的 menu 对象
        getMenuInflater().inflate(R.menu.showcdanswer, menu);
        //使用 super 调用并返回父类的 onCreateOptionsMenu(menu)结果
```

```
            return super.onCreateOptionsMenu(menu);
    }
```

在 Step 4 的 onOptionsItemSelected(MenuItem item)方法中，通过 switch…case 语句判断菜单中 id 值为 give_cdanswer 是否被选中。若当 item.getItemId()为 R.id.give_cdanswer 时，可知用户单击了菜单，此时有两种可能：一种是用户处于答题页面，需要进入标准答案页面；另一种是用户看完标准答案，想要返回答题页面。为了区分这两种情况，说明了一个标志 isRA，将其初始值设为 false。由于程序默认进入听写题答题页面，因此若在用户单击菜单时该值仍为 false，则说明用户处于第一种情况，即欲从答题页面进入标准答案页面，此时使用 getUAnswer()方法先获取用户的答题情况保存在一个数组中，然后调用 setRAnswer()方法将标准答案展示出来，最后将 isRA 变量置为 true；若用户单击菜单时该值为 true，则说明用户处于第二种情况，直接调用 setUAnswer()方法恢复之前保存的用户答题情况。

首先看下 onOptionsItemSelected 方法的实现。

\Chapter05\plcet\src\main\java\com\example\plcet\CompoundDication.java
```java
public boolean onOptionsItemSelected(MenuItem item)
{
        //获取某一菜单项的 Id
        switch (item.getItemId())
        {
        //若用户单击显示答案菜单项
        case R.id.give_cdanswer:
            //若用户从标准答案页面返回答题页面
            if(isRA==true)
            {
                //恢复用户之前保存的答题情况
                setUAnswer();
                //设置 isRA 标志值为 false
                isRA=false;
            }
            //若用户从答题页面返回标准答案页面
            else if(isRA==false)
            {
                //将用户的答题情况保存下来
                getUAnswer();
                //显示标准答案
                setRAnswer();
                //设置 isRA 标志为 true
                isRA=true;
            }
            break;
        default:
            break;
        }
        return super.onOptionsItemSelected(item);
    }
```

接下来看下 setUAnswer()的实现。

\Chapter05\plcet\src\main\java\com\example\plcet\CompoundDication.java
```java
public void setUAnswer()
{
    for(int iUA=1;iUA<=11;iUA++)
    {
        //设置所有EditText为可用
        etUAnswer[iUA].setEnabled(true);
        //设置所有EditText背景为黑色
        etUAnswer[iUA].setBackgroundColor(0xffffff);
        //设置所有EditText的为之前保存的用户填写的内容
        etUAnswer[iUA].setText(strUAnswer[iUA]);
    }
}
```

再看下 getUAnswer()的实现。

\Chapter05\plcet\src\main\java\com\example\plcet\CompoundDication.java
```java
public void getUAnswer()
{
    for(int iUA=1;iUA<=11;iUA++)
    {
        //将EditText中用户填写的内容保存在用户答案数组中
        strUAnswer[iUA]=etUAnswer[iUA].getText().toString();
    }
}
```

最后看下 setRAnswer()的实现。

\Chapter05\plcet\src\main\java\com\example\plcet\CompoundDication.java
```java
public void setRAnswer()
{
    for(int iRA=1;iRA<=11;iRA++)
    {
        //将每一题的正确答案显示在对应的EditText中
        etUAnswer[iRA].setText(strRAnswer[iRA]);
        //将所有的EditText设置为不可用
        etUAnswer[iRA].setEnabled(false);
    }
}
```

听写题的答案显示页面最终运行效果如图 5-34 所示。

图 5-34　听写题答案显示最终效果图

5.4　用户答题及其判断

本节只针对选择题介绍如何响应用户答题操作及如何判断用户答题正误。响应用户答题操作包括监听 RadioButton 选中事件；在练习模式下响应【上一题】、【下一题】、【播放听力】和【显示听力原文】4 个 Button 的单击事件；在测试模式下响应【进入下一题】和【判断正误】两个 Button

的单击事件。其中，在练习模式下响应【播放听力】在之前已经介绍详细过（见【从指定位置播放听力】小节）。

请读者注意本节的操作步骤及代码均来自完整实例 plcet。

5.4.1 监听 RadioButton 和 Button

在本小节分别介绍监听 RadioButton 选中事件，在练习模式下响应【上一题】、【下一题】、【播放听力】和【显示听力原文】4 个 Button 的单击事件，在测试模式下响应【进入下一题】和【判断正误】两个 Button 的单击事件。

1. 监听 RadioButton 选中事件

\Chapter05\plcet\src\main\java\com\example\plcet\SinglePractice.java

```java
rbtQuestiongroup.setOnCheckedChangeListener(new RadioGroup.OnCheckedChangeListener()
{
    @Override
    public void onCheckedChanged(RadioGroup group, int checkedId)
    {
        if(checkedId==R.id.rbtSPAText)
        {
            //单击第一个RadioButton,则记录用户答案值为1
            setRbtValue(cSP,rbtQuestionAText,1);
        }
        else if(checkedId==R.id.rbtSPBText)
        {
            //单击第二个RadioButton,则记录用户答案值为2
            setRbtValue(cSP,rbtQuestionBText,2);
        }
        else if(checkedId==R.id.rbtSPCText)
        {
            //单击第三个RadioButton,则记录用户答案值为3
            setRbtValue(cSP,rbtQuestionCText,3);
        }
        else if(checkedId==R.id.rbtSPDText)
        {
            //单击第四个RadioButton,则记录用户答案值为4
            setRbtValue(cSP,rbtQuestionDText,4);
        }
    }
});
```

其中上述监听事件中 setRbtValue 的实现如下。

\Chapter05\plcet\src\main\java\com\example\plcet\SinglePractice.java

```java
//记录用户选择情况
private void setRbtValue(Cursor Cs,RadioButton rbt,int iValue)
{
    int iUa=-1;
    //若RadioButton被选中
    if(rbt.isChecked()==true)
    {
```

```
            //获取当前题目对应的QuestionID值
            iUa=Cs.getInt(Cs.getColumnIndex("QuestionID"));
        if(iUa>0)
        {
            //记录用户的选择
             iUserAnswer[iUa]=iValue;
        }
    }
}
```

2. 在练习模式下响应 4 个 Button 单击事件

首先将练习模式下增加 Button 后的页面布局文件 activity_sp.xml 展示如下。

\Chapter05\plcet\src\main\res\layout\activity_sp.xml

```xml
<?xml version="1.0" encoding="utf-8"?>
<LinearLayout xmlns:android="http://schemas.android.com/apk/res/android"
    android:layout_width="match_parent"
    android:layout_height="match_parent"
    android:orientation="vertical" >

 <LinearLayout
     android:layout_width="match_parent"
     android:layout_height="wrap_content" >

     <TextView
         android:id="@+id/tvSPQID"
         android:layout_width="70dp"
         android:layout_height="wrap_content"
         android:layout_weight="1.0"
         android:text="第11题" />


     <Button
         android:id="@+id/btnSPPlay"
         android:layout_width="120dp"
         android:layout_height="wrap_content"
         android:text="播放听力" />
 </LinearLayout>

 <LinearLayout
     android:layout_width="match_parent"
     android:layout_height="wrap_content"
     android:orientation="vertical" >
<RadioGroup android:id="@+id/rgtSP" android:contentDescription="选项" android:layout_width="wrap_content" android:layout_height="wrap_content">
         <RadioButton
             android:id="@+id/rbtSPAText"
             android:layout_width="match_parent"
             android:layout_height="wrap_content"
             android:text="A. Children should be taught to be more careful." />

         <RadioButton
             android:id="@+id/rbtSPBText"
             android:layout_width="match_parent"
             android:layout_height="wrap_content"
             android:text="B. Children shouldn't drink so much orange juice." />
```

```xml
            <RadioButton
                android:id="@+id/rbtSPCText"
                android:layout_width="match_parent"
                android:layout_height="wrap_content"
                android:text="C. There is no need for the man to make such a fuss." />

            <RadioButton
                android:id="@+id/rbtSPDText"
                android:layout_width="match_parent"
                android:layout_height="wrap_content"
                android:text="D. Timmy should learn to do things in the right way." />
        </RadioGroup>
</LinearLayout>
<LinearLayout
    android:layout_width="match_parent"
    android:layout_height="wrap_content"
    android:orientation="vertical" >
    <LinearLayout
        android:layout_width="match_parent"
        android:layout_height="wrap_content" >
    <Button
            android:id="@+id/btnSPPre"
            android:layout_width="90dp"
            android:layout_height="40dp"
            android:text="上一题" />

        <Button
            android:id="@+id/btnSPNext"
            android:layout_width="90dp"
            android:layout_height="40dp"
            android:text="下一题" />

        <Button
            android:id="@+id/btnSPLText"
            android:layout_width="140dp"
            android:layout_height="40dp"
            android:text="显示听力原文" />
    </LinearLayout>

</LinearLayout>

<ScrollView
    android:id="@+id/scrollView1"
    android:layout_width="match_parent"
    android:layout_height="wrap_content" >

    <LinearLayout
        android:layout_width="match_parent"
        android:layout_height="match_parent"
        android:orientation="vertical" >

        <TextView
        android:id="@+id/tvSPLText"
        android:layout_width="match_parent"
        android:layout_height="wrap_content"
```

```
            android:scrollbars="vertical"
            android:singleLine="false"
            android:visibility="invisible" />
    </LinearLayout>
 </ScrollView>

</LinearLayout>
```

以下为练习模式下监听【上一题】、【下一题】、【显示听力原文】和【播放听力】Button 的源程序。

\Chapter05\plcet\src\main\java\com\example\plcet\SinglePractice.java
```
public void onClick(View v)
{
        // 若用户单击【上一题】按钮 btnSPPre
        if(v.getId() == R.id.btnSPPre)
        {
                //若当前游标未指向第一题
                if(!cSP.isFirst())
                {
                        //调用 movePreRecord 方法
                        //在当前页面显示上一题的题干和选择支
                        movePreRecord(cSP);
                        //若【下一题】按钮为不可用状态
                        if(!btnSPNext.isEnabled())
                        {
                            //将其设置为可用
                            btnSPNext.setEnabled(true);
                        }
                }
                //若当前游标指向第一题
                else
                {
                        //设置【上一题】按钮为不可用状态
                        btnSPPre.setEnabled(false);
                        //设置【下一题】按钮为可用
                        btnSPNext.setEnabled(true);
                }
        }
        //若用户单击【下一题】按钮 btnSPNext
        else if(v.getId() == R.id.btnSPNext)
        {
                //若当前游标未指向最后一题
                if(!cSP.isLast())
                {
                        //调用 moveNextRecord 方法
                        //在当前页面显示下一题的题干和选择支
                        moveNextRecord(cSP);
                        //若上一题按钮为不可用
                        if(!btnSPPre.isEnabled())
                        {
```

```
                    //将其设置为可用
                    btnSPPre.setEnabled(true);
                }
            }
            //若当前游标指向最后一题
            else
            {
                //将【下一题】按钮设置为不可用状态
                btnSPNext.setEnabled(false);
                //将【上一题】按钮设置为可用状态
                btnSPPre.setEnabled(true);
            }
        }
        //若用户单击显示听力原文按钮btnSPLText
        else if(v.getId()== R.id.btnSPLText)
        {
            //若当前页面听力原文已经处于显示状态
            if(tvQuestionLText.getVisibility()==View.VISIBLE)
            {
                //将当前页面听力原文设置为不可见
                tvQuestionLText.setVisibility(View.INVISIBLE);
                //更改按钮上的文字,使其为显示听力原文
                btnSPLText.setText("显示听力原文");
            }
            //若当前页面听力原文已经处于隐藏状态
            else
            {
                //将当前页面听力原文设置为可见
                tvQuestionLText.setVisibility(View.VISIBLE);
                //更改按钮上的文字,使其为隐藏听力原文
                btnSPLText.setText("隐藏听力原文");
            }
        }
        //若用户单击显示听力原文按钮btnSPPlay
        else if (v.getId()==R.id.btnSPPlay)
        {
            //播放当前试题对应位置的听力文件
            //此处请参考【从指定位置播放听力】小节
            playLis(cSP);
        }
    }
```

3. 在测试模式下响应两个 Button 的单击事件

首先展示在测试模式下增加按钮后对应的页面文件 activity_st.xml,这一页面文件也用于下面两节。

\Chapter05\plcet\src\main\res\layout\activity_st.xml

```xml
<?xml version="1.0" encoding="utf-8"?>
<LinearLayout xmlns:android="http://schemas.android.com/apk/res/android"
    android:layout_width="match_parent"
    android:layout_height="match_parent"
```

```xml
        android:orientation="vertical" >

    <LinearLayout
        android:layout_width="match_parent"
        android:layout_height="wrap_content" >

        <TextView
            android:id="@+id/tvSTQID"
            android:layout_width="70dp"
            android:layout_height="wrap_content"
            android:text="第11题" />
        <RatingBar
            android:id="@+id/rBarSTLevel"
            android:layout_width="wrap_content"
            android:layout_height="wrap_content"
            android:numStars="5"
            android:isIndicator="true"
            android:rating="0.0" />

    </LinearLayout>

    <LinearLayout
        android:layout_width="match_parent"
        android:layout_height="wrap_content" >

        <RadioGroup android:id="@+id/rgtST" android:contentDescription="选项" android:layout_width="wrap_content" android:layout_height="wrap_content">

                <RadioButton
                    android:id="@+id/rbtSTAText"
                    android:layout_width="match_parent"
                    android:layout_height="wrap_content"
                    android:text="A. Children should be taught to be more careful." />

                <RadioButton
                    android:id="@+id/rbtSTBText"
                    android:layout_width="match_parent"
                    android:layout_height="wrap_content"
                    android:text="B. Children shouldn't drink so much orange juice." />

                <RadioButton
                    android:id="@+id/rbtSTCText"
                    android:layout_width="match_parent"
                    android:layout_height="wrap_content"
                    android:text="C. There is no need for the man to make such a fuss." />

                <RadioButton
                    android:id="@+id/rbtSTDText"
                    android:layout_width="match_parent"
                    android:layout_height="wrap_content"
                    android:text="D. Timmy should learn to do things in the right way." />
            </RadioGroup>

    </LinearLayout>
```

```xml
<LinearLayout
        android:layout_width="match_parent"
        android:layout_height="wrap_content" >

        <Button
            android:id="@+id/btnSTSubmit"
            android:layout_width="100dp"
            android:layout_height="wrap_content"
            android:text="判断正误" />

        <Button
            android:id="@+id/btnSTNext"
            android:layout_width="120dp"
            android:layout_height="wrap_content"
            android:text="进入下一题" />

        <TextView
            android:id="@+id/tvSTRAnswer"
            android:layout_width="match_parent"
            android:layout_height="68dp"
            android:gravity="center"
            android:text="正确答案为:B"
            android:textColor="#ff0000"
            android:textSize="@dimen/abc_action_bar_title_text_size" />

    </LinearLayout>

<RelativeLayout
        android:layout_width="match_parent"
        android:layout_height="wrap_content" >

        <FrameLayout
            android:layout_width="wrap_content"
            android:layout_height="wrap_content"
            android:layout_marginLeft="66dp" >

            <ImageView
                android:id="@+id/imgSTVright"
                android:layout_width="wrap_content"
                android:layout_height="wrap_content"
                android:src="@drawable/right" />

            <ImageView
                android:id="@+id/imgSTVwrong"
                android:layout_width="wrap_content"
                android:layout_height="wrap_content"
                android:src="@drawable/wrong" />
        </FrameLayout>

    </RelativeLayout>

</LinearLayout>
```

以下为测试模式下监听【下一题】和【判断正误】Button 的方法。

\Chapter05\plcet\src\main\java\com\example\plcet\SingleTest.java

```java
Button.OnClickListener listener = new Button.OnClickListener(){
    @Override
    public void onClick(View v) {
        //若单击【判断正误】按钮
        if (v.getId()==R.id.btnSTSubmit)
        {
            //调用judgeRW()方法判断用户答题是否正确
            //若正确返回1,否则返回0
            isRW=judgeRW();
            //若游标移动到最后一条记录
            if(cST.isLast())
            {
                //使用setRightRating方法计算并显示正确率
                setRightRating(rightCount+isRW,totalCount+1);
            }
        }
        //若单击【下一题】按钮
        else if (v.getId()==R.id.btnSTNext)
        {
            //判断游标是否为空,若为空,直接返回
            if(cST==null)
                return;
            //判断游标是否移到最后一条记录
            if(!cST.isLast())
            {
            //若当前游标不为最后一条记录,调用moveNextRecord方法
            //更新当前页面的试题及选项,计算并显示正确率
                moveNextRecord(cST);
            }
            else
            {
            //若已经移到最后一条记录,将【进入下一题】按钮设置为不可用
                btnNext.setEnabled(false);
            }
        }
    }
};
//设置监听
btnSubmit.setOnClickListener(listener);
btnNext.setOnClickListener(listener);
}
```

5.4.2 使用 ImageView 显示正确或错误提示

在测试模式下,用户完成答题后,可以通过单击【判断正误】查看当前试题是否回答正确,ImageView 会根据正确与否显示相应的图片,此外,还会有相应的文字提示,具体如方法 judgeRW() 所示。

\Chapter05\plcet\src\main\java\com\example\plcet\SingleTest.java

```java
//判断用户答案是否正确，若正确返回1，否则返回0，并提示用户
private int judgeRW()
{
    //将用户的答案默认设置为空
    strUserA="";
    //若第一个RadioButton被选中，则认为用户选择了A
    if(rbtQuestionAText.isChecked()==true)
    {
        strUserA="A";
    }
    //若第二个RadioButton被选中，则认为用户选择了B
    else if(rbtQuestionBText.isChecked()==true)
    {
        strUserA="B";
    }
    //若第三个RadioButton被选中，则认为用户选择了C
    else if(rbtQuestionCText.isChecked()==true)
    {
        strUserA="C";
    }
    //若第四个RadioButton被选中，则认为用户选择了D
    else if(rbtQuestionDText.isChecked()==true)
    {
        strUserA="D";
    }
    //判断用户的选择是否与标准答案相同
    if(strUserA.equals(strRightA))
    {
        //若相同，则说明答对了，设置正确的图片可见
        imgVRight.setVisibility(View.VISIBLE);
        //同时设置错误的图片不可见
        imgVWrong.setVisibility(View.INVISIBLE);
        //提示用户回答正确
        tvRAnswer.setText("恭喜您，答题正确！");
        //设置提示可见
        tvRAnswer.setVisibility(View.VISIBLE);
        //返回1
        return 1;
    }
    else
    {
        //若相同，则说明答对了，设置正确的图片不可见
        imgVRight.setVisibility(View.INVISIBLE);
        //同时设置错误的图片可见
        imgVWrong.setVisibility(View.VISIBLE);
        //显示正确答案
        tvRAnswer.setText("正确答案为"+strRightA);
        //设置提示可见
        tvRAnswer.setVisibility(View.VISIBLE);
```

```
        //返回 0
        return 0;
    }
}
```

5.4.3 使用 RatingBar 显示正确率

在测试模式下，用户完成答题后，通过单击【进入下一题】，将会在当前页面载入下一试题，同时还会在 RatingBar 上显示出正确率，具体如 moveNextRecord 所示。

\Chapter05\plcet\src\main\java\com\example\plcet\SingleTest.java
```
private void moveNextRecord(Cursor Cs)
{
    //计算用户回答正确的试题数量
    rightCount=rightCount+isRW;
    //计算用户回答试题的总数
    totalCount=totalCount+1;
    //调用 setRightRating 方法计算并显示正确率
    setRightRating(rightCount,totalCount);
    //设置提示用户答题正确的图片不可见
    imgVr.setVisibility(View.INVISIBLE);
    //设置提示用户答题错误的图片不可见
    imgVw.setVisibility(View.INVISIBLE);
    //设置显示正确答案的 TextView 不可见
    tvRAnswer.setVisibility(View.INVISIBLE);
    //移向下一条记录
    Cs.moveToNext();
    //显示题号
    tvQuestionID.setText("第 "+Cs.getString(Cs.getColumnIndex("QuestionID"))+"题");
    //显示选项 A
    rbtQuestionAText.setText("A."+Cs.getString(Cs.getColumnIndex ("OptAText")));
    //显示选项 B
    rbtQuestionBText.setText("B."+Cs.getString(Cs.getColumnIndex ("OptBText")));
    //显示选项 C
    rbtQuestionCText.setText("C."+Cs.getString(Cs.getColumn Index("OptCText")));
    //显示选项 D
    rbtQuestionDText.setText("D."+Cs.getString(Cs.getColumnIndex ("OptDText")));
    //获取正确答案，存入变量 strRightA 中
        strRightA=Cs.getString(Cs.getColumnIndex("QuestionRAnswer"));
}
```

其中用于计算并在 RatingBar 上显示正确率的 setRightRating 方法的实现代码如下。

\Chapter05\plcet\src\main\java\com\example\plcet\SingleTest.java
```
private void setRightRating(int iRcount,int iTotal)
{
    float dRate=0;
    //将所有的 RadioButton 的选中状态清除
    rbtQuestiongroup.clearCheck();
    //计算 float 数据类型的正确率
    dRate=(float)(Math.round(100*iRcount/iTotal)/100.0);
```

```
//将正确率反映在 RatingBar 上，若正确率为 100%，为五个星星
    rBarLevel.setRating(dRate*rBarLevel.getNumStars());
}
```
程序运行效果如图 5-35 所示。

图 5-35　测试界面的最终运行效果

5.5　小　　结

本章内容涉及 Android 数据库开发，是第 4 章内容的巩固和深化，主要介绍了如何使用 SQLite 进行数据库及表的创建，修改及删除，数据的添加、修改和删除。Android 数据库类 App 产品开发时，若数据库较为复杂，通常使用可视化管理工具来进行数据库的设计和实现。

本章通过实现 2013 年 6 月英语四级听力试题的选择题和复合式听写题这一实例向读者展现了此类 App 的开发流程及方法，值得注意的是，本案例还有许多不足之处待进一步改进，希望读者在理解关键代码后，能将其做成各种实际可用的英语学习 App。

习　题　5

1. 若想实现 passage 短文和试题分开听，该如何设计程序？
2. 本节实现了指定年份的选择题和听写题，若想实现用户可以自主选择某一年份，该如何实现？
3. 练习模式下单项选择题的标准答案在用户完成所有试题并提交答案后，在一个界面统一显示，请实现这一功能。
4. 在已经实现的测试模式下答题，用户当前试题完成后单击【判断正误】，若回答错误，可自行更改答案再一次单击【判断正误】，请将其改成完成答题并单击【判断正误】就不可再自行修改答案。
5. 请增加【我的错题】功能模块，实现将测试时答错的试题加入到这我的错题列表中，也可

以从这一列表中删除。

6. 请增加【我的标注】功能，实现对重点题标注以反复练习。
7. 请增加【系统设置】功能模块，实现自动将用户答错的试题加入到我的错题列表中。
8. 请尝试将复合式听写试题也分为练习模式和测试模式。
9. 请将四级的阅读模块在这一实例中实现。
10. 请将四级中其他客观题在这一实例中实现。
11. 请结合上一节所学，增加【用户登录】模块，实现不同的用户测试后可以互相分享自己的正确率。
12. 请增加听力播放模块，实现"卡拉Ok"字幕式听力播放，即在播放听力的同时，听力文本字幕与听力文件播放的声音同步，一边听声音，一边可以看手机上的字幕。
13. 请增加单词模块用于四级考试大纲中指定的单词查询和背诵，实现掌上背单词，要求每个考纲上的单词出现时，除了显示音标、词性和常用中文释义之外，还要显示近5年四级考试真题中包括这个单词的试题。
14. 请按最新的题型实现四级英语掌中学习软件，包括模块练习、全真练习。
15. 请按最新的题型实现六级英语掌中学习软件，包括模块练习、全真练习。

第 6 章
图像处理与动画应用：典型算法演示实例

随着 Android 系统的用户对娱乐类应用的要求越来越高，图形图像处理和动画应用在 Android 开发中越来越重要。对于开发者来说，使用丰富的绘图资源带给用户绚丽的色彩，创建逼真动画效果产生视觉上的冲击，会使我们的程序更加富有诗情画意。

为了让读者学习本章时逻辑上更有条理性，本章内容所涉及的实例均以计算机专业主干课程《数据结构》中的链表、栈和队列、二叉树、图等为基础，将绘图与动画结合应用，演示拓扑排序、链表的创建、节点的插入和删除、栈和队列的基本操作、二叉树的遍历等。

本章结构可大致分为三大部分：图像处理基础、二维动画应用和综合实例。在图像处理基础中介绍通过 Graphics 软件包绘制图形；在二维动画的应用方面展示了如何使用 Drawable，如何播放 GIF 动画，如何制作基于 AlphaAnimation 透明度变化动画；最后结合动画和绘图的方法，演示链表、栈和队列、二叉树基本操作实例。

值得强调的是，本章的重点是图像处理与动画应用，而不是数据结构的操作本身。我们只是为了让读者在学习 Android 的图像处理与动画应用时更有条理，才将大家熟悉的链表、栈和队列、二叉树、图等作为载体。

6.1 图像处理基础

在 Android 系统中，主要通过 Graphics 软件包绘制二维图形。Graphics 提供了 Paint（画笔）、Canvas（画布）和 Bitmap 等类，通过这些类中的方法，可以绘制出点、线、矩形、圆形、椭圆、文字、位图等各种几何图形。

6.1.1 Paint、Canvas 和 Bitmap 简介

Paint 类用于设置画笔和画刷的属性，如样式、颜色、透明度及绘制任何图形所需的其他信息。Paint 类常用的方法如表 6-1 所示。

表 6-1　　　　　　　　　　　　Paint 类的常用方法

序　号	方　　　法	说　　明
1	setAntiAlias（boolean arg0）	设置 Paint 有无锯齿

续表

序号	方法	说明
2	setColor(int arg0)	设置 Paint 颜色
3	setStrokeWidth(float arg0)	设置空心线的宽
4	setStyle(Style style)	设置画笔风格
5	setAlpha(int arg0)	设置透明度
6	setTextSize(float arg0)	设置字体大小
7	setTextAlign（Align align）	设置文本对齐方式

Canvas 类，顾名思义即"画布"之意，使用时结合前面定义的画笔属性来实现一些图形的绘制，如线条、矩形和圆等任意图形，也可结合各种图形实现一些图像的绘制。Paint 画笔一般是在 Canvas 画布上进行绘图，通过 Canvas 画布将绘制后图形呈现给用户。

在调整好画笔之后，Canvas 还需要设置画布的属性，如画布的颜色、尺寸等。定义好画笔和画布之后，就可以在画布上绘制我们想要的任何图像。Canvas 类的用法如表 6-2 所示。

表 6-2　　　　　　　　　　　Canvas 类常用方法

序号	方法	说明
1	drawColor（int color）	绘制背景颜色
2	drawCircle（float cx,float cy,float radius,Paint paint）	绘制圆形
3	DrawText(String text,float x,float y,Paint paint)	描绘文字
4	drawLine（float startX,float startY,float endX,float endY,Paint paint）	绘制直线
5	drawRect(RectF oval,Paint paint)	画矩形
6	drawOval(RectF oval,Paint paint)	画椭圆
7	drawPoint(float x,float y,Paint paint)	画点

位图是我们开发者最常用的资源，Bitmap 类可用于画布上绘制图像。通过指定 Bitmap 对象，此类能够对位图实现基本操作，如旋转和缩放位图等功能。Bitmap 类常用方法如表 6-3 所示。

表 6-3　　　　　　　　　　Bitmap 类的常用方法及属性说明

序号	方法	说明
1	getHeight（int height）	获取高度
2	getWidth（int width）	获取宽度
3	hasAlpha（boolean hasAlpha）	设置透明度
4	setPixel（int x,int y，int color）	设置像素颜色
5	getPixel（int x,int y）	获取像素颜色

6.1.2　使用 Paint 和 Canvas 广度优先遍历图

图的遍历分为深度优先遍历和广度优先遍历两种，本小节使用 Paint 和 Canvas 来实现广度优先遍历图算法。广度优先遍历的基本思想是从图的某个顶点 v0 出发,访问了 v0 之后,依次访问与 v0 相邻的未被访问的顶点,然后分别从这些顶点出发,广度优先遍历,直至所有的顶点都被访问完。

本实例使用 Paint 和 Canvas 完成,通过设置好的 Paint 将图的顶点,编号和边在 Canvas 上绘出,当用户输入起始顶点时,在 TextView 上会显示从这个顶点出发广度优先遍历图序列。本实例的实现流程大致如下。

Step 1:新建 BFSPaint 类,用于设定 Paint,然后在 Canvas 上绘出待遍历的图,用在下述页面布局文件中。

Step 2:创建页面布局文件 activity_bfs.xml,将 Step 1 中的画布也嵌入此页面布局文件文件。

Step 3:创建与 activity_bfs.xml 对应的 BFSActivity 类,用于处理用户输入顶点 0 或顶点 1 时在 TextView 上显示广度优先遍历此图的序列。

本实例的初始运行效果如图 6-1 所示。

接下来讲解每一步的关键之处,先看 Step 1,从 View 类中 extends 出 BFSPaint 类,并定义好画笔在画布上绘制需广度优先遍历的图。具体代码如下。读者请注意本节代码在本章 Section 6.1 下。

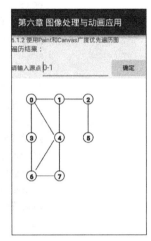

图 6-1 初始运行效果图

Chapter06\Section6.1\pcanvaspaint\src\main\java\com\example\pcanvaspaint\BFSPaint.java
```java
public class BFSPaint extends View {
    //定义画图的顶点和编号的画笔
    private Paint pCircleText=null;
    //定义画图的边的画笔
    private Paint pLine = null;

    //为了实现在 Step 2 中使用此类,重写此构造方法,初始化 Paint 对象
    public BFSPaint(Context context,AttributeSet attrs)
    {
        //调用父类的方法
        super(context,attrs);
        //创建画图的顶点和编号的画笔
        pCircleText=new Paint();
        //创建画图的边的画笔
        pLine=new Paint();
    }


    //绘制方法
    protected void onDraw(Canvas canvas)
    {
        //调用父类的方法
        super.onDraw(canvas);

        //pCircleText 画笔相应属性
        //设置画笔为无锯齿
        pCircleText.setAntiAlias(true);
```

```java
//设置画笔颜色为黑色
pCircleText.setColor(Color.BLACK);
//设置空心线宽
pCircleText.setStrokeWidth((float)2.0);
//设置画笔风格为空心
pCircleText.setStyle(Style.STROKE);
//设置画笔字体大小
pCircleText.setTextSize((float)20.0);


//pLine 画笔相应属性
//设置画笔为无锯齿
pLine.setAntiAlias(true);
//设置画笔颜色为黑色
pLine.setColor(Color.BLACK);
//设置空心线宽
pLine.setStrokeWidth((float)2.0);
//设置画笔风格为空心
pLine.setStyle(Style.STROKE);

//以下功能为 Canvas 用法
//设置画布颜色为白色
canvas.drawColor(Color.WHITE);
//绘制图的顶点 0 的图形
canvas.drawCircle(70, 70, 17, pCircleText);
//绘制图的顶点 0 的编号
canvas.drawText("0", 60+5, 75+5, pCircleText);

//绘制图的顶点 1 的图形
canvas.drawCircle(170, 70, 17, pCircleText);
//绘制图的顶点 1 的编号
canvas.drawText("1", 160+5, 75+5, pCircleText);

//绘制图的顶点 2 的图形
canvas.drawCircle(270, 70, 17, pCircleText);
//绘制图的顶点 2 的编号
canvas.drawText("2", 260+5, 75+5, pCircleText);

//绘制图的顶点 3 的图形
canvas.drawCircle(70, 200, 17, pCircleText);
//绘制图的顶点 3 的编号
canvas.drawText("3", 60+5, 205+5, pCircleText);

//绘制图的顶点 4 的图形
canvas.drawCircle(170, 200, 17, pCircleText);
//绘制图的顶点 4 的编号
canvas.drawText("4", 160+5, 205+5, pCircleText);

//绘制图的顶点 5 的图形
canvas.drawCircle(270, 200, 17, pCircleText);
```

```
            //绘制图的顶点 5 的编号
            canvas.drawText("5", 260+5, 205+5, pCircleText);

            //绘制图的顶点 6 的图形
            canvas.drawCircle(70, 330, 17, pCircleText);
            //绘制图的顶点 6 的编号
            canvas.drawText("6", 60+5, 335+5, pCircleText);

            //绘制图的顶点 7 的图形
            canvas.drawCircle(170, 330, 17, pCircleText);
            //绘制图的顶点 7 的编号
            canvas.drawText("7", 160+5, 335+5, pCircleText);

            //绘制图的顶点 0 到顶点 1 的边
            canvas.drawLine(85, 70, 150, 70, pLine);
            //绘制图的顶点 1 到顶点 2 的边
            canvas.drawLine(190, 70, 250, 70, pLine);
            //绘制图的顶点 6 到顶点 7 的边
            canvas.drawLine(85, 330, 150, 330, pLine);
            //绘制图的顶点 3 到顶点 6 的边
            canvas.drawLine(70, 215, 70, 315, pLine);
            //绘制图的顶点 4 到顶点 7 的边
            canvas.drawLine(170, 215, 170, 315, pLine);
            //绘制图的顶点 0 到顶点 3 的边
            canvas.drawLine(70, 85, 70, 185, pLine);
            //绘制图的顶点 1 到顶点 4 的边
            canvas.drawLine(170, 85, 170, 185, pLine);
            //绘制图的顶点 2 到顶点 5 的边
            canvas.drawLine(270, 85, 270, 185, pLine);
            //绘制图的顶点 0 到顶点 4 的边
            canvas.drawLine(80, 80, 150, 190, pLine);
            //绘制图的顶点 4 到顶点 6 的边
            canvas.drawLine(150, 210, 85, 310, pLine);
        }
    }
```

Step 2 中最为关键的是在页面布局文件 activity_bfs.xml 中添加如下代码，用于引入画布。com.example.pcanvaspaint 表示包名，BFSPaint 为 Step 1 中创建的用于画图的类。

Chapter06\Section6.1\pcanvaspaint\src\main\res\layout\activity_bfs.xml

```
<com.example.pcanvaspaint.BFSPaint
    android:id="@+id/vPaint"
    android:layout_width="match_parent"
    android:layout_height="match_parent" />
```

Step 3 中最为关键的是监听 Button 事件，根据用户输入的顶点编号在 TextView 上显示广度优先遍历图的序列。实现时只实现了从顶点 0 和顶点 1 开始所得到的广度优先遍历图的序列，有兴趣的读者可以将分别从顶点 2 到顶点 7 开始所得的广度优先遍历图的序列显示出来，关键代码如下所示。

Chapter06\Section6.1\pcanvaspaint\src\main\java\com\example\pcanvaspaint\BFSActivity.java

```java
//监听Button
btnOk.setOnClickListener(new OnClickListener() {
    public void onClick(View arg0) {
        //若输入为空
        if("".equals(etInputSrc.getText().toString().trim()))
        {
            //提示用户
            Toast.makeText(getBaseContext(), "空值！！请重新输入...", Toast.LENGTH_LONG).show();
        }else{
            //若输入不为空，获取用户输入，并转换为数字，即顶点编号
            int j=Integer.parseInt(etInputSrc.getText().toString());
            //若用户输入0，则在TextView上显示从顶点0开始的广度优先遍历图的序列
            if(j==0){
                //注意此处BFS序列并不唯一
                strBFS="0->4->3->1->6->7->2->5";
                tvResultText.setText(strBFS);
            }else if(j==1){
                //注意此处BFS序列并不唯一
                strBFS="1->4->2->0->6->7->5->3";
                tvResultText.setText(strBFS);
            //若用户输入其他顶点编号，则在TextView上显示让用户自行完成。
            }else{
                strBFS="请有兴趣的读者实现分别从顶点2到顶点7开始所得的广度优先遍历图的序列";
                etInputSrc.setText("");
                tvResultText.setText(strBFS);
                Toast.makeText(getApplicationContext(), "请重新输入", Toast.LENGTH_LONG).show();
            }
        }
    }
});
```

在输入源点0并单击【确定】后会显示遍历结果，效果如图6-2所示。

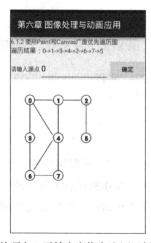

图6-2　从顶点0开始广度优先遍历运行的效果图

本案例完整的源代码请见光盘,在此不做详细介绍。

6.1.3 使用 Paint 和 Canvas 构造最小生成树

6.1.2 节中案例使用 Paint 和 Canvas 实现了广度优先遍历图,主要是使用静态数据完成了绘图功能,本小节构造最小生成树完成绘图功能时使用了变量存储静态数据,在画布上单击时修改了这些变量中的数据,以完成最小生成树的绘制。具体实现步骤大致如下。

Step 1:创建 MSTKPaint 类,在此类中定义好 Paint 和 Canvas,并使用静态数据绘出图的顶点、编号、图的边及权值。

Step 2:为 MSTKPaint 类增加响应单击事件的方法 onClick(View v),更新变量所存储的数据,同时使用 Kruskal 算法构造最小生成树。

Step 3:将 MSTKPaint 类加入到 activity_mstk.xml 页面文件中,并实现调用。

本案例运行的初始效果如图 6-3 所示。代码在 Section 6.1 下。

Step 1 中创建 MSTKPaint 类,定义 Paint 和 Canvas,使用静态数据绘图。

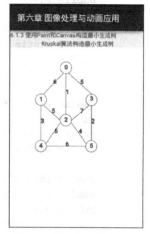

图 6-3 静态数据绘出的图

Chapter06\Section6.1\pcanvaspaint\src\main\java\com\example\pcanvaspaint\MSTKPaint.java

```java
public class MSTKPaint extends View implements OnClickListener{

    //定义画图顶点的画笔
    private  static Paint pCircle = null;
    //定义画图顶点编号的画笔
    private  static Paint pText = null;
    //定义画图边的画笔
    private  static Paint pLine=null;


    //定义绘制顶点 0 和顶点 1 之间直线参数
    public static float downX1=190;
    public static float downY1=90;
    public static float moveX1=120;
    public static float moveY1=160;
    //定义绘制顶点 0 和顶点 2 之间直线参数
    public static float downX2=200;
    public static float downY2=90;
    public static float moveX2=200;
    public static float moveY2=230;
    //定义绘制顶点 0 和顶点 3 之间直线参数
    public static float downX3=210;
    public static float downY3=90;
    public static float moveX3=290;
    public static float moveY3=160;

    public static float downX4=110;           //1-4
    public static float downY4=200;
```

```java
        public static float moveX4=110;
        public static float moveY4=320;

        public static float downX5=120;        //1-2
        public static float downY5=200;
        public static float moveX5=180;
        public static float moveY5=250;

        public static float downX6=220;        //2-3
        public static float downY6=250;
        public static float moveX6=280;
        public static float moveY6=200;

        public static float downX7=290;        //3-5
        public static float downY7=200;
        public static float moveX7=290;
        public static float moveY7=320;

        public static float downX8=180;        //2-4
        public static float downY8=260;
        public static float moveX8=130;
        public static float moveY8=330;

        public static float downX9=220;        //2-5
        public static float downY9=260;
        public static float moveX9=270;
        public static float moveY9=330;

        public static float downX10=130;       //4-5
        public static float downY10=340;
        public static float moveX10=270;
        public static float moveY10=340;

    //构造方法用于初始化 pCircleText 对象
    public MSTKPaint(Context context,AttributeSet attrs)
    {
        super(context,attrs);
        pCircle=new Paint();
          pText=new Paint();
        pLine=new Paint();

        setOnClickListener(this);
        }
    }

    protected void onDraw(Canvas canvas){
         super.onDraw(canvas);

         pCircle.setAntiAlias(true);                         //设置画笔为无锯齿
         pCircle.setColor(Color.BLACK);
         pCircle.setStrokeWidth((float)1.0);
         pCircle.setStyle(Style.STROKE);

         pText.setAntiAlias(true);                           //设置画笔为无锯齿
         pText.setColor(Color.BLACK);
```

```
pText.setStrokeWidth((float)1.0);
pText.setStyle(Style.STROKE);
pText.setTextSize(20);

pLine.setAntiAlias(true);                               //设置画笔为无锯齿
pLine.setColor(Color.BLACK);
pLine.setStrokeWidth((float)1.0);
pLine.setStyle(Style.STROKE);


canvas.drawColor(Color.WHITE);                          //绘制背景颜色
canvas.drawCircle(200, 70, 20, pCircle);                //画圆形
canvas.drawText("0", 195, 75, pText);                   //绘制文本

canvas.drawCircle(110,180, 20, pCircle);
canvas.drawText("1", 105, 185, pText);

canvas.drawCircle(290, 180, 20, pCircle);
canvas.drawText("3", 285, 182, pText);

canvas.drawCircle(200, 250, 20, pCircle);
canvas.drawText("2", 195, 255, pText);

canvas.drawCircle(110, 340, 20, pCircle);
canvas.drawText("4", 105, 345, pText);

canvas.drawCircle(290, 340, 20, pCircle);
canvas.drawText("5", 285, 345, pText);

canvas.drawText("6", 155, 125, pText);
canvas.drawText("1", 200, 160, pText);
canvas.drawText("5", 250, 125, pText);
canvas.drawText("3", 110, 260, pText);
canvas.drawText("5", 150, 225, pText);
canvas.drawText("7", 250, 225, pText);
canvas.drawText("2", 290, 260, pText);
canvas.drawText("5", 160, 295, pText);
canvas.drawText("4", 245, 295, pText);
canvas.drawText("6", 200, 340, pText);


//绘制直线
canvas.drawLine(downX1, downY1, moveX1, moveY1, pLine);
canvas.drawLine(downX2, downY2, moveX2, moveY2, pLine);
canvas.drawLine(downX3, downY3, moveX3, moveY3, pLine);
canvas.drawLine(downX4, downY4, moveX4, moveY4, pLine);
canvas.drawLine(downX5, downY5, moveX5, moveY5, pLine);
canvas.drawLine(downX6, downY6, moveX6, moveY6, pLine);
canvas.drawLine(downX7, downY7, moveX7, moveY7, pLine);
canvas.drawLine(downX8, downY8, moveX8, moveY8, pLine);
canvas.drawLine(downX9, downY9, moveX9, moveY9, pLine);
canvas.drawLine(downX10, downY10, moveX10, moveY10, pLine);


}
```

Step 2 为 MSTKPaint 类增加响应单击事件的方法，具体代码如下。

Chapter06\Section6.1\pcanvaspaint\src\main\java\com\example\pcanvaspaint\MSTKPaint.java

```java
public void onClick(View v) {

    MSTKPaint.downX1 = 1170;
        MSTKPaint.downY1 = 1190;
        MSTKPaint.moveX1 = 1190;
        MSTKPaint.moveY1 = 1155;

        MSTKPaint.downX3 =1180;
        MSTKPaint.downY3 = 1190;
        MSTKPaint.moveX3 = 1310;
        MSTKPaint.moveY3 = 1155;

        MSTKPaint.downX6 = 1110;
        MSTKPaint.downY6 = 1195;
        MSTKPaint.moveX6 = 1130;
        MSTKPaint.moveY6 = 1270;

        MSTKPaint.downX8 = 3120;
        MSTKPaint.downY8 = 1195;
        MSTKPaint.moveX8 = 3125;
        MSTKPaint.moveY8 = 2170;

        MSTKPaint.downX10 = 3130;
        MSTKPaint.downY10 = 1195;
        MSTKPaint.moveX10 = 3170;
        MSTKPaint.moveY10 = 2170;

        MSTKPaint.downX10 = 4125;
        MSTKPaint.downY10 = 4180;
        MSTKPaint.moveX10 = 4180;
        MSTKPaint.moveY10 = 4180;

        invalidate();

}
```

Step 3 中最为关键的是在页面布局文件 activity_mstk.xml 中添加如下代码，用于引入画布。com.example.pcanvaspaint 表示包名，MSTKPaint 为我们在 Step 1 中创建的用于画图的类。

Chapter06\Section6.1\pcanvaspaint\src\main\res\layout\activity_mstk.xml

```xml
<com.example.pcanvaspaint.MSTKPaint
        android:id="@+id/vMSTK"
        android:layout_width="fill_parent"
        android:layout_height="fill_parent" />
```

本小节案例最大的特点是通过参数的形式绘制了直线，便于通过参数的改变而改变直线的位置，整个工程执行后效果如图 6-4 所示。

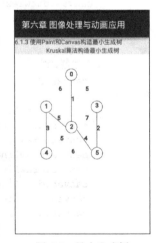

图 6-4　最小生成树

6.2 二维动画基础

Android 系统中有一套完整的动画框架，开发者可以根据需要实现各种动画效果，利用动画震撼的效果提高用户的体验。Android 动画系统框架中，主要提供了两种实现动画方式，一种是补间动画（Tween Animation），另一种是逐帧动画（Frame Animation）。具体实现在 android.view.animation 类库中。

补间动画则是通过在两个关键帧之间补充渐变的动画效果来实现的。补间动画的优点是可以节省空间。开发者可以结合 View 组件的移动、放大、缩小、渐变以及逐帧播放等方式实现动画效果。目前 Android 应用框架支持的补间动画效果有以下 5 种，如表 6-4 所示。

表 6-4　　　　　　　　　Android 应用框架支持的补间动画效果

序 号	补间动画效果类	说　明
1	AlphaAnimation	透明度（alpha）渐变效果，对应<alpha/>标签
2	TranslateAnimation	位移渐变，需要指定移动点的开始和结束坐标，对应<translate/>标签
3	ScaleAnimation	缩放渐变，可以指定缩放的参考点，对应<scale/>标签
4	RotateAnimation	旋转渐变，可以指定旋转的参考点，对应<rotate/>标签
5	AnimationSet	组合渐变，支持组合多种渐变效果，对应<set/>标签

逐帧动画与补间动画在本质上是不同的，逐帧动画通过连续播放图片来模拟动画的效果，和放电影的机制很相似，使用简单，只需要创建一个 AnimationDrawable 对象就可以实现逐帧动画效果。

此外，Android 支持 GIF 动画播放，实现时首先需要对 GIF 图像进行解码，然后将 GIF 中的每一帧分别提取出来保存到一个容器中，然后根据需要连续绘制每一帧。

6.2.1　补间动画

本小节将介绍补间动画的 5 种效果，对一幅图片分别实现透明度渐变（AlphaAnimation）、位移渐变（TranslateAnimation）、缩放渐变（ScaleAnimation）、旋转渐变（RotateAnimation）和组合渐变（AnimationSet）。由于动画的运行效果无法通过截图很好的展示，因此关于动画的演示效果请直接运行本书附带的源程序或 APK，下面有关动画的案例我们只用文字描述动画的运行效果，本小节只是简单介绍上述 5 种效果，对应的实例主界面如图 6-5 所示，更多动画实例可见后续综合实例。

图 6-5　补间动画效果演示界面

1．透明度渐变 AlphaAnimation 实例

AlphaAnimation 类是 Android 系统中的透明度变化动画类，用于控制 View 对象的透明度变化，该类继承于 Animation 类。AlphaAnimation 类中的很多方法都与 Animation 类一致，本实例中使用该类的构造方法如下：

```
public AlphaAnimation (float fromAlpha, float toAlpha)
```

参数 fromAlpha 为动画开始时刻的透明度，取值范围为 0~1，数据类型为 float；
参数 toAlpha 为动画结束时刻的透明度，取值范围 0~1，数据类型为 float。
本实例中透明度渐变动画演示效果对应的关键源程序如下。源程序均在 Section 6.2 下。

Chapter06\Section6.2\panimation\src\main\java\com\example\panimation\TAActivity.java
```
//新建一个AlphaAnimation类，开始时刻的透明度为0.1f,结束时刻的透明度为1.0f
alphaAnimation = new AlphaAnimation(0.1f, 1.0f);
//设置动画的持续时间为3秒
alphaAnimation.setDuration(3000);
//启动动画
imgTA.startAnimation(alphaAnimation);
```

2. 位移渐变 TranslateAnimation 实例

TranslateAnimation 类是 Android 系统中的位置变化动画类，用于控制 View 对象的位置变化，该类继承于 Animation 类。TranslateAnimation 类中的很多方法都与 Animation 类一致，本实例中使用该类的构造方法如下。

```
public TranslateAnimation (float fromXDelta, float toXDelta, float fromYDelta, float toYDelta)
```

参数 fromXDelta 为位置变化的起始点 x 坐标，此坐标相对于当前位置而言，数据类型为 float；
参数 toXDelta 为位置变化的结束点 x 坐标，此坐标相对于当前位置而言，数据类型为 float；
参数 fromYDelta 为位置变化的起始点 y 坐标，此坐标相对于当前位置而言，数据类型为 float；
参数 toYDelta 为位置变化的结束点 y 坐标，此坐标相对于当前位置而言，数据类型为 float。
本实例中位移渐变动画演示效果对应的关键源程序如下所示。

Chapter06\Section6.2\panimation\src\main\java\com\example\panimation\TAActivity.java
```
//新建一个TranslateAnimation类，
//开始时刻相对当前的位置为(0.1f, 0.1f)，结束时刻相对当前位置为(100.0f, 100.0f)
translateAnimation = new TranslateAnimation(0.1f, 100.0f,0.1f,100.0f);
//设置动画的持续时间为3秒
translateAnimation.setDuration(3000);
//启动动画
imgTA.startAnimation(translateAnimation);
```

3. 缩放渐变 ScaleAnimation 实例

ScaleAnimation 类是 Android 系统中的尺寸变化动画类，用于控制 View 对象的尺寸变化，该类继承于 Animation 类。ScaleAnimation 类中的很多方法都与 Animation 类一致，本实例中使用该类的构造方法如下。

```
public ScaleAnimation(float fromX, float toX, float fromY, float toY)
```

参数 fromX 为起始 x 坐标上的伸缩尺寸，此尺寸是相对于原始图像，数据类型为 float；
参数 toX 为结束 x 坐标上的伸缩尺寸，此尺寸是相对于原始图像，数据类型为 float；
参数 fromY 为起始 y 坐标上的伸缩尺寸，此尺寸是相对于原始图像，数据类型为 float；
参数 toY 为结束 y 坐标上的伸缩尺寸，此尺寸是相对于原始图像，数据类型为 float。

本实例中缩放渐变动画演示效果对应的关键源程序如下所示。

Chapter06\Section6.2\panimation\src\main\java\com\example\panimation\TAActivity.java
```
//新建一个ScaleAnimation类,
//开始时刻相当于原始尺寸的0.1,即相当于原始图像的十分之一,
//结束时刻相当于原始尺寸1.0,即保持原始图像大小不变化
scaleAnimation = new ScaleAnimation(0.1f, 1.0f,0.1f,1.0f);
//设置动画的持续时间为3秒
scaleAnimation.setDuration(3000);
//启动动画相对于左上角顶点进行缩放
imgTA.startAnimation(scaleAnimation);
```

4. 旋转渐变 RotateAnimation 实例

RotateAnimation 类是 Android 系统中的旋转变化动画类，用于控制 View 对象的旋转动作，该类继承于 Animation 类。RotateAnimation 类中的很多方法都与 Animation 类一致，本实例中使用该类的构造方法如下：

```
public RotateAnimation (float fromDegrees, float toDegrees)
```

参数 fromDegrees 为旋转的开始角度，数据类型为 float；
参数 toDegrees 为旋转的结束角度，数据类型为 float。
本实例中旋转渐变动画演示效果对应的关键源程序如下所示。

Chapter06\Section6.2\panimation\src\main\java\com\example\panimation\TAActivity.java
```
//新建一个RotateAnimation类,
//旋转的开始角度0f,
//旋转的结束角度360f
rotateAnimation = new RotateAnimation(0f, 360f);
//设置动画的持续时间为3秒
rotateAnimation.setDuration(3000);
//启动动画相对于左上角顶点进行旋转
imgTA.startAnimation(rotateAnimation);
```

5. 组合渐变 AnimationSet 实例

AnimationSet 类是 Android 系统中的动画集合类，用于控制 View 对象进行多个动作的组合，该类继承于 Animation 类。AnimationSet 类中的很多方法都与 Animation 类一致，该类中最常用的方法便是 addAnimation 方法，该方法用于为动画集合对象添加动画对象，其基本语法为：

```
public void addAnimation (Animation a)
```

参数 a 为 Animation 动画对象，可以是前述任何一种补间动画。
本实例中组合渐变演示效果对应的关键源程序如下所示。

Chapter06\Section6.2\panimation\src\main\java\com\example\panimation\TAActivity.java
```
//新建一个TranslateAnimation类,
//开始时刻相对当前的位置为(0.1f, 0.1f),结束时刻相对当前位置为(100.0f, 100.0f)
translateAnimation = new TranslateAnimation(0.1f, 100.0f,0.1f,100.0f);
//新建一个AlphaAnimation类,开始时刻的透明度为0.1f,结束时刻的透明度为1.0f
```

229

```
alphaAnimation = new AlphaAnimation(0.1f, 1.0f);
//新建一个 AnimationSet 类
animationSet = new AnimationSet(true);
//为动画集合对象 animationSet 添加动画对象 translateAnimation
animationSet.addAnimation(translateAnimation);
//为动画集合对象 animationSet 添加动画对象 alphaAnimation
animationSet.addAnimation(alphaAnimation);
//设置动画的持续时间为 3 秒
animationSet.setDuration(3000);
//启动动画,
//透明度从 0.1f 变为 1.0f,
//从相对于当前位置(0.1f, 0.1f)运动到相对当前位置为（100.0f, 100.0f）
imgTA.startAnimation(animationSet);
```

6.2.2 逐帧动画

Drawable 是一个可画的对象，可能是一张位图，也可能是一个图形，或者是一个图层，主要作用是在 XML 中定义各种动画，然后在代码中获取 Drawable 资源,通过 Drawable 显示动画效果。本小节将以拓扑排序算法实现逐帧动画效果，大致步骤如下。

Step 1：制作拓扑排序算法动画效果的每一帧对应的图片文件 tp001.png~tp014.png，放入案例对应的工程文件 PAnimation 的文件夹 res 的子文件夹 drawable-hdpi 下。

Step 2：编写 animationlist_fa.xml 文件，为每一帧动画设置相应的图片及显示时间。

Step 3：监听 Button 按下事件，读取 animationlist_fa.xml 文件，使用 AnimationDrawable 对象，调用其 start()方法启动此逐帧动画。

本实例初始显示界面如图 6-6 所示，用户单击【通过 Drawable 显示动画效果】Button 则开始显示动画。

Step 1 中帧动画所对应的图片可以使用系统自带的画图软件制作，图片的尺寸最好与程序运行的模拟器或真机相匹配。

Step 2 中 animationlist_fa.xml 文件如下所示。

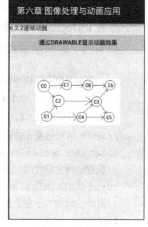

图 6-6 执行效果

Chapter06\Section6.2\panimation\src\main\res\layout\animationlist_fa.xml
```
<?xml version="1.0" encoding="utf-8"?>
<animation-list xmlns:android="http://schemas.android.com/apk/res/android"
    android:oneshot="false"
    android:layout_width="wrap_content"
    android:layout_height="wrap_content">
    <item android:drawable="@drawable/tp001" android:duration="4000"
        android:layout_width="wrap_content"
        android:layout_height="wrap_content" />
    <item android:drawable="@drawable/tp002" android:duration="4000"
        android:layout_width="wrap_content"
        android:layout_height="wrap_content" />
    <item android:drawable="@drawable/tp003" android:duration="4000"
        android:layout_width="wrap_content"
        android:layout_height="wrap_content" />
    <item android:drawable="@drawable/tp004" android:duration="4000"
```

```xml
        android:layout_width="wrap_content"
        android:layout_height="wrap_content" />
    <item android:drawable="@drawable/tp005" android:duration="4000"
        android:layout_width="wrap_content"
        android:layout_height="wrap_content" />
    <item android:drawable="@drawable/tp006" android:duration="4000"
        android:layout_width="wrap_content"
        android:layout_height="wrap_content" />
    <item android:drawable="@drawable/tp007" android:duration="4000"
        android:layout_width="wrap_content"
        android:layout_height="wrap_content" />
    <item android:drawable="@drawable/tp008" android:duration="4000"
        android:layout_width="wrap_content"
        android:layout_height="wrap_content" />
    <item android:drawable="@drawable/tp009" android:duration="4000"
        android:layout_width="wrap_content"
        android:layout_height="wrap_content" />
    <item android:drawable="@drawable/tp010" android:duration="4000"
        android:layout_width="wrap_content"
        android:layout_height="wrap_content" />
    <item android:drawable="@drawable/tp011" android:duration="4000"
        android:layout_width="wrap_content"
        android:layout_height="wrap_content" />
    <item android:drawable="@drawable/tp012" android:duration="4000"
        android:layout_width="wrap_content"
        android:layout_height="wrap_content" />
    <item android:drawable="@drawable/tp013" android:duration="4000"
        android:layout_width="wrap_content"
        android:layout_height="wrap_content" />
    <item android:drawable="@drawable/tp014" android:duration="4000"
        android:layout_width="wrap_content"
        android:layout_height="wrap_content" />
</animation-list>
```

Step 2 中需要注意的地方有 3 处。

第一处是 android:oneshot="false"，oneshot 如果为 true，表示动画只播放一次，并将停止在最后一帧上；如果设置为 false 表示动画循环播放，也就是说在程序里，动画将会循环播放。

第二处是对于每一帧动画，都对应于一个 item，文件中一共有 14 个 item，因此对应 14 帧动画。

第三处是 item 的释义，以最后一个 item 为例：android:drawable="@drawable/tp014" 和 android:duration="4000"，前者表示每一帧动画对应图片的位置，后者则表示每一帧动画的显示时间。

Step 3 中的关键代码如下。

Chapter06\Section6.2\panimation\src\main\java\com\example\panimation\FAActivity.java

```java
//监听【通过 Drawable 显示动画效果】Button 按下事件
btnDrawable.setOnClickListener(new OnClickListener()
{
    public void onClick(View v)
    {
        //设置 Button 不可用，避免用户按下
        btnDrawable.setEnabled(false);
```

```
            //显示对应的拓扑序列
            tvTO.setText("拓扑序列为：\nC0->C1->C2->C4->C3->C5->C7->C8->C6");
            //获取动画资源
            imgShow.setImageResource(R.layout.animationlist_fa);
            //使用getDrawable()方法获取Drawable对象并转换为AnimationDrawable对象
            animationDrawable=(AnimationDrawable)imgShow.getDrawable();
            //播放帧动画
            animationDrawable.start();
        }
    });
```

6.2.3 GIF 动画

Android GIF 动画的实现首先要对 GIF 图像进行解码操作，将 GIF 中每一帧取出来保存在一个容器中，最后根据需要播放每一帧，即实现 GIF 动画的播放。本小节实例以 Bubble Sort（冒泡排序）为基础，使用 GIF 动画演示了一组随机数据（83 48 35 66 98 74 15 28）的排序全过程，大致步骤如下。

Step 1：制作随机数据（83 48 35 66 98 74 15 28）Bubble Sort 的全过程 GIF 动画，将动画存放于 PAnimation 的文件夹 res 的子文件夹 drawable-hdpi 下。

Step 2：从 View 中派生出 CustomGifView 类，用于动画的播放。

Step 3：在 Activity 的 onCreate 方法中创建 CustomGifView 类对象并显示出来。

本实例初始显示界面如图 6-7 所示，动画将会自动播放。

Step 1 涉及的 GIF 动画制作过程省略。

Step 2 的代码如下。

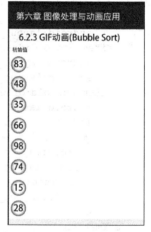

图 6-7 Bubble Sort 执行初始界面

Chapter06\Section6.2\ PAnimation\src\com\example\panimation\GAActivity.java

```
//创建CustomGifView类，从View类中extends
class CustomGifView extends View
{
    //构造函数
    public CustomGifView(Context context)
    {
        super(context);
        //获取Bubble Sort动画,使用Movie的decodeStream()方法解析动画
        mMovie = Movie.decodeStream(getResources().openRawResource(R.drawable.bubblesortgif));
    }
        public void onDraw(Canvas canvas)
        {
            //从开机到现在的毫秒数，即当前时间
            long now = android.os.SystemClock.uptimeMillis();
            //因为mMovieStart被初始化为0,因此若mMovieStart == 0,
            //则说明是第一次重绘,即对应动画的第一帧,将其时间now记下。
            if (mMovieStart == 0)
            {
```

```
                    mMovieStart = now;
                }
                //因为mMovie被初始化为null,因此若其不为空
                //说明解析动画成功
                if (mMovie != null)
                {
                    //获取动画的播放时间
                    int dur = mMovie.duration();
                    //若播放时间为0,将其设置为1000
                    if (dur == 0)
                    {
                        dur = 1000;
                    }
                    //计算当前帧对应的时间
                    int relTime = (int) ((now - mMovieStart) % dur);
                    //设置动画这一时间对应的某一帧
                    mMovie.setTime(relTime);
                    //绘制对应时间动画的某一帧
                    mMovie.draw(canvas, 0, 0);
                    //刷新画面
                    invalidate();
                }
            }
        }
```

Step 3 非常简单,只是在 onCreate 方法中新建 CustomGifView 对象,并使用 setContentView 方法将其显示出来。

```
//初始化函数
protected void onCreate(Bundle savedInstanceState)
{
    super.onCreate(savedInstanceState);
    //新建 CustomGifView 对象,并使用 setContentView 方法将其显示出来
    setContentView(new CustomGifView(this));
}
```

6.3 透明度、缩放、旋转和位移渐变的使用

经过前两节的学习,对图像和动画有了基本的认识和了解。为了加深对图像和动画知识的运用能力,本节用动画来演示链表的创建,结点的插入和删除过程。本节所有代码均在 Section 6.3 下。

6.3.1 缩放和透明度渐变的使用

创建链表的过程可分为以下两步。

Step 1:产生第一个结点,准备插入,产生结点的过程使用了缩放渐变 ScaleAnimation 的补间动画。

Step 2:将结点按其产生的先后顺序插入在相应的位置,插入结点的过程使用了透明度渐变

AlphaAnimation 的补间动画。

创建链表的初始界面如图 6-8 所示。

在 Step 1 中的关键代码如下。

Chapter06\Section6.3\plistdemo\src\main\java\com\example\plistdemo\CLActivity.java

```
//创建缩放渐变的动画对象,相对父视图缩放,从(0.1f, 0.1f)变化到(1.0f,1.0f)
//即相当于从原始图像的十分之一大小放大到原始图像大小
saFir = new ScaleAnimation(0.1f,1.0f,0.1f,1.0f);
//设置动画的持续时间为3秒
saFir.setDuration(3000);
//加载第一个结点的图片
imgNode.setImageResource(R.drawable.linknodefirst);
//设置图片可见
imgNode.setVisibility(View.VISIBLE);
//启动缩放渐变动画
imgNode.startAnimation(saFir);
```

图 6-8 创建链表初始界面

在 Step 2 中的关键代码如下。

Chapter06\Section6.3\plistdemo\src\main\java\com\example\plistdemo\CLActivity.java

```
//监听第一个结点的缩放渐变动画
saFir.setAnimationListener(new AnimationListener()
{
            public void onAnimationStart(Animation animation)
            {
                //动画开始时调用
            }
            public void onAnimationRepeat(Animation animation)
            {
                //动画重复时调用
            }
            public void onAnimationEnd(Animation animation)
            {
                //动画结束时调用
                //创建透明度渐变动画,从0.0f变化到1.0f
                aaFir = new AlphaAnimation(0.0f, 1.0f);
                //设置动画的持续时间为3秒
                aaFir.setDuration(3000);
                //动画演示时的文字说明
                tvShowInfo.setText("插入结点 A");
                //将结点设置为可见
                imgNodeFirst.setVisibility(View.VISIBLE);
                //启动透明度渐变动画
                imgNodeFirst.startAnimation(aaFir);
                //省略后续代码
                ……
            }
});
```

创建链表的演示过程的源程序结构并不复杂，除了上述归纳的两步之外，还要注意动画的播放过程。每一个新的结点产生时都是使用第一步中的缩放渐变动画，之后监听这一动画，在这一动画播放结束时启动透明度渐变动画演示结束链接的过程。每一个结点链接完毕后，又会有一个新的结点使用缩放渐变动画产生，整个演示过程就是在第一步和第二步之间循环，直到最后一个结点产生并插入到链表中，演示完毕，如图 6-9 所示。

图 6-9 创建链表演示完毕界面

6.3.2 缩放和位移渐变的使用

结点插入演示的初始界面如图 6-10 所示，在此界面中有一个仅含有一个结点 A 和尾结点*的链表。

结点的插入的过程大致可分为以下 3 步。

Step 1：产生一个结点，准备插入，产生结点的过程使用了缩放渐变 ScaleAnimation 的补间动画。

Step 2：将待插入位置的连接前一结点和后一结点的链接断开，将结点插入，结点移动的过程使用了位移渐变 TranslateAnimation 的补间动画。

Step 3：前一结点指向新插入结点，新插入结点指向后一结点。

在 Step 1 中，产生结点的过程使用了缩放渐变 ScaleAnimation 的补间动画，关键代码如下。

图 6-10 结点插入初始界面

Chapter06\Section6.3\plistdemo\src\main\java\com\example\plistdemo\INActivity.java

```
//动画演示时的文字说明
tvShowInfo.setText("创建结点 B 以待插入");
//创建缩放渐变动画
saNode = new ScaleAnimation(0.1f,1.0f,0.1f,1.0f);
//设置动画的持续时间为 3 秒
saNode.setDuration(3000);
//加载待插入结点图片
imgNode.setImageResource(R.drawable.linknodesecond);
//设置图片可见
imgNode.setVisibility(View.VISIBLE);
//启动缩放动画
imgNode.startAnimation(saNode);
```

在完成 Step 1 中缩放动画启动之后，等待这一动画结束，开始 Step 2 中移动结点以方便插入 Step 1 中产生的结点，移动结点的过程使用了位移渐变 TranslateAnimation 的补间动画，关键代码如下。

Chapter06\Section6.3\plistdemo\src\main\java\com\example\plistdemo\INActivity.java

```
//将箭头设为不可见
```

```
imgFE.setVisibility(View.INVISIBLE);
//计算尾结点移动的距离
int toSecX=(imgNodeEnd.getWidth()+imgFE.getWidth());
//将整型距离转换成浮点型
float floatSecx=0.0f+(float)toSecX;
//提示用户的文本
tvShowInfo.setText("将尾结点移动以待插入 B");
//创建 TranslateAnimation 动画,将尾结点从当前位置平移 floatSecx 距离
//平移的意思是只在水平方向上移动,即只改变 x,不改变 y。
taEnd = new TranslateAnimation(0.0f,floatSecx,0.0f,0.0f);
//设置动画的持续时间为 3 秒
taEnd.setDuration(3000);
//动画终止时停留在最后一帧
taEnd.setFillAfter(true);
//启动位移动画,实现尾结点移动
imgNodeEnd.startAnimation(taEnd);
```

在第一步产生结点 C 之后,第二步移动尾结点以完成插入的动画实现效果如图 6-11 所示。

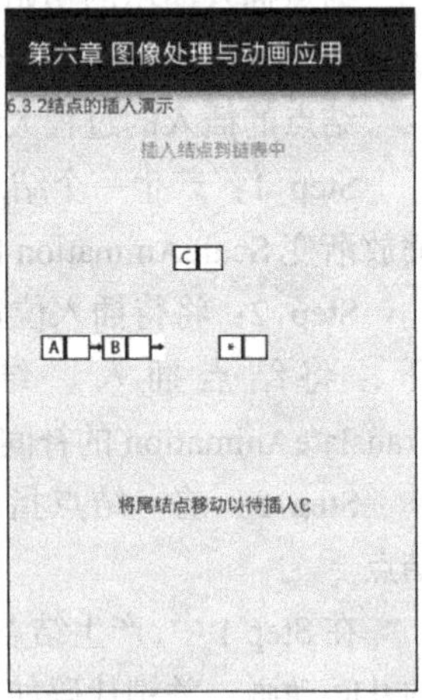

注意在结点插入演示时,依次将结点 B、结点 C 和结点 D 插入,也是尾结点不断后移的过程,完整的源程序中展示了这一过程。由于结点是依次插入,因此最为关键的每次要准确计算尾结点后移的距离,并将结点进行移动。

另一个问题是结点 B、结点 C 和结点 D 均是在程序中创建的,需要重新设置位置参数才能将其准确地移动到待插入位置。

图 6-11 结点插入演示效果图

6.3.3 旋转和位移渐变的使用

结点删除演示的初始界面如图 6-12 所示,链表有 A、B、C、D 和尾结点组成,演示时删除了 C 结点。

结点删除的演示可分为以下两步。

Step 1:产生待删除的结点 C,产生结点的过程使用了旋转渐变 RotateAnimation 的补间动画。

Step 2:将结点 C 从链表中删除,结点 D 和尾结点前移,前移结点的过程使用了位移渐变 TranslateAnimation 的补间动画。

在 Step 1 产生待删除的结点这一演示过程中,关键代码如下。

Chapter06\Section6.3\plistdemo\src\main\java\com\example\plistdemo\DNActivity.java

```
//文本提示
tvShowInfo.setText("准备删除结点 C");
//创建 RotateAnimation,相对自身从 0f 旋转到 360f,
//与上一节介绍的不同,此处调用的是 RotateAnimation 另一构造方法,
//需设置旋转点类型及其值,此处设置为 RELATIVE_TO_SELF,即相对自身旋转,
//值为 0.5f,也就是说自身的一半,即自身的中心点
```

图 6-12 结点删除初始界面

```
raThi = new RotateAnimation(0f,360f,Animation.RELATIVE_TO_SELF,0.5f,Animation.RELATIVE_TO_SELF,0.5f);
//设置动画的持续时间为3秒
raThi.setDuration(3000);
//加载待插入结点图片
imgNode.setImageResource(R.drawable.linknodethird);
//设置图片可见
imgNode.setVisibility(View.VISIBLE);
//启动旋转动画
imgNode.startAnimation(raThi);
```

在 Step 2 删除结点这一演示过程中,关键代码如下。

Chapter06\Section6.3\plistdemo\src\main\java\com\example\plistdemo\DNActivity.java
```
//计算结点 D 需要移动的距离
int toForx=(imgNodeEnd.getWidth()+imgFE.getWidth());
//将整型距离转换为浮点型
float floatForx=0.0f-(float)toForx;
//创建 TranslateAnimation 动画,将结点 D 平移到结点 C 的位置。
taFor = new TranslateAnimation(0.0f,floatForx,0.0f,0.0f);
//设置动画的持续时间为3秒
taFor.setDuration(3000);
//动画终止时停留在最后一帧
taFor.setFillAfter(true);
//文本提示
tvShowInfo.setText("移动结点 D");
//启动位移动画
imgNodeForth.startAnimation(taFor);
```

完成第一步演示待删除结点 C 之后,在第二步中将 D 结点移至结点 C 的位置效果如图 6-13 所示。

后续还需将尾结点移至 D 结点的原位置,并进行链接以完成删除。本节实例与 6.3.2 节结点的插入演示不同之处在于本节实例不必在程序中创建结点,只需精确计算结点 D 和尾结点每次平移的距离并进行移动即可。

图 6-13 删除结点 C 执行效果图

6.4 位移渐变动画的使用

上一节的实例实现了链表的创建,结点的插入和删除动画演示,本节实例将使用栈和队列为基础,完成进栈和出栈,入队和出队的动画演示。本节代码均在 Section 6.4 下。

6.4.1 进栈和出栈的演示

为了更好地演示进栈和出栈的全程,将进栈和出栈的演示分成两部分。进栈和出栈的演示初始界面如图 6-14 所示。

进栈和出栈均使用了位移渐变(TranslateAnimation),但两者的演示步骤并不一样。对于进栈演示而言，按下 Button 之后的演示可大致分为两步。

Step 1：生成进栈数据，实现时只是将预先准备好的数据设置为可见，没有使用任何动画。

Step 2：使用位移渐变 TranslateAnimation 将数据进栈。

Step 2 中最关键的代码如下。

Chapter06\Section6.4\pstackqueue\src\main\java\com\example\pstackqueue\StackActivity.java

```
//获得栈的高度
int toNEy=imgStackI.getHeight();
//计算待进栈的数据需要移动的距离
float floatNEy=0.0f+(float)toNEy;
//提示文本
tvShowInfo.setText("演示开始：数据 98 进栈");
//创建 TranslateAnimation 动画，该动画仅在竖直方向移动
taNEI = new TranslateAnimation(0.0f,0.0f,0.0f,floatNEy);
//设置动画的持续时间为 3 秒
taNEI.setDuration(3000);
//动画终止时停留在最后一帧
taNEI.setFillAfter(true);
//设置动画可见
imgNEI.setVisibility(View.VISIBLE);
//启动位移动画
imgNEI.startAnimation(taNEI);
```

图 6-14　进栈和出栈演示的初始界面

上述代码完成后的实现效果如图 6-15 所示，即完成数据 98 进栈。

本实例后续代码最为重要的就是准确计算出待进栈数据在竖直方向上移动的距离，这样才能保证进栈完成后每一数据都在正确的位置上。

对于出栈演示而言，按下 Button 之后的演示只需使用位移渐变 TranslateAnimation 将数据移出栈即可，演示结束时，所有数据均已经出栈，栈内无任何数据，关键代码如下。

Chapter06\Section6.4\pstackqueue\src\main\java\com\example\pstackqueue\StackActivity.java

```
//计算待出栈数据与栈顶的距离
int toTTy=3*imgNEI.getHeight();
//计算待出栈数据在竖直方向上需要移动的距离
float floatTTy=0.0f-(float)toTTy;
//提示文本
tvShowInfo.setText("演示开始：数据 23 出栈");
//创建 TranslateAnimation 动画，注意该动画仅在竖直方向移动
taTTO = new TranslateAnimation(0.0f,0.0f,0.0f,floatTTy);
//设置动画的持续时间为 3 秒
taTTO.setDuration(3000);
//动画终止时停留在最后一帧
taTTO.setFillAfter(true);
//启动位移动画
imgTTO.startAnimation(taTTO);
```

上述代码运行后，数据 23 出栈如图 6-16 所示。

图 6-15　数据 98 进栈执行效果图　　　　图 6-16　数据 23 出栈执行效果图

本实例最为重要的就是准确计算出待出栈数据在竖直方向上移动的距离，这样才能保证出栈完成后栈为空。

6.4.2　入队和出队的演示

入队和出队的演示只使用了位移渐变（TranslateAnimation）动画，其初始界面如图 6-17 所示。

入队和出队的演示步骤并不一样。对于入队而言，按下 Button 之后的演示可大致分为两步。

Step 1：生成入队数据，实现时只是将预先准备好的数据设置为可见，没有使用任何动画。

Step 2：使用位移渐变 TranslateAnimation 将数据入队。

Step 2 中最关键的代码如下。

Chapter06\Section6.4\pstackqueue\src\main\java\com\example\pstackqueue\QueueActivity.java

图 6-17　入队和出队初始界面

```
//计算待入队数据需要平移的距离
int toNEx=imgQueueI.getWidth()-imgNEI.getWidth()/2;
//将整型数据转换为浮点型
float floatNEx=0.0f+(float)toNEx;
//设置队列可见
imgQueueI.setVisibility(View.VISIBLE);
//提示文本
tvShowInfo.setText("演示开始：数据 98 入队");
//创建仅在水平方向上移动 TranslateAnimation 动画
taNEI = new TranslateAnimation(0.0f,floatNEx,0.0f,0.0f);
//设置动画的持续时间为 3 秒
taNEI.setDuration(3000);
//动画终止时停留在最后一帧
```

```
taNEI.setFillAfter(true);
//设置待入队列的数据可见
imgNEI.setVisibility(View.VISIBLE);
//启动位移渐变动画
imgNEI.startAnimation(taNEI);
```

上述代码运行后，显示效果如图 6-18 所示，数据 98 正在入队中。本实例后续代码最为重要的就是准确计算出待入队的数据在水平方向移动的距离，这样才能保证入队演示完成后每一数据都在正确的位置上。

对于出队演示而言，按下 Button 之后的演示只需使用位移渐变 TranslateAnimation 将数据移出队列即可，演示结束时，所有数据均已经移出队列，队列内无任何数据，关键代码如下。

Chapter06\Section6.4\pstackqueue\src\main\java\com\example\pstackqueue\QueueActivity.java
```
//计算待出队数据需要平移的距离
int toNEx=imgQueueO.getWidth()+imgNEO.getWidth();
//将整型数据转换为浮点型
float floatNEx=0.0f+(float)toNEx;
//提示文本
tvShowInfo.setText("演示开始：数据 98 出队");
//创建仅在水平方向上移动 TranslateAnimation 动画
taNEO = new TranslateAnimation(0.0f,floatNEx,0.0f,0.0f);
//设置动画的持续时间为 3 秒
taNEO.setDuration(3000);
//动画终止时停留在最后一帧
taNEO.setFillAfter(true);
//启动位移渐变动画
imgNEO.startAnimation(taNEO);
```

上述代码完成后的实现效果如图 6-19 所示，数据 98 正在出队中。本实例最为重要的就是准确计算出待出队数据在水平方向移动的距离，这样才能保证出队演示完成后队列为空。

图 6-18　数据 98 入队效果图

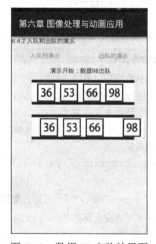
图 6-19　数据 98 出队效果图

6.5 补间动画的使用

本实例以二叉树为基础，综合使用了 Paint 和 Canvas 创建二叉树；使用 AlphaAnimation 和 ScaleAnimation，并使用了 AnimationSet 完成前序遍历的演示；使用 AlphaAnimation 和 ScaleAnimation，并使用了 AnimationSet 完成中序遍历的演示；使用 AlphaAnimation 和 RotateAnimation 完成了后序遍历的演示。本节代码均在 Section 6.5 下。

6.5.1 透明度和缩放渐变的使用

本小节使用了 Paint 和 Canvas 创建二叉树，可分为以下 3 步。

Step 1：从 View 类中派生出 drawBinaryTree 类，在其构造函数中定义画笔，在 onDraw 方法中绘制二叉树。

Step 2：在 CBTActivity.java 对应的 activity_cbt.xml 文件中加入 drawBinaryTree 类。

Step 3：在 CBTActivity 类中的 onCreate 方法中使用 setContentView 加载 activity_cbt.xml 文件。

完成上述 3 步运行后的效果如图 6-20 所示，本实例无任何动画效果，仅为了帮助读者温习 Paint 和 Canvas 的使用，因此不对代码作任何解释说明。

本小节案例第一步的源程序见以下文件。

Chapter06\Section6.5\ptreedemo\src\main\java\com\example\ptreedemo\drawBinaryTree.java

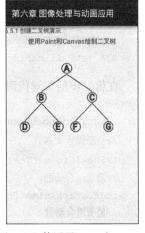

图 6-20 使用了 Paint 和 Canvas 创建二叉树的执行效果图

第二步涉及的页面布局文件位置如下。

Chapter06\Section6.5\ptreedemo\src\main\res\layout\activity_cbt.xml

第三步对应的源程序位置如下。

Chapter06\Section6.5\ptreedemo\src\main\java\com\example\ptreedemo\CBTActivity.java

6.5.2 组合渐变的使用

在前序遍历之前，首先要创建好待遍历的二叉树，和上一小节使用 Paint 和 Canvas 绘制二叉树不同的是，为了方便动画演示，本小节使用图片创建了同上一小节完全一致的二叉树。此处请读者注意前序遍历是先访问根结点，然后前序遍历左子树，最后前序遍历右子树，因此在动画演示时，在访问某一结点时同时使用透明度渐变和缩放渐变两种效果组合表示对该结点的遍历。

本实例动画部分可分为以下步骤。

Step 1：创建透明度渐变和缩放渐变两种效果，并将其组合。

Step 2：启动组合动画，演示前序遍历过程，并同步更新提示文字。

第一步中涉及关键代码如下所示。

Chapter06\Section6.5\ptreedemo\src\main\java\com\example\ptreedemo\PreActivity.java

```
//创建 AlphaAnimation 动画，透明度从 0.0f 变化到 1.0f
//即从完全透明变化到完全不透明
```

```
aaA = new AlphaAnimation(0.0f, 1.0f);
//创建 ScaleAnimation 动画,从(0.0f,0.0f)放大到(1.0f,1.0f)
//即从不可见放大到原始图像大小
saA = new ScaleAnimation(0.0f, 1.0f,0.0f,1.0f);
//创建组合渐变 AnimationSet 对象
asA=new AnimationSet(true);
//将透明度渐变动画加入到组合渐变中
asA.addAnimation(aaA);
//将缩放动画加入到组合渐变中
asA.addAnimation(saA);
//设置动画的持续时间为 5 秒
asA.setDuration(5000);
//动画终止时停留在最后一帧
asA.setFillAfter(true);
//设置可以填充为真
asA.setFillEnabled(true);
```

在第二步的关键代码如下。

Chapter06\Section6.5\ptreedemo\src\main\java\com\example\ptreedemo\PreActivity.java

```
//更新提示文本
tvShowInfo.setText("先访问根结点 A");
//启动组合动画
imgA.startAnimation(asA);
//监听组合动画
asA.setAnimationListener(new AnimationListener(){
            public void onAnimationStart(Animation animation){
            }
            public void onAnimationRepeat(Animation animation) {
            }
            public void onAnimationEnd(Animation animation)
            {
                //更新提示文本
                tvShowInfo.setText("访问A的左子树根结点 B(A)");
                //省略后续代码
                ……
            }
        });
```

完成上述两步后,运行效果如图 6-21 所示,提示文本显示【先访问根结点 A】,组合动画效果为结点 A 逐渐放大并且由透明变为不透明。

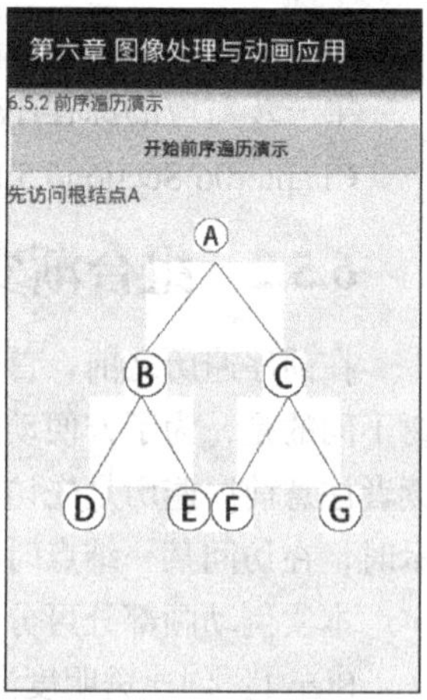

图 6-21 执行效果图

6.5.3 透明度、缩放和旋转渐变的使用

中序遍历的演示比前序遍历增加了旋转渐变,因为中序遍历和前序遍历不同,中序遍历是要先中序遍历左子树,直到被访问的结点没有左子树或者其左子树均已经被中序遍历,然后再访问

根结点，最后中序遍历右子树。因此，即在对某一结点的左子树或右子树进行访问时，先对这一结点进行旋转，这表示还未遍历这一结点，而当遍历某一结点时，则像前序遍历一样对这一结点运用组合动画。中序遍历的演示过程涉及动画部分大致可分为以下 3 步。

Step 1：创建透明度渐变和缩放渐变两种效果，并将其组合，用于演示某一结点被遍历。

Step 2：创建旋转渐变效果，用于演示某一结点的左子树或右子树被遍历。

Step 3：启动动画，演示中序遍历过程，并同步更新提示文字。

第一步中涉及关键代码如下。

Chapter06\Section6.5\ptreedemo\src\main\java\com\example\ptreedemo\MidActivity.java

```java
//创建 AlphaAnimation 动画，透明度从 0.0f 变化到 1.0f
//即从完全透明变化到完全不透明
aaA = new AlphaAnimation(0.0f, 1.0f);
//创建 ScaleAnimation 动画，从（0.0f，0.0f）放大到（1.0f，1.0f）
//即从不可见放大到原始图像大小
saA = new ScaleAnimation(0.0f, 1.0f,0.0f,1.0f);
//创建组合渐变 AnimationSet 对象
asA=new AnimationSet(true);
//将透明度渐变动画加入到组合渐变中
asA.addAnimation(aaA);
//将缩放动画加入到组合渐变中
asA.addAnimation(saA);
//设置动画的持续时间为 5 秒
asA.setDuration(5000);
//动画终止时停留在最后一帧
asA.setFillAfter(true);
```

在第二步的关键代码如下。

Chapter06\Section6.5\ptreedemo\src\main\java\com\example\ptreedemo\MidActivity.java

```java
//创建 RotateAnimation 动画，从 0f 旋转到 360f
//即旋转一圈
raA= new RotateAnimation(0f, 360f);
//设置动画的持续时间为 1 秒
raA.setDuration(1000);
```

在第三步的关键代码如下。

Chapter06\Section6.5\ptreedemo\src\main\java\com\example\ptreedemo\MidActivity.java

```java
//更新提示文字
tvShowInfo.setText("先访问 A 的左子树");
//由于是访问根结点的左子树，因此启动第二步创建的旋转动画
imgA.startAnimation(raA);
//监听旋转渐变动画
raA.setAnimationListener(new AnimationListener(){
                    public void onAnimationStart(Animation animation){
                    }
                    public void onAnimationRepeat(Animation animation) {
```

```
                    }
                    public void onAnimationEnd(Animation animation)
                    {
                        //更新提示文字
                        tvShowInfo.setText("访问 B 的左子树");
                        //由于是访问 B 结点的左子树，
                        //因此启动第二步创建的旋转动画
                        imgB.startAnimation(raB);
                        //监听旋转渐变动画
                        raB.setAnimationListener(new AnimationListener(){
                            public void onAnimationStart(Animation animation){
                            }
                            public void onAnimationRepeat(Animation animation){
                            }
                            public void onAnimationEnd(Animation animation)
                            {
                                //更新提示文字
                                tvShowInfo.setText ("D 无左子树，访问 D");
                                //由于是遍历结点 D，
                                //因此启动第一步创建的组合动画
                                imgD.startAnimation (asD);
                            }
                        });//raB.setAnimation Listener
                    }
                });//raA.setAnimationListener
```

完成上述步骤后，运行整个工程，可见图 6-22 所示运行效果，即访问 A 的左子树，因此结点 A 在展示旋转动画。

6.5.4 透明度和旋转渐变的使用

后序遍历的演示未使用组合动画，仅使用了透明度渐变和旋转渐变动画。同中序遍历一样，若访问某一结点的左子树或右子树，则使用旋转渐变动画；若遍历某一结点，则使用透明度渐变动画，请注意后序遍历是先后序遍历左子树，再后序遍历右子树，最后访问根结点。后序遍历的演示过程涉及动画部分大致可分为以下 3 步。

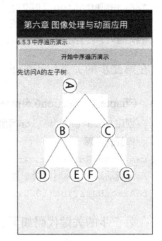

图 6-22　访问 A 的左子树执行效果图

Step 1：创建透明度渐变效果，用于演示某一结点被遍历。
Step 2：创建旋转渐变效果，用于演示某一结点的左子树或右子树被遍历。
Step 3：启动动画，演示后序遍历过程，并同步更新提示文字。
Step 1 中涉及关键代码如下。

Chapter06\Section6.5\ptreedemo\src\main\java\com\example\ptreedemo\PostActivity.java

```
//创建 AlphaAnimation 动画，透明度从 0.0f 变化到 1.0f
aaA = new AlphaAnimation(0.0f, 1.0f);
//设置动画的持续时间为 5 秒
aaA.setDuration(5000);
```

Step 2 中涉及关键代码如下。

Chapter06\Section6.5\ptreedemo\src\main\java\com\example\ptreedemo\PostActivity.java
```
//创建 RotateAnimation 动画, 从 0f 旋转到 360f
//即旋转一圈
raA= new RotateAnimation(0f, 360f);
//设置动画的持续时间为 1 秒
raA.setDuration(1000);
```

Step 2 中涉及关键代码如下所示。

Chapter06\Section6.5\ptreedemo\src\main\java\com\example\ptreedemo\PostActivity.java
```
//更新提示文字
tvShowInfo.setText("先访问 A 的左子树");
//由于是访问根结点的左子树, 因此调用旋转渐变动画
imgA.startAnimation(raA);
//监听旋转动画
raA.setAnimationListener(new AnimationListener(){
                        //省略若干代码
                        ……
                        public void onAnimationEnd(Animation animation)
                        {
                            //更新提示文字
                            tvShowInfo.setText("访问 B 的左子树");
                            //由于是访问 B 结点的左子树, 因此调用旋转渐变动画
                            imgB.startAnimation(raB);
                            //监听旋转动画
                            raB.setAnimationListener(new AnimationListener(){
                            //省略若干代码
                            ……
                              public void onAnimationEnd(Animation animation)
                              {
                                //更新提示文字
                                tvShowInfo.setText("D 既无左子树也无右子树,访问 D(D)");
                                //遍历结点 D,调用透明度渐变动画
                                imgD.startAnimation(aaD);
                                //省略若干代码
                                ……
                                }
                            });// raB.setAnimationListener
                        }
});// raA.setAnimationListener
```

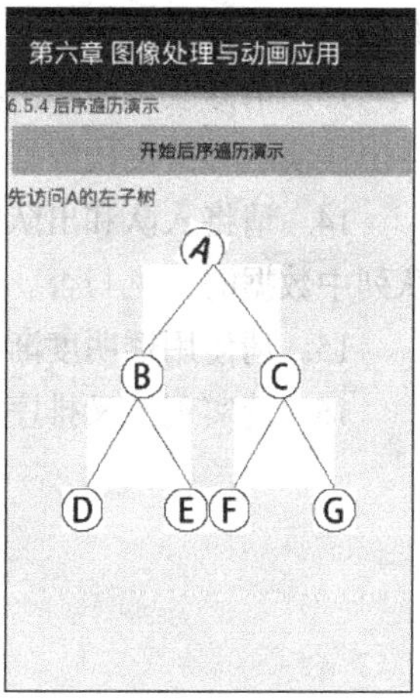

完成上述步骤后,运行整个工程,实现效果如图 6-23 所示,旋转渐变动画演示结点 A 的左子树被访问。

图 6-23 结点 A 的左子树被访问执行效果图

6.6 小　　结

本章主要介绍 Android 图像和动画方面的基础知识。6.1 节主要介绍图像处理方面的知识，Android 中绘图主要通过 Paint 类和 Canvas 画布类实现；6.2 节主要介绍动画方面的知识，主要包括补间动画和帧动画，此外还可以直接播放 GIF 动画；6.3 到 6.5 节通过对链表，栈和队列，二叉树的操作演示来加深读者对图像和动画编程知识的运用。

习　题　6

1. 假定有向图有 n 个顶点和 e 条边，请完成从任意顶点出发广度优先遍历图 n 个顶点的实例。
2. 请使用 Paint 和 Canvas 基于 Prim 算法构造最小生成树。
3. 请使用透明度渐变实现某一图像透明度变化效果，透明度的值可由用户从文本框中输入，或者由用户拖动进度条（SeekBar）实现。
4. 请使用位移渐变实现某一图像向用户触屏后的位置连续移动，即用户在手机屏幕上单击某一位置，图像就向这一位置移动，用户不停的单击，图像就不断的运动。
5. 请使用缩放渐变实现单击图像后放大，若图像尺寸超出屏幕的大小，则自动停止放大。
6. 请使用旋转渐变实现钟摆的动画效果。
7. 请使用旋转渐变实现真实手表的效果，要求有秒针，分针和时针。
8. 使用逐帧动画实现快速排序。
9. 播放堆排序的 GIF 动画。
10. 请实现带头结点的链表的创建演示。
11. 请实现有序链表的结点插入，例如，有序链表数据为（2，3，5，7），插入一数据为 4 的结点，将查找待插入的位置的过程也用动画展示出来。
12. 请实现有序链表的结点删除，例如，有序链表数据为（2，3，3，7），删除数据为 3 的所有结点，将查找待删除结点的位置的过程也用动画展示出来。
13. 请修改进栈和出栈的演示实例，在进栈演示时生成进栈数据之后使用透明度渐变动画，在出栈演示时待出栈数据使用旋转渐变动画。
14. 请将入队和出队的演示合并在一起实现，即完成入队后，在原图上实现出队，注意控制队列中数据的可见与否。
15. 请使用透明度渐变动画演示二叉树创建的过程。
16. 请实现二叉排序树的创建演示，数据如下（23，48，36，57，66，98，86）。

第 7 章 网络编程入门

使用 Android 系统的用户，通常都离不开网络应用。如上网看新闻，阅读电子书，刷微博，玩微信，或者逛淘宝、京东这些电商网站购物。上网已经成为 Android 手机所有应用中最为主要的功能之一。

因此，作为 Android 编程人员，是非常有必要了解和学习网络编程相关的知识。Android 的网络应用主要基于 Socket 通信和 HTTP 连接。Socket 通信是在双方建立起连接后就可以直接进行数据的传输，在连接时可实现信息的主动推送，而不需要每次由客户端向服务器发送请求；而 HTTP 连接使用的是"请求—响应方式"，即在请求时建立连接通道，当客户端向服务器发送请求后，服务器端才能向客户端返回数据。本章仅向读者介绍目前 Android 手机最为典型的访问网络的方式。具体内容包括：（1）基于 TCP 的 ServerSocket 和 Socket 编程；（2）使用 URL 访问网络资源；（3）使用 HTTP 访问网络；（4）使用 WebView 显示网页。

7.1 基于 TCP 的 Socket 通信

Socket 是一种抽象层，应用程序通过它来发送和接收数据，使用 Socket 可以将应用程序添加到网络中，与处于同一网络中的其他应用程序进行通信。Socket 的实现是多样化的，最为典型的就是 TCP 和 UDP 协议，分别对应的 Socket 类型为流套接字（Stream Socket）和数据报套接字（Datagram Socket）。流套接字将 TCP 作为其端对端协议，提供了一个可信赖的字节流服务；数据报套接字使用 UDP 协议，提供数据打包发送服务。在本节只介绍基于 TCP 的 Socket 通信机制，不涉及 UDP 协议，为了在 Android 网络开发时更好地理解基于 TCP 的 Socket 通信机制，需要先简单介绍 Socket 通信模型。

7.1.1 Socket 通信模型

无论实际通信多么复杂，最简单的 Socket 通信模型将参与通信的实体抽象成两部分，即客户端和服务器端，如图 7-1 所示。

客户端需要 Socket 这个类的对象，而服务器端需要 ServerSocket 这个类的对象，由客户端 Socket 发送一个请求，服务器端的 ServerSocket 在计算机的某一个端口

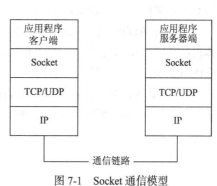

图 7-1 Socket 通信模型

号上进行监听，监听客户端发送的请求之后，那么客户端和服务器端的一个通信通道就建立起来了。此时可以从客户端向服务器端发送数据，服务器端也可以给客户端相应的响应。在客户端发送数据的时候需要用到 I/O 流里面的 OutputStream，通过这个 OutputStream 把数据发送给服务器端，服务器端用 InputStream 来读取客户端当中用 OutputStream 所写入的数据；如果服务器端向客户端发送数据，那么就使用 OutputStream 写出数据，在客户端通过 InputStream 把服务器端当中通过 OutputStream 所写入的数据给它读取出来，如图 7-2 所示。

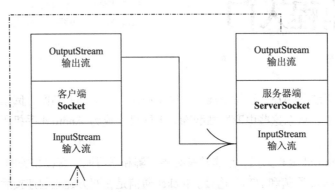

图 7-2　Socket 通信模型

在 Android 网络应用开发中，客户端和服务器端可以根据实际需求来设定，通常有以下几种形式。（1）使用 Android 模拟器或 Android 真机作为客户端，PC 作为服务器端；（2）使用 Android 模拟器或 Android 真机作为服务器端，PC 作为客户端；（3）使用两个 Android 模拟器或 Android 真机，一个模拟器或真机作为客户端，另一个模拟器或真机作为服务器端。接下来就将介绍这几种通信形式的实现思路及关键源程序，完整工程请参考本章 Section 7.1 下完整源程序。

7.1.2　使用 ServerSocket 和 Socket

按照上述通信模型，实现时使用 ServerSocket 创建服务器端，使用 Socket 创建客户端。分 3 种形式来介绍这一过程。

1. 使用 Android 模拟器为客户端，PC 作为服务器端

在这一形式中，实现了利用服务器端的程序读取电脑 C 盘下的 tcp.txt 文件，并利用 ServerSocket 在计算机的 30000 端口处监听，当 Android 模拟器发送请求时，将 tcp.txt 中的内容显示在 Android 客户端的 TextView 上。这一实现的思路可以抽象成以下步骤。

Step 1：服务器 PC 端使用 ServerSocket 在计算机的 30000 端口处监听，同时读取电脑 C 盘下的 tcp.txt 文件，写入 OutputStream。

Step 2：Android 客户端在【启动监听线程】Button 被按下时，启动线程，创建 Socket 并在计算机 30000 端口处监听，通过 InputStream 把服务器端当中通过 OutputStream 所写入的数据给它读取出来，并显示在 TextView 上。

Android 客户端的运行效果如图 7-3 所示。

单击【启动监听线程】Button，则会在 TextView 中显示我的电脑 C 盘中 tcp.txt 文件中的内容，如图 7-4 所示。

图 7-3 Android 客户端运行效果

图 7-4 显示 C:\tcp.txt 中内容

Step 1 中服务器端的源程序如下。

Chapter07\Section7.1\tcpserver\src\main\java\com\example\TcpSocketServer.java

```java
public class TcpSocketServer
{
    public static void main(String[] args) throws IOException{
        //新建一个 ServerSocket，监听计算机的 30000 端口
        ServerSocket serverSocket = new ServerSocket(30000);
        while(true){
            // accept()方法为下一个传入的连接请求创建 Socket 实例，
            //并将已成功连接的 Socket 实例返回给服务器套接字，
            //如果没有连接请求，accept()方法将阻塞等待；
            Socket socket = serverSocket.accept();
            //准备输出流写数据
            OutputStream outputStream = socket.getOutputStream();
            //打开 C 盘下的 tcp.txt 文件
            InputStream inputStream = new FileInputStream("C://tcp.txt");
            byte data[] = new byte[1024];
            int i = 0;
            //当未到文件末尾时，读取数据
            while((i = inputStream.read(data)) !=-1 )
            {
                //将 tcp.txt 文件中的内容写到输出流中
                outputStream.write(data, 0, i);
            }
            //关闭输出流
            outputStream.close();
            //关闭 socket
            socket.close();
        }
    }
}
```

在实现 Step 2 时，请注意 Android 4.0 后不能在 UI 主线程中使用 Socket 了，若非要在 UI 主线程中执行访问网络、文件操作等操作，可以使用 StrictMode 类，但在实际开发时不推荐这样。请在实际开发中遵循将 UI 主线程和工作线程分开：即在 UI 主线程中，只处理与 UI 相关及用户交互的工作，耗时的工作一律交由工作线程去处理；在工作线程中，决不干涉 UI 主线程的工作。在执行过程中如果遇到更新视图、重绘等 UI 操作，一律将其转交给 UI 主线程进行处理，可以使用 post() 或 postDelay() 方法。

另一个要注意的是请将自己电脑的 IP 设置为 192.168.1.222，否则代码无法成功运行。

Android 客户端启动线程处理服务器端的数据并在 TextView 中显示的代码如下。

Chapter07\Section7.1\tcpclient\src\main\java\com\example\MainActivity.java

```java
//启动新线程，用于访问网络
new Thread(new Runnable(){
    @Override
    public void run() {
        try{
            //在 IP 为 192.168.1.222 的 30000 端口处新建 socket
            Socket socket = new Socket("192.168.1.222",30000);
            //使用 InputStream 获取服务器端通过 OutputStream 所写入的数据
            BufferedReader bufReader = new BufferedReader(new InputStreamReader(socket.getInputStream(),"UTF-8"));
            //将 BufferedReader 中的内容读出来放到 strBuffer 中
            while ((strLine = bufReader.readLine()) != null) {
                strBuffer.append(strLine);
            }
            //将 strBuffer 中的内容转换为 String
            strContent = strBuffer.toString();
            //使用 post 方法更新视图中的 TextView
            tvShowInfo.post(new Runnable(){
                public void run(){
                    //将 strContent 中内容显示在 TextView 中
                    tvShowInfo.setText(strContent);
                }
            });
            //关闭 bufReader
            bufReader.close();
            //关闭 socket
            socket.close();
        }catch (IOException e){
            e.printStackTrace();
        }
    }
    //启动线程
}).start();
```

最后还有一点非常重要，就是要在 AndroidManifest.xml 中添加下面的代码以增加网络访问权限，否则 Android 端程序无法正常运行。

```xml
<uses-permission android:name="android.permission.INTERNET"></uses-permission>
```

2. 使用 Android 模拟器为服务器端，PC 作为客户端

在这一形式中，我们实现了利用 Android 模拟器服务器端的程序读取用户在文本框中输入的

内容，并写入 OutputStream，利用 ServerSocket 在计算机的 30000 端口处监听，客户端在计算机的 30001 端口处监听，通过 InputStream 将用户在文本框的内容输出。此时最为重要的事情就是要进行端口映射，这一实现的思路可以抽象成以下步骤。

Step 1：Android 模拟器服务器端启动线程，使用 ServerSocket 在计算机的 30000 端口处监听，同时获取用户端在文本框输入的内容，写入 OutputStream。

Step 2：客户端 PC 在 127.0.0.1 创建 Socket 并在计算机的 30001 端口处监听，通过 InputStream 把服务器端当中通过 OutputStream 所写入的数据读取出来，并显示在控制台上。

Step 3：进行端口映射，假定 Android 模拟器的名称为 emulator-5554，将本机端口 tcp/30001 映射到 Android 模拟器 tcp/30000 端口，需在命令行模式下运行以下指令：adb -s emulator-5554 forward tcp:30001 tcp:30000，通常可执行的 adb.exe 被安装在 sdk 目录的 platform-tools 文件夹中，请读者根据自己开发环境搭建时的情况寻找 adb.exe 这一可执行程序。

Android 模拟器服务器端运行的初始界面如图 7-5 所示。

在 Android 模拟器服务器端，若用户不输入任何文本，直接单击【发送信息】Button，则会将提示文字"This is a case for Socket Communication between PC and Android"发送到客户端 PC 的控制台中显示出来。

此时 Step 1 中 Android 模拟器服务器端启动线程监听 30000 端口并处理用户输入的数据的代码如下。

图 7-5　Android 模拟器服务器端初始界面

Chapter07\Section7.1\androidsocketserver\src\main\java\com\example\androidsocketserver\MainActivity.java

```
//创建新线程
new Thread(new Runnable(){
            public void run(){
                try{
                    //创建 serverSocket 并在 30000 端口处监听
                    ServerSocket serverSocket=new ServerSocket(30000);
                    while(true)
                    {
                        // accept()方法为下一个传入的连接请求创建 Socket 实例，
                        //并将已成功连接的 Socket 实例返回给服务器套接字，
                        //如果没有连接请求，accept()方法将阻塞等待；
                        Socket socket=serverSocket.accept();
                        //从服务端的 outputStream 中获取数据
                        OutputStream outputStream = socket.getOutputStream();
                        //若用户输入为空
                        if(strInput.equals(""))
                        {
                            //给 strInput 赋值
                            strInput="This is a case for Socket Communication between PC and Android";
                        }
```

```java
                            //将用户的输入转换为utf-8的编码方式
                            outputStream.write(strInput.getBytes("utf-8"));
                            //关闭outputStream
                            outputStream.close();
                            //关闭socket
                            socket.close();
                        }
                    }
                    //捕获异常并在控制台打印
                    catch(Exception e)
                    {
                        e.printStackTrace();
                    }
                }
                //启动线程
            }).start();
```

Step 2 中客户端 PC 监听 30001 端口并处理用户输入的数据的代码如下。

Chapter07\Section7.1\pcsocketclient\src\main\java\com\example\SocketClient.java

```java
//客户端代码
public class SocketClient
{
    public static void main(String[] args)
    {
        try{
            //在127.0.0.1处监听30001端口
            Socket socket=new Socket("127.0.0.1",30001);
            //使用InputStream获取服务器端的数据
            BufferedReader bufferedReader = new BufferedReader(new InputStreamReader(socket.getInputStream()));
            //读取数据,注意此处只读取了一行,并没有循环读取直至为null
            String line = bufferedReader.readLine();
            //在控制台输出数据
            System.out.println(line);
            //关闭bufferedReader
            bufferedReader.close();
            //关闭socket
            socket.close();
        }
        //捕获异常(无法找到远程的服务器主机)
        catch(UnknownHostException ee)
        {
            ee.printStackTrace();
        }
        //捕获异常(输入输出异常)
        catch(IOException e)
        {
            e.printStackTrace();
        }
```

        }
    }

3. 使用 Android 模拟器为服务器和客户端

在这种情况下，需要启动两个 Android 模拟器，一个作为服务器端，另一个作为客户端。服务器端使用 ServerSocket 监听 30000 端口，客户端在计算机的 30001 端口处监听，并在 TextView 中显示服务器端口发送过来的"This is a String for Test"文本。此时最为重要的事情是要进行端口映射，这一实现的思路可以抽象成以下步骤。

Step 1：Android 模拟器服务器端启动线程，使用 ServerSocket 在计算机的 30000 端口处监听，将文本"This is a String for Test"写入 OutputStream。

Step 2：Android 模拟器客户端在 10.0.2.2 创建 Socket 并在计算机的 30001 端口处监听，通过 InputStream 把服务器端当中通过 OutputStream 所写入的数据给它读取出来，并显示在 TextView 上。

Step 3：进行端口映射，假定 Android 模拟器服务器端的名称为 emulator-5554，将本机端口 tcp/30001 映射到 Android 模拟器客户端 tcp/30000 端口，需在终端上执行以下指令：adb -s emulator-5554 forward tcp:30001 tcp:30000，通常可执行的 adb.exe 被安装在 sdk 目录的 platform-tools 文件夹中，请读者根据自己开发环境搭建时的情况寻找 adb.exe 这一可执行程序。

Step 1 中 Android 模拟器服务器端启动线程的代码如下。

Chapter07\Section7.1\emserver\src\main\java\com\example\emserver\MainActivity.java

```java
new Thread()
{
    public void run()
    {
        try
        {
            //创建 serverSocket 并在端口 30000 监听
            ServerSocket serverSocket = new ServerSocket(30000);
            while(true)
            {
                // accept()方法为下一个传入的连接请求创建 Socket 实例，
                //并将已成功连接的 Socket 实例返回给服务器套接字，
                //如果没有连接请求，accept()方法将阻塞等待；
                Socket socket = serverSocket.accept();
                //创建 outputStream 对象
                OutputStream outputStream = socket.getOutputStream();
                //向 outputStream 对象中写入数据
                outputStream.write("This is a String for Test.".getBytes("utf-8"));
                //关闭 outputStream
                outputStream.close();
                //关闭 socket
                socket.close();
            }
        }
        //捕获异常
        catch (IOException e)
        {
```

```
                e.printStackTrace();
            }
        }
        //启动线程
    }.start();
```

Android 模拟器客户端的代码如下。

Chapter07\Section7.1\emclient\src\main\java\com\example\emclient\MainActivity.java

```
new Thread(){
        public void run() {
            try{
                //10.0.2.2 表示模拟器设置的特定 IP,相当于 PC 机的 127.0.0.1
                //在本机的 30001 端口监听
                Socket socket = new Socket("10.0.2.2",30001);
                //使用 InputStream 读取服务器端中通过 OutputStream 所写入的数据
                BufferedReader bufferedReader = new BufferedReader(new InputStream
Reader(socket.getInputStream()));
                //从 bufferedReader 中读取一行
                String line = bufferedReader.readLine();
                //将文字显示在 TextView 上
                tvShowInfo.setText(line);
                //关闭 bufferedReader
                bufferedReader.close();
                //关闭 socket
                socket.close();
                //捕获异常
            }catch (IOException e){
                e.printStackTrace();
            }
        }
        //启动线程
    }.start();
```

7.2 使用 URL 访问网络

使用 URL 访问网络资源包括直接使用 URL 读取网络资源和使用 URLConnection 读取网络资源，在开发本章案例时需要有相应的网络资源以供访问才可以完成。尽管可以通过访问因特网上的网络资源来进行测试，但为了让用户更好地测试程序，我们提供了相应的测试网站 test 源程序（见 Chapter07\Section 7.2\test），读者可以通过安装 WampServer Version 2.2(Apache Version 2.2.22，PHP Version 5.3.13，MySQL Version 5.5.24)，将端口设置为 8088，同时将本机 IP 设置为 192.168.1.222，并将 test 解压到 WampServer 下的 www 目录下，实现在浏览器地址栏中输入 http://192.168.1.222:8088/test/index.html 后打开测试网站主页，如图 7-6 所示。

第 7 章 网络编程入门

图 7-6 测试网站主页

7.2.1 使用 URL 读取网络资源

使用 URL 读取网络资源最为关键的步骤就是通过指定相应网络资源的 URL 创建对象，通过对象获取网络资源对应的数据流，最后应用这些网络资源。本节实例是实现从提供的测试网站上获得图片资源，并显示在 ImageView 上，大致可分为以下 4 步。

Step 1：指定图片资源的 URL，创建 URL 对象。

Step 2：使用 openStream()方法获取指定的图片资源。

Step 3：将图片显示在 ImageView 上。

Step 4：获取访问权限，请务必注意在 AndroidManifest.xml 文件中添加如下代码以获取访问权限，否则本程序无法运行。

```
<uses-permission android:name="android.permission.INTERNET" />
```

图片获取并显示实例的运行效果如图 7-7 所示。

图片资源获取并显示的实例对应的线程处理源程序中如下。

Chapter07\Section7.2\purl\src\main\java\com\example\purl\URLActivity.java

图 7-7 获得网站图片

```java
new Thread(){
    public void run(){
        try
        {
            // Step 1: 使用指定的 URL 创建 url 对象
            URL url = new URL(strWebSite);
            // Step 2: 从 url 中读取数据放入到 InputSteam 类对象 is 中
            InputStream is = url.openStream();
            //利用 decodeStream 方法将 is 正常解码为 Bitmap 对象 mBitmap
            Bitmap mBitmap = BitmapFactory.decodeStream(is);
            //若 mBitmap 为空，提示获取图片失败
            if (mBitmap == null) {
                Log.v(TAG, "get pic failed");
            }
```

```
                        else
                        //若mBitmap不为空,提示获取图片成功
                        {
                            Log.v(TAG, "get pic successfully");
                            // Step 3: 将图片显示出来
                            imgV.setImageBitmap(mBitmap);
                        }
                    }
                    //捕获异常
                    catch (Exception e)
                    {
                        e.printStackTrace();
                    }
                }
            //启动线程
            }.start();
```

7.2.2 使用 URLConnection 读取网络资源

使用 URLConnection 读取网络资源最为关键的步骤就是通过指定相应网络资源的 URL 创建对象,通过对象获取网络资源对应的数据流,最后应用这些网络资源。本小节实例是实现获取测试网站的主页源程序,并显示在 TextView 上,大致可分为以下 4 步。

Step 1:指定测试网站的主页的 URL,创建 URL 对象。

Step 2:使用 openConnection()方法建立 URLConnection 类型对象。

Step 3:获取网页源程序,并显示在 TextView 上。

Step 4:获取访问权限,请务必注意在 AndroidManifest.xml 文件中添加如下代码以获取访问权限,否则本程序无法运行。

```
<uses-permission android:name="android.permission.INTERNET" />
```

网站主页获取并显示实例的运行效果如图 7-8 所示。

网站主页获取并显示对应的线程处理源程序如下。

Chapter07\Section7.2\purl\src\main\java\com\example\purl\URLActivity.java

```
new Thread(){
    public void run(){
        try
        {
            //使用测试网站的主页的 URL 创建 URL 对象
            URL url = new URL(strWebSite);
            // 使用 openConnection() 方法创建
URLConnection 对象

            URLConnection connection = url.openConnection();
            //使用 InputStream 获取网站主页数据
            InputStream is = connection.getInputStream();
            byte[] bs = new byte[1024];
            int len = 0;
            StringBuffer sb = new StringBuffer();
```

图 7-8 获得网站主页源代码

```
                //将网站主页数据写入StringBuffer对象sb中
                while ((len = is.read(bs)) != -1)
                {
                    //String str = new String(bs, 0, len);
                    str = new String(bs, 0, len);
                    sb.append(str);
                }
                //将网站主页源程序显示在TextView中
                tvShowInfo.setText(sb.toString());
            }
            //捕获异常
            catch (Exception e)
            {
                e.printStackTrace();
            }
        }
//启动线程
}.start();
```

7.3 使用 HTTP 访问网络

除了基于 TCP 的 Socket 通信外，Android 对 HTTP（超文本传输协议）也提供了很好的支持，提供 HttpURLConnection 和 HttpClient 接口。HttpURLConnection 是标准 Java 接口（若使用需 import java.net.HttpURLConnection;），可以实现简单的基于 URL 请求，HttpURLConnection 继承自上一节介绍的 URLConnection 类，用它可以发送和接口任何类型和长度的数据，且预先不用知道数据流的长度，可以设置请求方式为 get 或 post；HttpClient 是 Apache 接口（若使用需 import org.apache.http.client.HttpClient;），使用起来更强大。

通常用户使用 HTTP 访问网络，主要完成以下任务：访问网页、上传文件和下载文件等。接下来将介绍如何使用 HttpURLConnection 和 HttpClient 接口实现访问网络。完整源程序见本章 Section 7.3 下。

7.3.1 使用 HTTPURLConnection

首先需要明确的是，Http 通信中的 POST 和 GET 请求方式的不同。GET 可以获得静态页面，也可以把参数放在 URL 字符串后面，传递给服务器。而 POST 方法的参数是放在 Http 请求中。因此，在编程之前，应当首先明确使用的请求方法，然后再根据所使用的方式选择相应的编程方式。

HttpURLConnection 继承了 URLConnection，可用于向指定网站发送 GET 请求 POST 请求，默认使用 GET 方式。它在 URLConnection 的基础上提供了如下便捷的方法。

（1）Int getResponseCode():获取服务器的响应代码。
（2）String getResponseMessage():获取服务器的响应消息。
（3）String getRequestMethod():获取发送请求的方法。
（4）void setRequestMethod(String method):设置发送请求的方法。

在本节实例中使用 HttpURLConnection 访问网络，展示了 3 种不同的使用方式。

方式 1：默认使用 Get 方式获取图片资源显示在 ImageView 中。

方式 2：使用 Get 方式获取网页在 TextView 中显示。

方式 3：使用 Post 方式获取网页在 TextView 中显示。

本小节实例运行的初始界面如图 7-9 所示，运行时要在 AndroidManifest.xml 文件添加如下代码以获得网络访问权限，否则无法运行。

```
<uses-permission android:name="android.permission.INTERNET" />
```

在图 7-8 中单击【获取图片】Button 后，使用 HttpURLConnection 访问网络获取图片资源显示在 ImageView 中，即 oh.jpg 显示在 ImageView 上，TextView 上也显示了【Get Oh.jpg】的提示信息，其效果如图 7-10 所示。

图 7-9　使用 HttpURLConnection 实例界面　　图 7-10　使用 HttpURLConnection 获取图片资源并显示的界面

实现上述效果的关键代码如下。

Chapter07\Section7.3\phttp\src\main\java\com\example\phttp\HTTPURLConActivity.java

```java
private Runnable HttpUrlGetPic = new Runnable() {
    @Override
    public void run() {
      try {
        //使用指定的图片地址创建 URL 对象
        imgUrlGetPic = new URL(strWebSitePic);
        //使用 openConnection()方法建立 HttpURLConnection 对象
        HttpURLConnection urlConnGetPic = (HttpURLConnection) imgUrlGetPic.openConnection();
        //设置输入流
        urlConnGetPic.setDoInput(true);
        //建立 HTTP 连接
        urlConnGetPic.connect();
        //使用 InputStream 获取图片数据
        InputStream is = urlConnGetPic.getInputStream();
        //调用 decodeStream 对图片数据进行正确解码
        mBitmap = BitmapFactory.decodeStream(is);
        //若解码正常，则对应的图片不为空
        if(mBitmap!=null)
        {
```

```java
            //使用post方法更新ImageView
            imgV.post(new Runnable(){
            public void run(){
                //将图片资源在ImageView上显示
                imgV.setImageBitmap(mBitmap);
                //在TextVie上显示获取图片成功的消息
                tvShowInfo.setText("Get Oh.jpg");
            }
            });
            }
            else
            {
                //若获取图片失败,输出提示信息
                Log.i(TAG,"Get Picture failed");
            }
            //关闭InputStream对象
            is.close();
            //断开HTTP连接
            urlConnGetPic.disconnect();
            }
        //捕获异常
         catch (MalformedURLException e)
        {
            e.printStackTrace();
        }
        //捕获异常
         catch (IOException e)
        {
            e.printStackTrace();
        }
        }
    };
```

单击【Get 方式】Button 后,使用 HttpURLConnection 访问网络以 Get 方式获取资源显示在 TextView 中,即在 TextView 中显示 http://192.168.1.222:8088/test/courseStudy.html 对应的网页源程序,如图 7-11 所示。

实现 HttpURLConnection 访问网络以 Get 方式获取资源显示在 TextView 中的关键代码如下。

Chapter07\Section7.3\phttp\src\main\java\com\example\phttp\HTTPURLConActivity.java

图 7-11 使用 HttpURLConnection 访问网络以 Get 方式获取资源

```java
        private Runnable HTTPUrlConGet = new Runnable() {
        @Override
        public void run() {
        try {
                imgUrlGet = new URL(strWebSiteGet);
                HttpURLConnection urlConnGet = (HttpURLConnection) imgUrlGet.openConnection();
                //允许输入流,即可以下载资源
                urlConnGet.setDoInput(true);
```

```
                    //使用connect()方法建立连接
                    urlConnGet.connect();
                    //使用InputStream()获取数据并转成字符存在in中
                    InputStreamReader in=new
InputStreamReader(urlConnGet.getInputStream());
                    //将InputSteamReader对象放在字符流bufReaderGet中
                    BufferedReader bufReaderGet = new BufferedReader(in);
                    String inputLine = null;
                    //逐行读取所有字符流，直到其为空
                    while (((inputLine = bufReaderGet.readLine()) != null))
                    {
                        //将每行字符加入换行符后写入resultGet变量
                        resultGet += inputLine + "\n";
                    }
                    //使用post方法更新TextView
                    tvShowInfo.post(new Runnable(){
                        public void run(){
                            //将读取到的字条显示在TextView上
                            tvShowInfo.setText(resultGet);
                        }
                    });
                    //关闭InputStreamReader对象
                    in.close();
                    //断开连接
                    urlConnGet.disconnect();
                }
                //捕获异常
                catch (MalformedURLException e)
                {
                    e.printStackTrace();
                }
                //捕获异常
                catch (IOException e)
                {
                    e.printStackTrace();
                }
            }
        };
```

单击【Post 方式】Button 后，使用 HttpURLConnection 访问网络以 POST 方式获取资源显示在 TextView 中，即在 TextView 中显示 http://192.168.1.222:8088/test/programSchool.html 对应的网页源程序，如图 7-12 所示。

实现使用 HttpURLConnection 访问网络以 POST 方式获取资源显示在 TextView 中的关键代码如下。

Chapter07\Section7.3\phttp\src\main\java\com\example\phttp\HTTPURLConActivity.java

图 7-12　使用 HttpURLConnection 访问网络以 Post 方式获取资源

```
        private Runnable HTTPUrlConPost = new Runnable() {
            @Override
            public void run() {
                try {
                    //使用指定网址创建URL对象
                    imgUrlPost = new URL(strWebSitePost);
```

```java
//使用 openConnection()方法创建 HttpURLConnection 对象
HttpURLConnection urlConnPost = (HttpURLConnection) imgUrlPost.openConnection();
//允许输出流,即可以上传
urlConnPost.setDoOutput(true);
//允许输入流,即可以下载
urlConnPost.setDoInput(true);
//设置请求的方式为 POST,注意默认是 GET,所以方式 1 和 2 不需要设置
urlConnPost.setRequestMethod("POST");
//Post 请求不能使用缓存
urlConnPost.setUseCaches(false);
//设置其自动执行重定向
urlConnPost.setInstanceFollowRedirects(true);
//完成上述设置,调用 connect()方法进行连接
urlConnPost.connect();
//创建 DataOutputStream 对象 out 用于写数据
DataOutputStream out = new DataOutputStream(urlConnPost.getOutputStream());
//以 utf-8 的编码方式产生字符串
String content = "title=" + URLEncoder.encode("Program School", "utf-8");
//将字符串写入 out
out.writeBytes(content);
//刷新 out
out.flush();
//关闭 out
out.close();
//获得获取服务器的响应代码
int responseCode = urlConnPost.getResponseCode();
//若响应代码不为 200,表示请求失败,输出提示信息
if (responseCode != 200) {
    Log.i("HTTPUrlConPost"," Error===" + responseCode);
}
//若响应代码为 200,表示请求成功,输出提示信息
else
{
    Log.i("HTTPUrlConPost","Post Success!");
}
//读取数据,并按 utf-8 的编码格式存入 BufferedReaderc 对象中
BufferedReader bufReaderPost = new BufferedReader(new InputStreamReader(urlConnPost.getInputStream(),"utf-8"));
String linePost="";
//读取 BufferedReaderc 对象中所有的数据,存入 resultPost 中
while ((linePost = bufReaderPost.readLine()) != null) {
    resultPost+= linePost + "\n";
}
//调用 post 方法
tvShowInfo.post(new Runnable(){
    public void run(){
        //将 resultPost 显示在 TextView 上
        tvShowInfo.setText(resultPost);
    }
});
//关闭 HTTP 连接
urlConnPost.disconnect();
}
```

```
                //捕获异常
                catch (MalformedURLException e)
                {
                    e.printStackTrace();
                }
                //捕获异常
                catch (IOException e)
                {
                    e.printStackTrace();
                }
            }
        };
```

7.3.2 使用 Apache 的 Httpclient

使用 Apache 提供的 HttpClient 接口同样可以进行 HTTP 操作。HttpClient 实际上是对 Java 提供方法的一些封装，在 HttpURLConnection 中的输入输出流操作，在 HttpClient 这个接口中被统一封装成了 HttpPost/HttpGet 和 HttpResponse，对于 GET 和 POST 请求方法的操作有所不同。HttpClient 使用的步骤如下。

Step 1：创建 HttpGet 或 HttpPost 对象，将要请求的 URL 通过构造方法传入 HttpGet 或 HttpPost 对象。

Step 2：使用 DefaultHttpClient 类实例化 HttpClient 对象。

Step 3：调用 execute 方法发送 HTTP GET 或 HTTP POST 请求，并返回 HttpResponse 对象。

Step 4：通过 HttpResponse 接口的 getEntity 方法返回响应信息，并进行相应的处理。

本小节案例使用 Apache 提供的 HttpClient 接口，演示 Get 方式和 Post 方式访问网络，读取资源在 TextView 上显示，运行的主界面如图 7-13 所示。运行时要在 AndroidManifest.xml 文件添加如下代码以获得网络访问权限，否则无法运行。

```
<uses-permission android:name="android.permission.INTERNET" />
```

单击【Get 方式】Button 后，使用 Httpclient 访问网络以 Get 方式获取资源显示在 TextView 中，即在 TextView 中显示 http://192.168.1.222:8088/test/projectDemo.html 对应的网页源程序，如图 7-14 所示。

图 7-13　使用 HttpClient 实例界面　　　图 7-14　使用 Httpclient 访问网络以 Get 方式获取资源

实现上述效果的关键代码如下。

Chapter07\Section7.3\phttp\src\main\java\com\example\phttp\HttpclientActivity.java
```java
private Runnable HttpClientGet= new Runnable() {
        @Override
        public void run() {
         try {
                    //创建 HttpGet 对象，并使用指定网址实例化这一对象
                    HttpGet httpRequest = new HttpGet(strWebSiteGet);
                    //使用 DefaultHttpClient()类创建 httpclient 对象
                    HttpClient httpclient = new DefaultHttpClient();
                    //调用 execute 方法发送 HTTP Get 请求
                    HttpResponse httpResponse = httpclient.execute(httpRequest);
                    //若访问成功
                    if (httpResponse.getStatusLine().getStatusCode() == HttpStatus.SC_OK)
                    {
                    //将返回的数据以 utf-8 的格式进行编码并转成 String 类型数据
                    strResultGet = EntityUtils.toString(httpResponse.getEntity(), "utf-8");
                    //调用 post 方法更新 TextView
                    tvShowInfo.post(new Runnable(){
                       public void run(){
                           //将取回的数据显示在 TextView 上
                           tvShowInfo.setText(strResultGet);
                       }
                       });
                    }
                    //若访问失败
                    else
                    {
                    //在 LogCat 窗口输出 Get 请求失败的信息
                       Log.i(TAG,"Get 请求失败");
                    }
                 }
                 //捕获异常
                 catch (MalformedURLException e)
                 {
                    e.printStackTrace();
                 }
                 //捕获异常
                 catch (IOException e)
                 {
                    e.printStackTrace();
                 }
        }
     };
```

使用 HTTP GET 调用时需将请求的参数作为 URL 一部分来传递，以这种方式传递参数的时候，对 URL 长度有限制，要求其长度在 2 048 个字符之内。如果 URL 长度超出这一限制，就要使用到 HTTP POST 调用。使用 POST 调用进行参数传递时，需要使用 NameValuePair 来保存要传递的参数。

为了更加直观地理解 Post 方式是如何运作的，在使用 HttpClient 实例界面上单击【Post 方式】Button 后，就会通过 Httpclient 访问网络并以 Post 方式获取资源显示在 TextView 中，即在 TextView 中显示 http://192.168.1.222:8088/test/programSchool.html 对应的网页源程序，如图 7-15 所示。

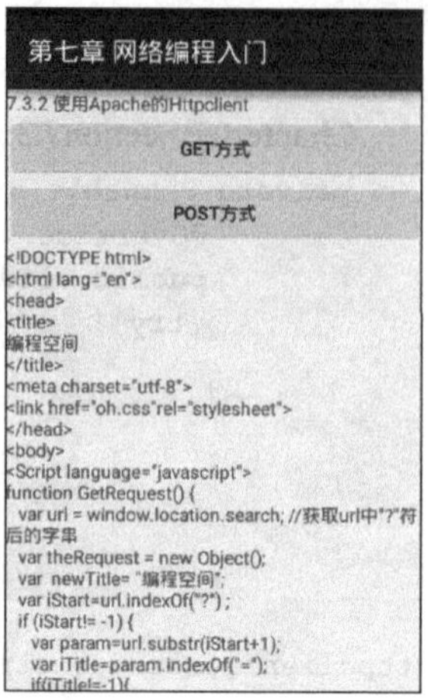

实现上述效果的关键代码如下。

Chapter07\Section7.3\phttp\src\main\java\com\example\phttp\HttpclientActivity.java

图 7-15　使用 Httpclient 访问网络以 Post 方式获取资源

```java
private Runnable HttpClientPost= new Runnable() {
    @Override
    public void run() {
        try {
            //创建 HttpPost 对象并以指定的网址进行初始化
            HttpPost httpRequest = new HttpPost(strWebSitePost);
            //创建 NameValuePair 对象用于保存要传递的参数
            List<NameValuePair> params = new ArrayList<NameValuePair>();
            //增加"title"参数
            params.add(new BasicNameValuePair("title", "HTTPClientPost"));
            //实例化 UrlEncodedFormEntity 对象，设置所使用的字符集为 GBK
            HttpEntity httpEntity = new UrlEncodedFormEntity(params, "GBK");
            //使用 HttpPost 对象来设置 UrlEncodedFormEntity 的 Entity
            httpRequest.setEntity(httpEntity);
            //使用 DefaultHttpClient() 类创建 httpclient 对象
            HttpClient httpclient = new DefaultHttpClient();
            //发送 HTTP post 请求
            HttpResponse httpResponse = httpclient.execute(httpRequest);
            //若请求成功
            if (httpResponse.getStatusLine().getStatusCode() == HttpStatus.SC_OK)
            {
                //将数据以字符串形式返回(指定网页编码是 UTF-8)
                strResultPost = EntityUtils.toString(httpResponse.getEntity(), "utf-8");
                //调用 post 方法更新 TextView
                tvShowInfo.post(new Runnable(){
                    public void run(){
                        //将数据显示在 TextView 上
                        tvShowInfo.setText(strResultPost);
                    }
                });
            }
            //若请求失败
            else
            {
                //输出提示信息
                Log.i(TAG,"Post 请求失败");
            }
        }
        //捕获异常
        catch (MalformedURLException e)
```

```
        {
            e.printStackTrace();
        }
        //捕获异常
        catch (IOException e)
        {
            e.printStackTrace();
        }
    }
};
```

7.4 使用 WebView 显示网页

WebView 是 View 的一个子类，能加载显示网页，使用时可以将其视为一个浏览器。WebView 主要有 3 个方法：loadUrl、loadData、loadDataWithBaseURL。完整程序见本章 Section 7.4 下。

public void loadUrl(String url)，loadUrl 用于直接加载网页或图片并显示，参数 url 可以是 String 类型的网址或本地文件。

public void loadData(String data,String mimeType,String encoding)，loadData 可显示文字内容；参数 data 为按某一编码格式产生的 String 类型数据；参数 mimeType 表明 data 的 MIMEType，通常为"text/html"；参数 encoding 为数据的编码，通常为"utf-8"。

public void loadDataWithBaseURL(String baseUrl,String data,String mimeType,String encoding,String historyUrl)，loadDataWithBaseURL 可用于显示文字与图片内容。baseUrl 指定了 data 参数中数据是以什么地址为基准的，因为 data 中的数据可能会有超链接或者是 image 元素，而很多网站的地址都是用的相对路径，如果没有 baseUrl，webview 将访问不到这些资源；参数 data 为按某一编码格式产生的 String 类型数据；参数 mimeType 表明 data 的 MIMEType，通常为"text/html"；参数 encoding 为数据的编码，通常为"utf-8"；参数 historyUrl 用于历史记录。

本节将介绍使用 WebView 浏览指定的网站和加载 HTML 代码显示之，分别对应两个实例。第一个实例使用 loadUrl 方法，第二个实例使用 loadData 方法和 loadDataWithBaseURL 方法。

7.4.1 使用 WebView 浏览网站

第一个实例是在 EditText 中输入欲浏览的网站，单击【确定】Button 后，就会在 WebView 中显示该网站，此案例默认打开测试网站的主页 http://192.168.1.222:8088/test/index.html，如图 7-15 所示，案例的实现思路如下。

Step 1：指定默认打开的网站，并使用 loadUrl 打开。

Step 2：监听 Button 按下的事件，获取用户输入的网址。

Step 3：若用户输入不为空，使用 loadUrl 打开用户指定的网站，否则提示网址不可为空。

程序运行的主界面如图 7-16 所示，运行时要在 AndroidManifest.xml 文件添加如下代码以获得网络访问

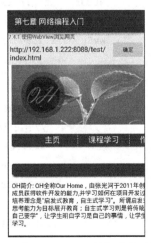

图 7-16 使用 WebView 浏览测试网站主页

权限，否则无法运行。

```xml
<uses-permission android:name="android.permission.INTERNET" />
```

实现上述效果的代码如下。

Chapter07\Section7.4\pwebview\src\main\java\com\example\pwebview\WebBrowserActivity.java

```java
//从 ActionBarActivity 中继承此类
public class WebBrowserActivity extends ActionBarActivity {
    //定义 WebView 对象并初始化为 null
    private WebView wvShowUrl=null;
    //定义 Button 对象并初始化为 null
    private Button btnUrlOk=null;
    //定义 EditText 对象并初始化为 null
    private EditText etInputUrl=null;
    //定义 String 对象用于存放待访问的网址
    private String strUrl = "";

     protected void onCreate(Bundle savedInstanceState) {
        super.onCreate(savedInstanceState);
        //加载页面
        setContentView(R.layout.activity_webbrowser);
        setTitle("第七章 网络编程入门");
        //etInputUrl 指向界面上的 EditText
        etInputUrl=(EditText)findViewById(R.id.etUrl);
        //btnUrlOk 指向界面上的 Button
        btnUrlOk=(Button)findViewById(R.id.btnUrlOk);
        //wvShowUrl 指向界面上的 WebView
        wvShowUrl=(WebView)findViewById(R.id.webViewShow);
        // Step 1:
        //指定网址 strUrl 为测试网站主页
        strUrl="http://192.168.1.222:8088/test/index.html";
        //载入测试网站主页
        wvShowUrl.loadUrl(strUrl);

        Button.OnClickListener listener = new Button.OnClickListener(){
            @Override
            public void onClick(View v) {
                //若用户单击【确定】Button
                if(v.getId()==R.id.btnUrlOk){
                    //读取 EditText 的内容获取用户输入的网址
                    strUrl=etInputUrl.getText().toString();
                    //若用户输入不为空
                    if(!strUrl.equals(""))
                    {
```

```
                    //打开用户指定的网站
                    wvShowUrl.loadUrl(strUrl);
                }
                //若用户输入为空
                else
                {
                    //提示用户"网址不可以为空"
                    Toast.makeText(getApplicationContext(), "网址不可以为空",Toast.LENGTH_SHORT).show();
                }
            }
        };
        //设置监听
        btnUrlOk.setOnClickListener(listener);
    }
}
```

7.4.2 使用 Webview 加载 HTML 代码

在这一实例中通过使用 loadData()方法和 loadDataWith BaseURL()方法实现了使用 WebView 加载 HTML 代码，为了方便用户理解，使用 TextView 显示 HTML 代码，并将 TextView 中的代码显示在 WebView 中。本实例运行后如图 7-17 所示，案例的实现思路如下。

Step 1：创建 strBuilder 对象并向其中写入 HTML 代码。

Step 2：将 HTML 代码显示在 TextView 上。

Step 3：将对应的 HTML 代码显示在 WebView 上。

使用 loadDataWithBaseURL()方法实现上述仅有文本的 HTML 代码显示效果的关键源程序如下。

Chapter07\Section7.4\webview\src\main\java\com\example\pwebview\WebBrowserActivity.java

```
//向 strBuilder 对象中写入 HTML 源代码
strBuilderDefault=new StringBuilder();
strBuilderDefault.append("<div>");
strBuilderDefault.append("<h1>案例的实现思路</h1>");
strBuilderDefault.append("<p><b>Step 1</b>：创建 strBuilder 对象并向其中写入 HTML 代码；</p>");
strBuilderDefault.append("<p><b>Step 2</b>：将 HTML 代码显示在 TextView 上；</p>");
strBuilderDefault.append("<p><b>Step 3</b>：将对应的 HTML 代码显示在 WebView 上；</p>");
//将 strBuilder 对象转换成 String 并显示在 TextView 上
tvWebHttp.setText(strBuilderDefault.toString());
//使用 loadDataWithBaseURL 方法载入上述仅包含文字的 HTML 代码
//在 WebView 中显示网页
webViewHttp.loadDataWithBaseURL(null,strBuilderDefault.toString(),"text/html","utf-8",null);
```

单击【loadData】Button，将演示使用 loadData 方法载入仅有文字的 HTML 代码，效果如图 7-18 所示。

图 7-17　使用 WebView 加载 HTML 代码　　图 7-18　使用 loadData 方法加载仅有文字的 HTML 网页

使用 loadData 方法实现显示仅有文字的 HTML 网页的关键代码如下。

Chapter07\Section7.4\webview\src\main\java\com\example\pwebview\WebBrowserActivity.java

```
//创建 strBuilderLoadData 对象
strBuilderLoadData=new StringBuilder();
//向 strBuilderLoadData 对象中写入 HTML 源代码
strBuilderLoadData.append("<div>");
strBuilderLoadData.append("<h1>团队简介</h1>");
strBuilderLoadData.append("<p>OH 简介:OH 全称 Our Home，由张光河于 2011 年创立，专注于以开发项目的方式引导其成员获得软件开发的能力，并学习如何在项目开发过程中找到值得研究的问题。</p><br>");
strBuilderLoadData.append("<h1>培养流程</h1>");
strBuilderLoadData.append("<p>大致分为三个阶段：【新手入门阶段】，【指定项目阶段】，【自由开发阶段】。</p><br>");
strBuilderLoadData.append("<h1>目标人群</h1>");
strBuilderLoadData.append("<p>对软件开发有浓厚兴趣并愿意付出艰苦卓绝的努力的、没有任何编程基础的大一学生。<br>");
strBuilderLoadData.append("OH 不设定任何门槛，只要有电脑的同学即可加入。</p>");
strBuilderLoadData.append("</div>");
//将 strBuilderLoadData 对象转换成 String 并显示在 TextView 上
tvWebHttp.setText(strBuilderLoadData.toString());

/**********************这一方法无效*************************
webViewHttp.getSettings().setDefaultTextEncodingName("utf-8");
**********************这一方法无效*************************/
//使用 loadData 方法载入上述仅含有文字的 HTML 代码，
//在 WebView 中显示网页
webViewHttp.loadData(strBuilderLoadData.toString(), "text/html; charset=UTF-8",null);
/**********************Android 官网推荐这一方法无效*************************
webViewHttp.loadData(strBuilderLoadData.toString(), "text/html", "utf-8");
**********************这一方法无效*************************/
```

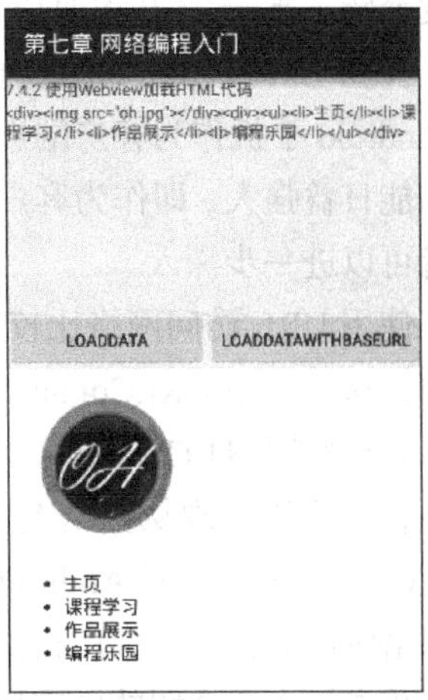

此处一定要注意：测试时发现使用 loadData 方法载入仅含有文字的 HTML 代码时，Android 官网上推荐的调用方法会在 WebView 上显示乱码（开发环境：Android Developer Tools Build: v22.6.2-1085508，调试环境：模拟器，OS：Win7 Professional）。

单击【loadDataWithBaseURL】Button，将演示使用 loadDataWithBaseURL 方法载入含有图片和文字的 HTML 代码，效果如图 7-19 所示。

使用 loadDataWithBaseURL 方法实现显示含有图片和文字的 HTML 网页的关键代码如下。

Chapter07\Section7.4\pwebview\src\main\java\com\example\pwebview\WebBrowserActivity.java

图 7-19 使用 loadDataWithBaseURL 方法加载含有图片和文字的 HTML 网页

```java
//创建 strBuilderLoadDataWithBaseURL 对象
strBuilderLoadDataWithBaseURL=new StringBuilder();
//向 strBuilderLoadDataWithBaseURL 对象中写入图片
strBuilderLoadDataWithBaseURL.append("<div>");
strBuilderLoadDataWithBaseURL.append("<img src=\"oh.jpg\">");
strBuilderLoadDataWithBaseURL.append("</div>");
//向 strBuilderLoadDataWithBaseURL 对象中写入文字
strBuilderLoadDataWithBaseURL.append("<div>");
strBuilderLoadDataWithBaseURL.append("<ul>");
strBuilderLoadDataWithBaseURL.append("<li>主页</li>");
strBuilderLoadDataWithBaseURL.append("<li>课程学习</li>");
strBuilderLoadDataWithBaseURL.append("<li>作品展示</li>");
strBuilderLoadDataWithBaseURL.append("<li>编程乐园</li>");
strBuilderLoadDataWithBaseURL.append("</ul>");
strBuilderLoadDataWithBaseURL.append("</div>");
// 将 strBuilderLoadDataWithBaseURL 对象转换成 String 并显示在 TextView 上
tvWebHttp.setText(strBuilderLoadDataWithBaseURL.toString());
//使用 loadDataWithBaseURL 方法载入包括图片和文字的 HTML 代码
//在 WebView 中显示网页
webViewHttp.loadDataWithBaseURL("file:///android_asset/",strBuilderLoadDataWithBaseURL.toString(), "text/html", "utf-8", null);
```

此处一定要注意三点：一是插入图片的 HTML 代码<img src=\"oh.jpg\">，引号前一定要加上反斜杠，即转义符；二是图片文件 oh.jpg 一定要复制到 PWebView 工程文件夹下的 assets 子文件夹下；三是在使用 loadDataWithBaseURL 方法时，第一个参数一定是"file:///android_asset/"，此处 asset 后没有 s。

最后是在 AndroidManifest.xml 文件中增加以下代码获取网络访问的权限。

```xml
<uses-permission android:name="android.permission.INTERNET" />
```

7.5 小　　结

关于 Android 网络编程的应用，随着 4G 时代的到来，将会进一步普及。本章只是从入门的角度介绍了基于 TCP 和 HTTP 两种通信方式的简单应用。

在基于 TCP 的 Socket 通信中，通常都使用客户端和服务器端的架构，目前更为常见的还是将 Android 手机作为客户端进行资源的获取，PC 作为服务器端提供网络资源。随着 Android 手机的功能日益强大，即作为客户端又作为服务器的模式也有可能。关于基于 UDP 的通信，有兴趣的读者可以进一步深入。

使用 URL 访问网络比较适合有一定用户数量的网站基于自己的网站，开发相应的 Android 端应用，这与使用 URLConnection 访问网络是一致的。

对于使用 HTTP 的方式访问网络，包括 GET 方式和 POST 方式，在实际编程时具有极大的灵活性，既可以实现从网络上下载资源，也可以实现向网络上传资源，具有很好的交互性。使用 WebView 显示网页使 Android 使用网络资源（尤其是阅读网页）变得十分容易，为 Android 相关的网络应用的普及和推广提供了有利的基础和便利的条件。

总之，本章介绍的内容比较简单，所有的实例仅起抛砖引玉的作用，希望读者能在学习本章所介绍的 Android 网络编程入门知识后，更加深入学习相关的知识，开发出实用的程序。

习 题 7

1. 使用 ServerSocket 和 Socket 完成客户端和服务端的，在 Android 真机上实现读取 PC 上的文本文件，并可在 EditText 中显示和编辑。尝试实现将修改后的文件写回到 PC 上。

2. 使用 ServerSocket 和 Socket 完成客户端和服务端的，在 Android 真机上实现读取 Android 上的 mp3 音乐文件并播放。

3. 使用 ServerSocket 和 Socket 在模拟器上完成客户端和服务端之间的文本文件传送，在传送完毕后将文件内容显示在 TextView 中。

4. 使用 URL 读取网易、百度、新浪、淘宝、京东的图片资源并分类显示。

5. 使用 URL 读取百度音乐中的歌曲，并在 Android 真机上分类播放。

6. 使用 URLConnection 读取网易主页，将其中的越链接提取出来，写入到一个文本文件中。

7. 使用 HttpURLConnection 读取百度图片链接，将其中的图片读取出来，并分类存储。尝试实现将某一图片设置为程序的背景。

8. 使用 HttpURLConnection 从指定的链接中读取 mp3 文件，并在 Android 真机上播放。

9. 使用 HttpURLConnection 在 Android 真机上向测试网站上传图片及文字。

10. 使用 HttpClient 从指定的链接中读取所有图片，并在 Android 真机上实现浏览图片。

11. 使用 HttpClient 从指定的链接中读取所有 mp3 文件，并在 Android 真机上实现播放。

12. 使用 HttpClient 在 Android 真机上向测试网站上传图片及文字。

13. 使用 WebView 实现让用户阅读网易、新浪和凤凰网的头新闻。

14. 使用 WebView 实现一个让用户可以快速浏览每天各大网站头条新闻的 APP。

15. 使用 WebView 实现按用户输入的关键字在各大网站上寻找指定时间内匹配度最高的新闻，可在 PC 端进行检索，将结果返回到 Android 真机上显示。